CHENGSHI DAOLU JIAOTONG XITONG NENGHAO FENXI YU XIETIAO KONGZHI

城市道路交通系统能耗分析与协调控制

张卫华　黄文娟　丁　恒　柏海舰　著

人民交通出版社股份有限公司
China Communications Press Co.,Ltd.

内 容 提 要

本书对城市道路交通流累积能源消耗机理与协调控制方法进行了研究，主要内容包括：城市道路机动车交通能源消耗机理、城市道路交通路网累积能耗研究、基于能耗的城市道路交叉口优化控制、城市交通拥堵区能耗优化边界协调控制、城市道路交通能耗区划分及协调控制、出行需求管理与交通能耗的协同控制，以及面向能耗优化的出行路径选择方法。

本书可作为高等院校交通工程、交通运输、系统工程与控制工程等相关专业的高年级本科生、研究生的教材，也可作为相关专业研究人员、工程技术人员的参考书。

图书在版编目(CIP)数据

城市道路交通系统能耗分析与协调控制 / 张卫华等著. — 北京 : 人民交通出版社股份有限公司, 2018.10

ISBN 978-7-114-14710-4

Ⅰ. ①城… Ⅱ. ①张… Ⅲ. ①城市交通系统—研究 Ⅳ. ①U491.2

中国版本图书馆 CIP 数据核字(2018)第 099686 号

书　　名：城市道路交通系统能耗分析与协调控制
著 作 者：张卫华　黄文娟　丁　恒　柏海舰
责任编辑：钱悦良
责任校对：刘　芹
责任印制：张　凯
出版发行：人民交通出版社股份有限公司
地　　址：(100011)北京市朝阳区安定门外外馆斜街 3 号
网　　址：http://www.ccpress.com.cn
销售电话：(010)59757973
总 经 销：人民交通出版社股份有限公司发行部
经　　销：各地新华书店
印　　刷：北京虎彩文化传播有限公司
开　　本：787×1092　1/16
印　　张：10.75
字　　数：261 千
版　　次：2018 年 10 月　第 1 版
印　　次：2018 年 10 月　第 1 次印刷
书　　号：ISBN 978-7-114-14710-4
定　　价：48.00 元
(有印刷、装订质量问题的图书由本公司负责调换)

前 言

能源是社会经济发展的基本要素，是人类社会赖以生存和发展的重要物质基础。充足的能源供应是全球性的关键问题，也是我国社会经济建设进程中无法回避的核心问题。作为能源消耗的主要领域，交通运输系统能耗状况尤其值得关注。随着我国社会经济的发展和居民收入的增长，交通运输活动日益频繁，交通运输系统消耗的能源越来越多，其占社会总能耗的比例越来越高。迅猛增长的机动化所造成的大量燃油消耗已严重影响国家能源安全以及社会、经济和环境的可持续发展。长期以来，城市交通系统相关的规划和建设一般以完善城市运输系统效能、缓解交通拥堵、增加运输效率和舒适性、保证安全等作为主要目标，伴随着交通系统能源消耗的增长，需要把能源消耗考虑到城市道路规划中，综合协调交通能源消耗与快捷、效率、安全的关系，从而实现路网规划管理的合理性。本书通过对我国城市典型道路交通流特征的深入调查，以及对机动车交通流能源消耗的实验研究与仿真分析，探索我国城市道路混合交通环境下能源消耗的内在机理，以中观视角研究能耗与交通控制的相互关系，为制定科学、合理的交通管控策略提供理论依据。

本书针对城市道路交通系统能耗进行分析并研究交通能耗协调控制方法，共10章，具体章节内容如下：第1章简要介绍交通系统能耗研究背景，概括国内外关于交通系统能耗研究方面的进展。第2章主要研究城市道路机动车交通能源消耗机理，分析影响车辆能源消耗的因素，探究城市道路行驶工况条件下的车辆能源消耗规律。第3～5章主要研究城市道路交通能源消耗量化方法，对城市道路交叉口、路段和道路网三个不同层面的累积能耗问题进行研究，建立相应的交通能源消耗模型。第6章研究城市交通能耗区的等级划分及流量控制优化方法，根据各等级能耗区的交通状态、交通管控方式及其目标，分别给出经济能耗区、中能耗区和高能耗区交通优化方法。第7章主要研究基于能耗的城市道路交叉口优化控制方法，在信号交叉口累积能源消耗模型的基础上，建立基于信号交叉口累积能耗和延误综合指标的信号控制优化模型和多交叉口信号控制的能耗模型，并通过结合微观的交叉口交通控制和宏观的网络交通能耗控制，构建中低能耗区考虑能耗最优的平衡网络信号优化模型，分析能耗最优平衡网络方法降低路网能耗的有效性。第8章研究交通能耗区的网络边界协调控制，构建拥堵高能耗区域边界交通流平衡方程，依据宏观基本图参数构建网络能耗估计模型，考虑宏观路网运行机动车完成率最高并且能耗最低构建能耗节约拥堵区边界双目标优化控制模型。第9章研究出行需求管理与交通能耗的协同控制方法，建立基于路径选择和方式划分的随机用户均衡模型，分别以广义费用和能耗约束下最小出行时间为目标函数构建双层规划模型,定量地探讨各种交通运行状态下管理者的不同需求管理政策对城市交通系统能耗的影响。第10章研究面向能耗优化的出行路径选择方法,将微观层面的交叉口交通运行与宏观层面的交通网络能源消耗优化结合进行研究;考虑信号控制优化对路网能源消耗的影响,探求通过优化微观的信号参数对宏观的路网能源消耗进行控制的方法,建立交叉口的逗留时间模型,并综合信号控制和无信号控制交叉口的逗留时间和能源消耗模型,对出行者最优路径选择行为进行建模分析。

本书依托于国家自然科学基金项目"城市道路交通流累积能源消耗机理与协调控制方法研究"(51178158)、"基于时空检测的拥堵交通网络本征提取及快速疏散算法研究"(61304195)和中央高校基本科研业务费专项资金项目"城市道路交通流能耗控制研究"(JZ2016HGBZ1011),研究城市道路交通流累积能源消耗,寻求以最优能耗为导向的城市交通网络协调控制和路径诱导策略,提出各种能耗状态下交通能耗的协调控制方法,为交通能耗研究和控制提供定量方法,并从交通管理与个体出行的角度建立以最优能耗为导向的城市交通网络协调控制和路径诱导策略,为城市道路交通系统的可持续发展规划、建设、管理与控制等提供理论与方法支持。

本书由张卫华、黄文娟、丁恒、柏海舰共同撰写,研究生李嫚、杨博、张胜凯、江楠、陈俊杰、冯晓龙、孙茜、颜鹏、陈靖生、刘冉冉、李梦凡等参加了部分章节整理,为本书的完成做了大量实际工作,在此表示感谢!此外,本书在撰写过程中参考和引用了许多国内外文献,在此对这些文献的作者表示衷心的感谢!

由于作者水平有限,书中难免存在不妥之处,敬请读者批评、指正。

著作者

2017 年 12 月

目 录

第1章 绪　论

1.1 研究背景

能源是社会经济发展的基本要素，是人类社会赖以生存和发展的重要物质基础。充足的能源供应是全球性的关键问题，也是我国社会经济建设进程中无法回避的核心问题。在我国能源需求进入快速增长的重要时期，2010 年 1 月国务院专门设置了国家能源委员会，从更高层面强化了能源战略决策，这说明能源问题关乎国家社会经济发展全局，关系着国家安全与发展战略。能源问题已成为全社会关注的重要课题，而作为能源消耗的主要领域，交通运输系统能耗状况尤其值得关注。

目前，我国正处于城镇化与机动化快速发展时期。据统计，我国城镇化率约以每年 3% 的速度增长，2011 年我国城镇化率首次超过 50% 达到 51.27%。城镇化迅速地发展引起城市规模不断扩大，居民日常出行需求量不断增加；同时，汽车保有量快速增长，个体机动化出行比例越来越高。截至 2014 年底，我国民用汽车拥有量达到 1.46 亿辆，比 2005 年增长了 4.6 倍，年均增长率超过 18%，变化趋势如图 1-1 所示。

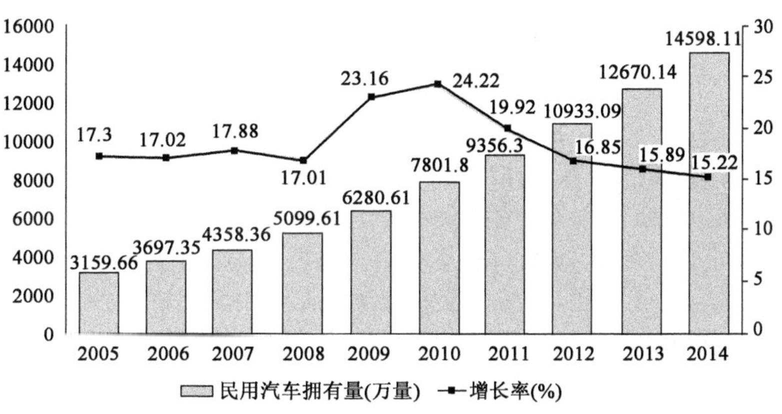

图 1-1　2005—2014 年我国民用汽车拥有量及其增长率变化图

机动车是城市道路交通的主要运输工具，其主要能源动力来源于天然气或燃油，因此，城市道路交通系统的能耗主要是指机动车的天然气以及燃油消耗量。随着我国社会经济的发展和居民收入的增长，交通运输活动日益频繁，客、货运周转量以及行驶里程也不断增加。受此影响，交通运输系统消耗的能源越来越多，其占社会总能耗的比例也越来越高。根据全国统计年鉴，自 2012 年来交通运输业的石油消耗量已达到全社会总石油消耗量的 37% 以上，如表 1-1 所示。由于迅猛增长的机动化出行需求，交通系统能源消耗面临着巨大的挑战。

中国近年来交通运输业消耗石油量情况 表1-1

年份	交通运输业石油消耗总量(万t)	全国总石油消耗量(万t)	进口石油量(万t)	交通运输业的石油消耗量所占比例(%)
2014	19546.9	51814.4	36179.6	37.72
2013	18967.6	49970.6	34264.8	37.96
2012	17838.6	47650.5	33088.8	37.44
2011	16021.0	45378.5	31593.6	35.31
2010	14870.3	43245.1	29437.2	34.39
2009	13548.5	38384.5	25642.4	35.30
2008	13279.4	37302.9	23015.5	35.60
2007	12906.7	36658.8	21139.4	35.21
2006	11849.2	34876.2	19453.0	33.98
2005	10709.5	32537.7	17163.2	32.91

注:数据来源于国家统计局《中国统计年鉴(2005—2016)》。

我国由于人口众多,人均能源储存量偏低,只约为世界人均水平的10%。与之恰恰相反,我国能耗强度较高,2010年能耗强度比美国大2倍、比日本大4倍。较高强度的能源消耗,已经成为制约我国社会经济发展的因素之一。1993年我国开始进口石油,2003年石油消耗总量位居世界第二,2008年以来我国石油进口量高达60%,并逐渐增长。

我国交通系统所耗费的能源比重快速增加。交通系统过度依赖于石油、天然气等不可再生资源,除了影响能源安全外,也带来了严重的环境污染问题。从2012年底开始,在秋冬季节我国经常出现大范围雾霾天气,已经对交通安全出行和居民的身体健康造成了恶劣影响。根据原国家环保总局的统计数据,我国城市中机动车排放尾气约占大气污染的79%。机动车采用的矿物燃料燃烧形成多类有毒气体:一氧化碳、硫氧化物等,这类气体会对人体造成非常严重的危害。

根据以上分析,迅猛增长的机动化所造成的大量燃油消耗已严重影响国家能源安全以及社会、经济和环境的可持续发展。按现有趋势继续发展,持续增长的交通能源消耗势必带来更大负面影响。因此,合理限制并优化道路交通,提供有效的降低能耗措施与方法已迫在眉睫。

长期以来,城市交通系统相关的规划和建设一般以完善城市运输系统效能、缓解交通拥堵、增加运输效率和舒适性、保证安全等作为主要目标。显然,缓解拥堵是我国大多数城市面临的首要交通问题。然而交通的可持续发展需要依托于科学的交通投资规划、交通管控和智能交通系统(ITS)的实施,交通项目需要设定明确的目标,包含对社会、经济和资源与环境的思考,且在其规划和运转阶段应受到管理部门监管,以便考量其符合目标和对资源产生影响的程度。从长远角度降低交通能源消耗与减少拥堵并非先后关系,而是相得益彰。因此,需要把能源消耗考虑到城市道路规划中,综合协调交通能源消耗与快捷、效率、安全的关系,从而实现路网规划管理的合理性。交通堵塞、机动车运行时间以及能源消耗是一连串交通网络内繁杂参数的函数,机动车运行时间和从起点到终点的平均速度有关,而交通能源消耗较大程度上与机动车和交通流运行状况(如加速度、减速度等)有关。

道路交通中机动车等载运工具的能源大部分仍以燃油为主,机动车的燃油经济性通常用某一行驶工况下机动车运行百公里的燃油耗费量来度量。机动车能源消耗量的多少与车速快慢有较大的相关性,一般情况下机动车行驶速度和能耗的关系如图 1-2 所示,车速较低或较高时机动车能耗均会相应增大,仅仅在某个速度范围内能耗才较小,这个速度被定义为经济速度。在我国城市,机动车平均行驶速度往往介于 20 ~ 50km/h,显著低于大、中型机动车 50 ~ 70km/h 的经济车速和小型机动车 80 ~ 100km/h 的经济车速,而且伴随城市机动车保有量的增长,平均行驶速度仍在逐步降低。调查表明,城市里行驶的机动车速度很大程度上小于上述经济车速。机动车能源耗费量和其行驶工况同样有密切关系,机动车运行过程中包含匀速、加速、减速以及怠速等 4 种工况,往往机动车在加减速状态时每公里行程的能耗比匀速行驶时大得多。交通运行状态的好坏直接影响机动车行驶工况以及运行速度平稳性,受交通控制以及混合交通的影响,机动车处于匀速行驶状态的情况较少,其大多数运行时间是处于加减速状态。机动车行驶速度的不平稳也导致城市交通额外能源消耗量的增加。

城市道路交通系统能耗分析是一个系统而繁杂的问题。除机动车自身特征这个内部因素影响交通能耗以外,道路的几何特征及状况、交通状况(包括交通量、饱和度、交通构成等)、道路管控方式等均为重要的影响因素。这些因素难于量化研究,从系统工程理论的角度上看,纵然客观系统表征复杂,但其仍具有总体功能和有序性,在离散的数字中必定蕴藏着某一内在的规律。

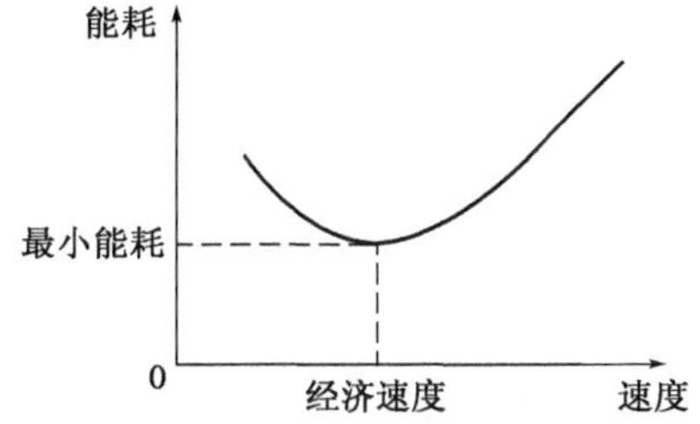

图 1-2 机动车运行能耗与速度之间的关系

上述分析表明,尽管改良机动车的性能是降低交通系统能源消耗的途径之一,但合理开展城市道路交通规划、建设和管控也一样不可少,对于城市动态交通网络能耗机理的准确研究是拟定相关政策的依据和关键。城市交通能耗的现状依然很严峻:机动车的燃油效率较低,汽车节能技术相对落后且推广较慢;交通管理制度不尽合理,交通信号控制方案不科学,道路交通服务水平较差,这些也是导致城市交通能耗居高不下的重要因素。降低城市交通系统能源消耗、增加单位能耗下的交通效率、实现可持续发展是我国城市交通规划、建设和管控急需解决的问题。

1.2 国内外研究现状

1.2.1 国外研究现状

(1)微观交通能耗研究

早在 20 世纪 20 年代,一些发达国家就已经进行了对机动车燃油耗费规律的研究实验。尽管开展了很多关于机动车燃油消耗规律的研究,但其多数集中于发动机或单个机动车方面的研究。自从 20 世纪 70 年代以来,全球石油危机显现,交通系统的燃油耗费问题才开始被研究人员高度重视起来,一些发达国家开始投入大量的人力财力进行这方面的实验研究。研究主要集中于通过改造机动车性能来降低燃油消耗、改进道路以及交通设施来提升交通运输系统的运行效率等领域，很少分析交通系统内部的能源耗费规律，例如交通基础设施、交通运行状态、交通控制等对机动车能耗的影响，交通管理单位对于各交通改善方案在减少单位行程燃油消耗所形成的效率方面很难开展系统的评价。

从1980年开始，很多研究者开始进行瞬态能耗模型研究，即依据单位时间的实验数据得出机动车在单位时间(通常以秒为单位)的燃油消耗量。如Post(1984)和Akcelik(1989)等研究表明机动车燃油消耗随功率的变化而改变，与功率之间存在特定的函数关系，且功率可以用机动车的重量、行驶状态、运行阻力等算得，而后给出了瞬时燃油消耗物理模型。Ahn(2002)等研究发现由高速状态进行减速操作时上述物理模型具有计算误差，并对此开展了研究，考虑速度以及加速度回归分析给出了统计模型。Barth(2001)等运用Access数据库平台，创建了CMEM瞬时油耗模型。该模型可以依据输入的车重、道路坡度、发动机运行状况等参数计算发动机负荷从而得出瞬时油耗。Cappiello(2002)等人依据以上研究建立了EMIT燃油消耗模型，该模型把复杂的考虑发动机负载的燃油消耗模型变为考虑速度、加速度油耗模型，该模型运行方便、参数易于标定。PERE模型与CMEM类似运用了物理建模方法，也是排放模型MOVES进行油耗计算所采用的方法。Brooker(2002)等建立了ADVISOR瞬时油耗模型，该模型采取某一特定行驶工况来代表机动车的运行状况以及相应的功率，采用机动车动态数据计算发动机瞬时负载以及转矩，从而得出瞬时油耗。Silva(2006)等建立了EcoGest瞬时油耗模型，输入机动车传动系统类型、发动机技术参数、道路状况等相应数据，模型就能计算出机动车油耗值。Christopher(2007)研究了基于VSP的油耗模型，用来体现实际交通运行中速度、加减速以及道路坡度等参数对机动车油耗的影响。Simpson(2005)运用PAMVEC模型采用平均速度、速度比率以及加速度等参数来描绘机动车行驶工况从而得到其油耗。

(2)宏观交通能耗研究

20世纪90年代以后，国外学者开始探索分析交通方式选择、城市土地利用及空间形态、交通管控措施等因素与城市道路交通系统燃油消耗量的相互关系，期望能由改良机动车性能之外的角度寻求从宏观上减少城市道路交通系统能耗的理论及方法。如Ramanathan(2000)等人分析了各种交通方式的单位效能，并从印度道路交通能源消耗的角度评价了交通可持续发展情况，验证了采取合理政策有利于节能减排。WAFAA(1998)等人主要进行了制定能源消耗策略问题研究，分析了交通系统总体综合能耗并用以指导交通管理部门进行决策，也评估了该方法的可行性。Ericsson(2006)研究了在出行路径选取优化方面使用驾驶支持工具对燃油消耗量的影响。在Jerry(1975)等人分析城市空间形态对城市道路机动车能耗的影响以及Wilson(1976)研究城市性质和交通需求与城市道路机动车能耗的相互关系的基础上，Robert(1997)研究了城市交通、土地利用策略和交通能耗的相互关系。随着社会对交通能耗问题的日益关注，从整个城市道路系统的角度进行能源消耗的研究也逐渐增多。Qing(2011)分析了路网密度与交通出行油耗的相互关系。Ji(2010)讨论了各种政策对城市交通系统的能耗以及环境的影响。Parviz(1991)量化分析了沙特首都引起燃料成本提高的影响因素，研究出燃油消耗和机动车出行次数以及家庭规模相互间有重要关联性。Kumar(1996)通过研究乘客的出行需求、交通方式、机动车类型以及实载率，给出了新德里客运模型，在五种不同情形下验证该模型，分析了用于降低能源需求以及排放的各种交通政策的影响状况。Orit(2004)等采用合图法分析了城市密度与能源消耗间的相互关联性，通过实践研究，得出了两者间无直接关联的结论。Frost(1997)等人研究了各城市在承载率同为100%的情况下,不同交通客运方式的能源消耗状况,得出了在同等承载率下小汽车出行人均能耗是公共交通能耗的4.5倍。

(3)交通能耗管理控制理论与方法

随着ITS技术的研究和应用,研究者发现通过改善交通管理控制方法能够实现交通节能减排的目的。Wunderlich(1999)等人把先进的出行者信息系统、交通管控技术以及事故管理技术应用于西雅图高速公路,发现机动车排放能由此降低1%～3%,可增加燃油经济性1.3%。城市交通控制系统作为ITS系统的重要组成部分之一,其通过优化信号控制方案能有效地降低交通拥堵程度,减少机动车停车次数以及红灯等待时间,从而实现节能减排。Greenough(1999)等人的研究表明,多伦多应用自适应信号控制系统后,减少了匝道14%的排队长度以及排队延误降低了42%,与此同时减少了3%～6%的机动车污染排放,且减少了4%～7%的燃油消耗。Al-Khalili(1984)用计算机编制了控制方法来达到最小化城市交通系统能耗的目的。S′anchez(2006)等人评价了交通信号控制措施对于减少油耗的作用。Suresh(2009)研究了交通、机动车和道路的特征对机动车节能排放的影响,研究表明机动车在交叉口处的排放取决于交通流速度、减速度、等待红灯时长、加速度、交叉口排队长度、周围环境和机动车构成。Ikeda(1999)提出了一个交通控制策略,经过在TRASYT系统上运用该策略,仿真表明可以将交通能耗降到最小,但同时增加了机动车延误。

日常通勤出行能耗是交通能耗的主体,如美国家庭平均日通勤出行引起的能耗约为总交通能耗的80%,因此降低交通能耗应着眼于减少日常出行能耗。毫无疑问交通堵塞导致交通出行能耗大幅增加,通常解决交通拥堵的措施是提高道路通行能力从而减少交通瓶颈,该种措施仅仅单方面提升了通行能力,满足交通需求,未能有效降低交通出行能源消耗。科学的引导、优化交通出行者行为能从多角度降低交通系统能耗,是实现控制、降低交通能源消耗目标的重要方法。2000年Becken系统地建立起了考虑出行的能耗模型,给出了能耗以及碳排放与交通出行的相互关系。城市交通拥挤以及交通污染排放是交通系统引起的外部效应,导致了边际个人成本和边际社会成本的不均衡,运用拥挤收费这一交通需求管理举措,能够引导出行者自觉地避让拥挤道路,进而降低交通能耗。Johansson(1997)通过内化边际环境与燃油消耗成本,探讨了如何应用边际收费理论来实现最大的社会净效益。An Feng(1992)进行了交通拥堵状态下燃油消耗量的研究,得出了交通状态对机动车燃油经济性的关系。Yin(1999)等建立了考虑排放最小化的双层规划模型,给出了开展道路收费的交通节能减排管理措施。Sugawara(2002)等人基于排放最小给出了交通分配理论模型,并在不同拥挤程度的道路上检验了该模型的可行性和可操作性。Johansson-Stenman(2006)分析发现大多道路收费研究未考虑环境间接成本,研究者给出了基于环境影响的收费静态模型。Sharma(2011)等研究发现道路收费能够促进交通出行者选取较为环保节能的交通出行方式,而且道路收费能够引导出行者的路径决策行为,进而减少拥堵,实现降低排放和能耗的功效。

1.2.2 国内研究现状

(1)微观交通能耗研究

20世纪50年代末,伴随着中国开始自主生产汽车,机动车能耗的研究也由此而开展起来，其采用的方法是进行发动机台架实验或机动车性能测试，研究单个机动车或发动机燃油消耗的规律。自改革开放以来，随着我国交通行业的迅速发展，怎样综合评价公路建设成效开始引起行政主管部门以及投资者们关注，开展了一些针对交通运输体系的燃油消耗规律的研究。如在“九五”和“十五”时期，交通部公路科学研究所调查建立了符合我国公路的油耗预测模型。张卫华(2001)等调查了河北省公路机动车油耗，构建了适合山区以及平原的单车燃油消耗；交通流燃油消耗与行驶速度的回归模型。在城市道路交通系统能源消耗方面，王炜(2002)等人研究了城市道路交通系统机动车燃油消耗分析方法，创建了油耗的宏观、微观计算模型，并研究了各种道路类型、不同行驶状态对机动车燃油消耗的影响，对于机动车在经过信号交叉口时所经历的减速、怠速以及加速阶段中的燃油消耗进行分析，构建了考虑速度影响的油耗预测模型；李兴华(1992)等人构建了机动车油耗预估模型；潘公宇(1996)构建了三类加速工况的油耗计算方法；章后忠(2002)等根据实验标定了燃油消耗模型参数，建立了小型汽车、大客车等4种不同车型的油耗计算模型。艾国和(2005)采用碳平衡法原理对各类典型工况建立了机动车油耗模型，并应用油耗实验与模型计算结果进行比较分析，结果显示低速段模型结果比实验值低约5%，高速段模型结果比实验值低约2%；凌建群(2006)建立了载重机动车油耗计算模型，该模型应用发动机台架实验测试发动机的耗油特征，同时绘出燃油消耗特性曲线；依据发动机的扭矩以及转速，运用插值方法从万有特性曲线上得出比油耗，由此计算得到对应工况下的燃油消耗量；贺新(2007)分析了比功率(VSP)与燃油消耗的关系，基于VSP构建油耗模型；刘娟娟(2010)研究了速度与油耗相互之间的关系，构建了不同等级道路上各型号机动车燃油消耗速度修正模型；高磊(2007)分析了行驶时间、速度和加速度等影响机动车油耗的因素，构建了各等级道路的油耗回归模型；冯雨芹(2011)针对各等级道路，采用饱和度参数分别构建了路段油耗模型以及交叉口油耗模型；宋国华(2008)等使用最小燃油消耗速度参数，建立了实用油耗计算模型；张健(2000)等研究了交叉口处机动车油耗规律和变速条件下机动车燃油消耗规律。

(2)宏观交通能耗研究

王文静(2008)等分析了土地利用等因素对交通能源消耗的影响，从规划的角度构建了交通能耗模型。庄苇(2009)等分析了城市空间结构对交通能耗的影响，认为合理的城市空间结构设计能够节省交通能耗。龙瀛(2011)等人进行了土地利用方式、开发强度、就业岗位数以及分布对能耗及环境影响的定量研究，构建了综合城市形态、交通能耗以及环境的互相影响模型。杨博(2013)通过抽象城市路网结构，计算了各类路网结构的交通能耗，研究表明在较小的交通生成量情况下，带状路网结构更为节能，在较大的交通生成量情况下带状路网最耗费能源。Naess P. (2010)以杭州市为例，运用多元回归方法，评价了住宅位置和交通能耗相互间的关联，研究显示，住宅离城市中心区越远个人交通能耗增加越大。郭佳星(2013)对济南市的各类型街区的小区居民交通能耗进行了调查和计算，研究了居住密度、土地利用混合程度以及公交可达性与交通能耗的关系，运用统计学方法研究了家庭交通能源消耗的分布特点。杨阳(2011)采用回归模型分析了基于家庭经济、出行选择在周围环境和交通出行行为关系中的重要作用。姚胜永(2009)运用聚类分析等方法，研究了城市人口密度、小汽车比例、经济指标等和每人交通平均能耗的关系，提出限制小汽车使用、鼓励非机动车使用、倡导公共交通出行对减少城市交通能源消耗具有重要作用。杨阳(2013)采用统计方法，建立了以小区环境、家庭经济、交通工具拥有情况以及出行偏好为自变量,交通能耗为因变量模型,研究了居住环境和交通能耗的关系,结果显示居住环境对交通总能耗以及通勤能耗影响不大,但对于非通勤交通能耗、购物交通能耗以及使用附属设施交通能耗的影响较大。

(3)交通能耗管理控制理论与方法

对于如何应用交通管理与控制方法和手段来降低交通能耗,国内学者也相继开展了相关研究。陆化普(2004)等考虑交通承载量、交通方式能源消耗以及环境容量等因素,研究优化城市交通结构来减少城市交通能耗。徐成(2013)研究影响城市交通总能耗的各因素,提出了具体对策来控制城市交通能耗。任延飞(2011)从油耗优化角度研究了定时控制的相位周期时长、感应控制以及自适应控制的最长绿灯时间等信号配时参数影响。向睿(2010)以交通可持续发展为出发点,在交通规划过程中考虑交通能耗的影响,构建了城市交通系统最优能耗模型。孙茜(2010)将出行时间和能耗成本转化为广义出行费用,构建了以广义出行费用最小为目标的交通能耗控制模型。张胜凯(2013)分析了机动车在信号交叉口的运行状况及燃油消耗规律,构建了信号交叉口累积能源消耗模型,并给出了基于累积能耗和延误最小的信号配时优化方案。陈俊杰(2014)研究了考虑能耗与延误的交叉口交通协调控制方法,分层次给出了基于交通能耗的优化控制方案。陈荔(2009)提出了生态交通效率的概念,以最大化的生态交通效率为目标,考虑道路建设投资额、交通能耗以及环境保护因素,建立了城市路网优化模型。黄文娟(2014)等考虑路网能耗最优,运用双层规划方法优化信号配时参数,建立了平衡网络信号参数优化模型。江楠(2013)通过分析交通出行行为与交通能耗的相互关系,构建基于交通能源消耗的网络均衡模型,并证明了出行者交通需求管理策略可有效调节交通出行行为,从而可降低城市交通出行能耗。

1.2.3 现有研究存在的不足

从国内外研究现状可以看出,关于城市道路交通网络与机动车能源消耗之间的相关关系、机理及量化分析方面的研究还存在如下主要问题:

(1)国外关于交通能耗理论与技术的研究在广度和深度上都领先于目前国内的水平,但其研究的着眼点和成果多是基于其本国城市的交通特色、交通控制方式以及城市用地特征,尤其是很多研究基于个案分析,很难具有通用性。原因在于西方发达国家城市道路空间资源广阔(多数城市道路用地面积占城市建设用地面积的20%左右),路网密度较高,交通流比较单一(绝大部分交通方式为小汽车交通),城市交通控制方式比较先进(多数实现大规模区域交通信号协调控制甚至智能控制);而我国城市道路空间资源有限(多数城市道路用地面积只占城市建设用地面积的8%左右),混合交通特色明显(机动车车型差异较大,还有自行车等大量的非机动车交通),城市交通控制方式比较落后(多数为单点信号控制)。因此,西方关于交通能耗的相关研究成果不能照搬,而应结合我国城市道路交通特色来探索城市道路交通流累积能源消耗机理与控制对策。

(2)国内外现有成果多局限于从微观层面研究单车燃油消耗规律,从宏观层面研究道路与交通状况对能耗影响的成果很少;或者研究公路上汽车油耗的多,研究城市交通系统能耗的少。城市交通系统交通流的运行方式不同于公路,车辆主要在交叉口及道路路段上运行,交叉口之间道路路段的长度一般不超过1000m(城市中心区一般不超过500m)。因此,分析城市交通系统能源消耗的规律,须首先分析城市交通系统中在不同交通控制和管理方式下的交通流的运行特征,如流量特征、速度特征及流量与速度的关系等。一些研究虽然考虑了道路交通状况对能耗的影响,但实验样本量小,模型的科学性还有待考量;或者所构建模型往往只考虑车辆行驶速度这个单一影响因素,还没有综合反映机动车或者说机动车流的各种行驶工况与其能耗的关系,更缺乏直接体现交通流量、道路路段及交叉口管理方式等对交通流累积能耗影响的研究。

(3)从国内外研究和应用的现状可以看出,当前更重视通过对车辆本身性能的改善来减少能源消耗。已有研究表明,车辆能源消耗和车辆的运行状态密切相关,运行状态(加减速)变化大的机动车往往能源消耗要多。由此可见,通过科学的交通管理、有效的交通控制与诱导策略等 ITS 技术的实施来改变交通流特性,降低车辆运行状态变化的剧烈程度,也能够达到降低交通能耗的目的。但如何建立面向最优能耗的城市交通流控制与诱导策略,还缺乏相关的理论支撑和实际应用技术。

(4)既有方法在评估城市道路交通系统能耗时多采用经验法,缺乏可靠、广泛的基础数据库和全面科学的理论与计算方法,导致结果误差较大。现有的交通能耗计算主要利用回归模型,且模型中往往只考虑速度这个单一因素,再结合车辆总走行里程计算能耗的总量。由于所用的交通数据主要是交通统计数据或通过交通规划模型产生的数据,不能全面反映路段交通状况,而且对一些关键影响因素没有进行系统的建模标定,模型输入参数没有缺省值,实际应用较难。因此,建立一个可靠、广泛的交通和能耗数据库,并建立适用不同交通流特征的累积能耗分析理论方法,是开展交通与能源消耗研究不可或缺的基础性工作。

(5)交通控制策略对能耗的影响是一个复杂的、系统的过程,现有的交通控制模型及策略多是基于时间、延误、饱和度等因素,缺乏对交通能耗的系统考虑。地域的交通需求是由于居民区与商业区在一个地域的分布以及它们对个人和商业活动的需求产生的。而居民区和商业区的布局又与土地使用有关。交通需求的多少及频率受区域经济条件、地域人口及收入特征和交通服务成本的影响。当车辆流入交通网络后,地域的交通需求就分布到了整个路网上,行驶在路网上各条道路上的机动车能耗数量在微观上与车辆的速度、加减速有关,在宏观上与网络内道路交通条件、交通管理与控制方式、交通流特征等有关。而由于交通控制措施的实施而引起的交通流特性的变化进而演变成交通需求和土地使用方式的变化,从而影响交通能耗。因此某一点在某一时段交通控制措施的改变对能耗的短期影响会最终扩张到整个网络长期的能耗变化,这就要求在评价时必须考虑整个网络长期的变化效果。同时在进行交通控制措施规划或交通路径诱导时对网络上的交通量的优化不能仅以运行时间最小为目标,应考虑资源准则从而确定不同的目标函数。

综上所述,道路交通流能源消耗是一门涉及交通、热能与动力、汽车工程、系统工程等多个领域的交叉学科,单一学科知识的局限、学科间缺乏沟通以及认识上存在的偏差,是造成该领域研究发展缓慢的主要原因。机动车能耗的量化分析以及各种控制能耗的交通策略对交通流累积能耗影响的定量分析与评价方面的研究属于多学科交叉的前沿领域,还有许多如上所述的重要问题尚待解决。

1.3 研究目标及意义

1.3.1 研究目标

城市道路交通系统的能源消耗直接受交通工具性能的影响,也与城市道路网络特征、交通流状况、交通控制与管理模式等因素密切相关。本书依托于国家自然科学基金项目“城市道路交通流累积能源消耗机理与协调控制方法研究”(51178158)、“基于时空检测的拥堵交通网络本征提取及快速疏散算法研究”(61304195)和中央高校基本科研业务费专项资金项目“城市道路交通流能耗控制研究”(JZ2016HGBZ1011)。通过对城市典型道路交通流特征的深入调查,以及对机动车交通流能源消耗的实验研究与仿真分析,探索城市道路混合交通环境下能源消耗的内在机理,构建城市道路交通流与动态交通网络累积能源消耗基础分析模型,并从交通管理与个体出行的角度建立以最优能耗为导向的城市交通网络协调控制和路径诱导策略,以期为城市道路交通系统的可持续发展规划、建设、管理与控制等提供理论与方法支持。

1.3.2 研究意义

研究城市道路交通流累积能源消耗,把道路行驶工况与交通能耗紧密结合,探索能源消耗机理,以中观视角研究能耗与交通控制的相互关系,为制定科学、合理的交通管控策略提供理论依据。对交通能耗区进行划分,并提出各种能耗状态下交通能耗的协调控制方法,为交通能耗研究和控制提供定量方法。

1.4 研究内容

(1)城市道路机动车交通能源消耗机理研究

从汽车结构、汽车使用、道路条件以及交通运行状况等方面分析影响车辆能源消耗的因素,其中着重分析交通运行状况对机动车能源消耗的影响,同时分析研究城市道路行驶工况条件下的车辆能源消耗规律。

(2)城市道路交叉口交通流累积能耗分析

研究机动车在城市道路环形交叉口与主路优先交叉口的累积能耗问题,根据可插车间隙理论,分析研究环形交叉口的延误问题,根据排队理论分析研究无信号控制交叉口在主路优先条件下的延误问题;通过对交叉口的延误研究,提出环形交叉口和主路优先交叉口的累积能源消耗模型。同时研究车辆在城市道路信号交叉口能源消耗问题,通过对车辆在信号交叉口运行过程的分析,基于车辆在信号交叉口的行驶轨迹对其延误模型进行推导,根据车辆在交叉口的停车延误和加减速延误及其能源消耗规律建立信号交叉口能源消耗模型。

(3)城市道路路段交通流累积能耗分析

研究连续流的能耗规律,分别对畅行连续流和拥挤连续流的微观行为、速度变化与能耗之间的关系进行探讨,提出对应的能源消耗量计算方法,同时利用仿真方法对实例进行验证。

(4)城市道路路网交通能耗分析

从交通能耗的角度出发,结合道路交通和复杂网络相关理论建立路网总能耗、路段及交叉口的重要度、路段及交叉口的重要度均值和方差、平均每条路径单车能耗值和平均每条路径总能耗值等多项特性指标模型,通过运用以上特性指标模型对棋盘型、放射环型和带状型三种典型城市路网进行计算,分析各类型结构路网总能耗随各小区之间交通发生吸引量的变化规律。

(5)基于能耗的城市道路交叉口优化控制方法

在信号交叉口累积能源消耗模型的基础上,建立基于信号交叉口累积能耗和延误综合指标最小的信号控制优化模型。考虑出行的能耗费用,以广义费用最小为信号周期时长的优化目标,以相位能耗比和相位饱和度这两个因素来确定绿信比,研究单个信号交叉口的信号设置优化方法,建立多交叉口信号控制的能耗模型,以两相邻交叉口为例,仿真验证模型的实用可行性。将微观的交叉口交通控制和宏观的网络交通能耗两者结合起来,构建中低能耗区考虑能耗最优的平衡网络信号优化模型,分析能耗最优平衡网络方法降低路网总能耗的有效性。

(6)考虑能耗节约的拥堵区交通网络边界协调控制方法

为了疏解宏观交通网络的拥堵状况并减少机动车能源消耗,构建拥堵区域边界交通流平衡方程,依据宏观基本图参数构建网络能耗估计模型。考虑宏观路网运行机动车完成率最高并且能耗最低构建能耗节约拥堵区边界双目标优化控制模型,运用实例分析验证模型的适用性。

(7)城市交通能耗区的等级划分及流量控制优化方法

主要研究不同等级能耗区流量控制及优化模型,不同等级能耗区的交通状态不同,采用的交通管控方式及其目标也不同,分别提出经济能耗区和高能耗区交通管理方法。建立中能耗区控制与诱导协同模型,设计相应的算法,并通过具体的算例来验证已建模型及算法的有效性。

(8)基于出行需求管理的交通能耗控制策略

建立基于路径选择和方式划分的随机用户均衡模型,并将能耗因素作为目标函数的一部分代入模型中,证明考虑能耗的随机用户均衡模型的等价性和唯一性。通过对随机用户均衡模型的求解得到网络的平衡流,进而得出网络的能耗水平。构造两个双层规划模型,一个以广义费用最小为上层目标函数,另外一个以一定能耗约束下的最小出行时间为上层目标函数。通过这两个模型的建立实现改变上层管理者的决策从而改变出行者出行行为,进而达到减少城市交通系统能耗的目标。定量探讨管理者的不同需求管理政策对城市交通系统能耗的影响,并考虑管理者和出行者节能环保意识对城市交通能耗的影响。

(9)基于能源消耗的最优路径模型

为了更精确地反映城市路网交通能耗实际情况,将微观层面的交叉口交通运行与宏观层面的交通网络能源消耗优化相结合进行研究,考虑信号控制优化对路网能源消耗的影响,从而实现优化微观的信号控制参数,对宏观的路网能源消耗进行控制。在分析无信号控制交叉口冲突类型的基础上,建立不同冲突类型下的饱和流率模型,结合排队论理论求解无信号控制交叉口的逗留时间;同时,结合车辆在信号控制交叉口的加减速行为,建立信号控制交叉口的逗留时间模型。同理对信号和无信号控制交叉口的能源消耗量进行建模,综合信号控制和无信号控制交叉口的逗留时间和能源消耗模型,对出行者最优路径选择行为进行建模。

第2章　城市道路机动车交通能源消耗机理

2.1　交通能耗与交通流状态关系

2.1.1　城市交通流特性

交通系统是由人、车、路等多种要素共同作用的一个复杂的系统,其复杂性主要体现在两方面,即结构的复杂性和演化的复杂性:就结构而言,道路交通系统的结构是多层次的,包括许多子系统,如道路网、交通管理与控制、车辆、行人等,这些子系统之间有着显著的差异,存在着复杂的非线性关系;就演化方面而言,交通系统的动态行为是复杂而多变的,随机性强且难以预测。

1)交通流特性

(1)多态性

城市道路交通流总是处在不断变化的状态,交通流构成复杂,各要素间相互影响,呈现出复杂的多态特性,即道路网上的交通流受驾驶员驾驶特性、交通流组成、信号控制与管理、外部环境等诸多因素的影响,在时空上呈现非均衡性统计分布的状态。

(2)自组织性

随着系统科学研究的不断深入,近些年自组织理论也在逐渐地发展和完善。从管理学角度来看,自组织描述的是网络上的一种有序结构,是各组成单元自发组织的过程。

对道路网络中的人流、物流和信息流等进行分析研究,发现其流动形成交通流演化的过程呈现为明显的自组织现象。由此可见,在交通领域中自组织现象也非常常见,尤其是在无信号控制的城市道路上。驾驶员作为主要的道路使用者,在道路使用过程中都以安全、快速、便捷地到达目的地为最终目标,这样彼此之间便产生相互制约,但这种相互之间的干扰又被期望尽可能地减少。此外,在驾驶路线选择中,对城市道路网熟悉的驾驶员,一般会择优选择路线,这样致使道路上的交通流呈现出规则、有序的自组织特性。

2)交通流状态分析

在交通流研究中,对其状态进行评价的指标有很多,一般以城市主干道机动车平均车速和饱和度为评价指标,将交通流的状态分为畅通、拥堵、堵塞这三种情况。因此在对道路网交通流特性进行分析时,可以依据道路是否发生交通拥堵为标准,分别分析道路的非拥堵交通流和拥堵交通流两种情形。

(1)非拥堵交通流特性

非拥堵交通流,亦称畅行交通流,是指在城市道路中行驶的车辆都保持相对稳定的状态。

该状态下,在一定时间内交通流量随机通过道路断面,其分布会随着车流密度的变化而变化,此时交通流则呈现出非线性和强扰动性。

根据道路交通流量的大小,非拥堵交通流可划分为低密度交通流和高密度交通流。所谓低密度交通流是指道路上的车流量较小,车辆之间自由行驶的空间足够大,即处于自由流状态;而高密度交通流是指道路上的车流量近乎接近于道路通行能力,车辆始终处于跟车状态,前后车辆都会对其行驶产生制约且难以变换车道,这种情形在高峰期或发生事故时比较常见,一般维持的时间比较短。

(2)拥堵交通流特性

与非拥堵交通流相反,拥堵交通流状态下道路网上的车辆不仅速度较慢而且会间断性行驶或处于排队等待状态。当道路通行能力小于交通流量时,车速会下降、出行时间增加,即呈现拥堵交通流特性。

①常发性交通拥堵

常发性交通拥堵是指道路交通需求超过其通行能力的情形,一般具有规律性,在瓶颈路段上和高峰期较常见,客观性特征比较显著。

常发性交通拥堵是指因道路的通行能力低于交通需求所造成的经常性拥堵现象。在常发性交通拥堵的情形下,随着排队的增加通行能力下降的截面会一直向上游扩散。交通流由畅通到拥堵的一个逐渐过渡的过程是常发性交通拥堵产生的过程,拥堵发生前后的交通流参数(速度、交通量、占有率)的变化一般是呈现渐升状态的具有连续性的曲线式,因此通过研究拥堵前交通流参数的变化趋势,可预知在后一时刻交通是否会发生拥堵,从而能够提前采取措施,提高车辆的运行效率。

②偶发性交通拥堵

偶发性交通拥堵是指由随机事件引发的交通拥堵现象。其发生的具体时间、地点都不能确定,通常还可能会造成交通事故,引发交通阻塞等不良后果的交通拥堵。

偶发性交通拥堵发生后,路段通行能力会骤然下降,或在交通流发生突变时,随着后续车辆排队的增加,通行能力下降的截面会移向上游。偶发性拥堵交通流状态表现为拥堵发生时间和地点具有随机性、形成具有不确定性等。

偶发性交通拥堵产生时,拥堵下游的路段截面会沿着行车方向反向传播,此时的交通流参数变化呈现台阶式,但拥堵发生后,下游道路上的车密度会减小,上游则增加。偶发性交通拥堵的交通状况影响因素较多,如堵塞车道数、拥堵的持续时间和交通量等,所以其特性研究也比较复杂。

2.1.2　交通能耗影响因素

1)车辆行驶状态对能耗的影响

根据国内外专家学者对车辆燃油消耗模型的研究,行驶过程中机动车燃油消耗主要影响因素包括车辆运行的速度、加速度、怠速等行驶工况。

(1)行驶工况

影响油耗的一个重要因素是机动车行驶工况。机动车行驶工况(也叫机动车测试循环)是指某类型机动车(如小汽车、公共汽车、重型车等)在给定的具备代表性的交通环境下(如城市道路、公路等)运行时的速度-时间关系曲线,它代表了机动车在被测验区域的道路运行中典型的速度变化规律。道路特性、交通运行状态等因素影响着机动车行驶工况。由于道路线形、等级、坡度等因素的变化,机动车行驶的速度大小以及加减速所占比例不同,机动车行驶工况发生变化。机动车行驶工况还与交通运行状态紧密相关,机动车加、减速的油耗相对于匀速状态时要高很多,相比于自由流状态,机动车运行不畅时,加减速状态较多,造成燃油消耗增加显著。因此,燃油消耗因机动车行驶工况的不同而有所不同。

(2)平均速度

影响机动车燃油消耗的另一个重要因素是机动车运行的平均速度。机动车行驶时的一些外部因素如交通管理法规、实时交通状况以及交通环境等都会影响机动车运行速度,从而影响到机动车能耗。随着车速的快慢不同,燃油消耗也相应地随之发生变化:车辆启动阶段,燃油消耗随着平均车速的增大而降低,当车速达到一定范围的时候,随着平均车速的增加,燃油消耗会增加。

(3)加速度

加速度衡量的是某一时间内车速变化的多少,与车辆的行驶速度有关。当车速迅速增加,这时加速度增大,机动车燃油消耗增加,加速度越大,燃油消耗越高。交通处于拥堵排队时,车辆不能顺畅通行,频繁地加、减速消耗更多的燃油。

总之,车辆的行驶状态是影响油耗的一个重要因素,不同的车辆行驶状态所产生的燃油消耗明显是不同的。当车辆加速、减速时消耗的燃油要比匀速状态下的油耗要高,因此当车辆排队时,加减速状态比例的增加会造成燃油消耗相对于自由流状态明显上升。

2)路段交通运行状况对能耗的影响

路段的燃油经济性直接制约着道路整体燃油经济状况。因此,研究道路路段能耗与交通流状态之间的关系对路网整体能耗的研究至关重要。

车辆的运行工况不仅决定车辆燃油经济性,又密切关系到其所处的交通流状态。当道路路段服务水平较高时,交通流是以自由流的状态平稳行驶,车辆之间的制约性较弱,一般存在加减速的概率较小,大部分时间车辆都处于匀速行驶的状态,此时车辆的燃油消耗量相对较小,经济性相对较高;另一方面,车辆出现阶段性的加减速是由于交通流运行不稳定,处于强制流状态造成的,在此过程中,匀速工况所占比例较少,而加减速工况则相对较多,因此导致燃油消耗量增加,经济性降低。

道路交通流状态的改变呈现出较强的随机性。由交通流状态的研究分析可知,当道路实际交通量比其路段通行能力小时,交通流平稳,并以自由流状态行驶;另一方面,当道路交通量接近甚至超过其路段通行能力时,会导致交通流的不稳定运行,处于强制流状态。改变交通流状态实际就是道路通行能力和实际交通量之间博弈过程,而通常情况下交通供给与需求的相关性可以用道路饱和度表征。因此,在外界环境统一的情况下,道路路段饱和度决定了车辆的行驶时间,而车辆行驶时间和平均速度也是密切相关的,因此在一定的外界条件下,道路路段饱和度和车辆平均速度亦密切相关。由此可见,道路路段饱和度是影响交通流状态的一个主要因素,也是影响路段交通能耗的因素。

道路饱和度作用于交通流状态时,实时交通流状态也反过来决定着车辆的出行时间。交通流为自由状态时,车辆的出行时间相对较短,单位里程能耗较小;而当交通流处于运行不畅、拥堵或者堵塞状态时,车辆的行程时间则会相应延长,单位里程能耗增加。

3)交叉口交通运行状态对能耗的影响

交叉口是城市道路网中的关键节点,在交叉口处车辆产生的能耗和延误显著高于路段。因此在进行车辆油耗研究时,充分考虑交叉口处车辆燃油消耗的影响因素并加以分析,在降低能耗、提高燃油经济性方面具有重大意义。交叉口运行状况对能耗的影响主要体现在饱和度和信号配时方案等方面。

(1)交叉口饱和度

车辆的燃油消耗主要取决于发动机的工作状况,而发动机的工作状况与车辆的行驶工况息息相关,车辆行驶工况又主要受交通流状态的影响。很明显,交叉口的服务水平高,其交通延误就小,交通流为稳定流,车辆加减速工况较少,匀速行驶所占的比例较大,燃油消耗相对就较少。反之,交叉口服务水平低,车辆的延误较大,交通流较不稳定,车辆走走停停,驾驶员频繁地加减速,匀速行驶所占比例大大降低,燃油消耗相对较大。交叉口饱和度对车流状态产生影响,使之处于两种状态:①自由流状态,交叉口服务水平较高,运行车辆的加减速行为较少,燃油经济性较高;②强制流状态,交叉口服务水平比较低,车辆间歇行驶频繁,车辆加减速工况所占比重大,从而燃油消耗量增加,经济性降低。

根据国内外学者对饱和度和燃油消耗量关系的研究与分析,饱和度对油耗的影响起着决定性的作用。总体来看交叉口能耗随饱和度的增加呈现先增大后减小的曲线形式,当饱和度降到一定值时,燃油消耗会出现反弹现象,饱和度为0.25左右时,耗油量处于最低点,燃油经济性达到最高。道路交叉口的饱和度较低,交通流处于自由流状态时,路段上车辆的平均行驶速度较高,在交叉口处遇到红灯时,车辆会以较大的减速度紧急制动,而绿灯亮时又以较大的加速度启动,虽然延误和怠速产生油耗量较小,但由于加减速产生较高比例的油耗,所以从整体上来说,油耗值是偏高的;随着道路交叉口的饱和度增加,行驶车辆自由度降低,车辆处于跟驰状态,虽然此时延误和怠速所产生的油耗增大,但加减速过程所占比例不高,因此油耗值降低;而当饱和度过高时,车辆处于间歇性行驶状态,加减速行为所占比例较高,延误同样增加较多,这就直接导致油耗增大。

图2-1表示信号交叉口饱和度对机动车燃油消耗的影响机理。从图中可以看出,饱和度主要是通过影响交叉口的交通流状态及其延误时间,进而影响机动车在交叉口的燃油消耗。

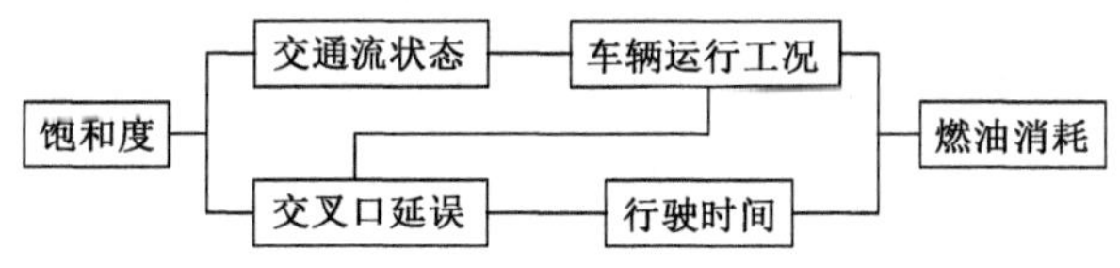

图2-1　交叉口饱和度影响能耗机理图

(2)信号配时方案

周期时长和绿信比是信号配时方案的两个基本控制参数。信号周期时长对交叉口的通行能力有着直接的影响,一般情况下,随着周期时长的增加其通行能力也随之增加,但延误与累积能耗却有所不同。在信号周期时长一定的情况下,某相位的绿信比越大,其车辆延误越少,燃油消耗量也越小,但与之相冲突相位的车辆延误和燃油消耗就会越大。另外,不同的信号配时方案还会影响车辆在交叉口的停车次数及行驶工况,进而影响交叉口的燃油消耗(图2-2)。

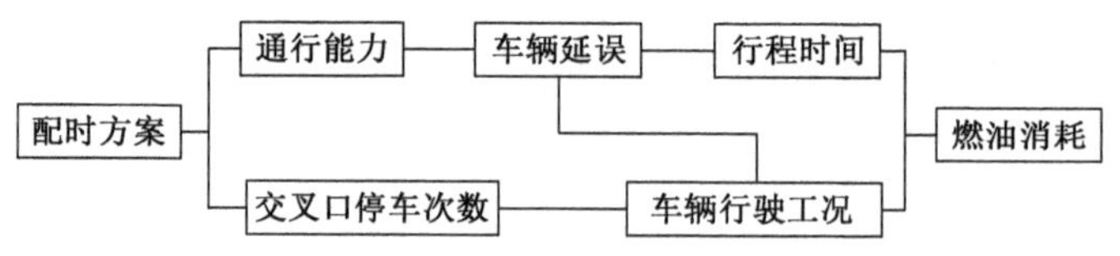

图 2-2　交叉口配时方案影响能耗机理图

2.2　城市道路不同行驶工况能源消耗

2.2.1　等速行驶工况能源消耗模型

在汽车设计与研发工作中，一般都会进行发动机台架实验。根据台架实验可得到发动机的万有特性曲线和汽车功率平衡图，如图 2-3 所示。

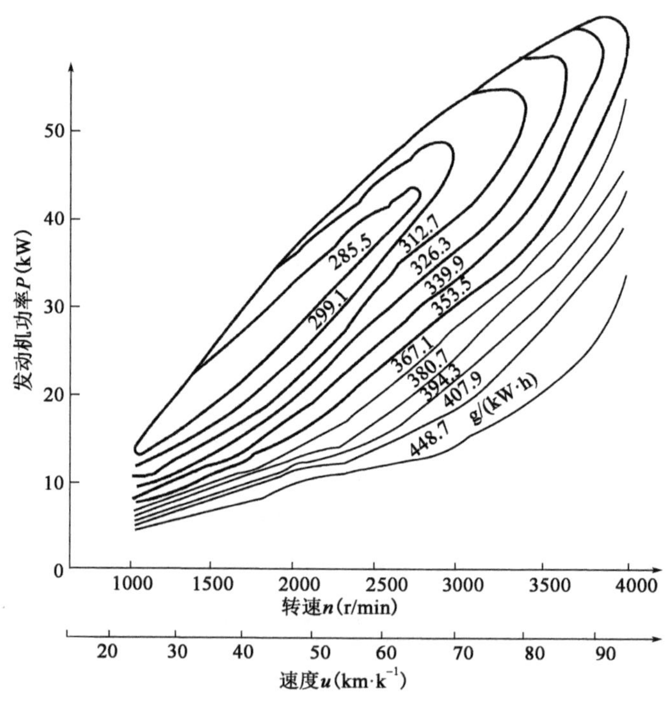

图 2-3　汽油发动机万有特性曲线图

图 2-3 为某汽车发动机的等燃油消耗率曲线。从图中能够基本确定发动机在转速 n、功率 P_e 下的燃油消耗率 b。一般情况下为了简化计算，常根据发动机转速 n 以及车辆行驶车速 u 之间的相互关系，在横坐标下方标出汽车的行驶车速比例尺。由于机动车在匀速行驶过程中，需要克服滚动阻力、空气阻力和坡度阻力做功，所以发动机需要提供的功率为：

$$P = \frac{1}{\eta_t}(P_f + P_w + P_i) \tag{2-1}$$

式中：η_t——传动系的机械效率；

P_f——克服滚动阻力所需的功率；

P_w——克服空气阻力所需的功率；

P_i——克服坡度阻力所需的功率。

通过车辆匀速行驶时的车速 u 及其发动机功率 P，一般可以利用插值法在图 2-3 中计算车速 u 所对应的燃油消耗率 b，进一步计算得出车辆以速度 u 匀速行驶时单位时间内的燃油消耗量（mL/s）：

$$F = \frac{Pb}{367.1\rho g} \tag{2-2}$$

式中：b——燃油消耗率[g/(kW·h)]；

ρ——燃油密度（kg/L）；

g——重力加速度（m/s^2）。

等速行驶 s（m）的燃油消耗量为：

$$F_a = \frac{Pbs}{102u\rho g} \tag{2-3}$$

2.2.2　加减速及怠速行驶工况能源消耗模型

（1）加速行驶工况能源消耗模型

在车辆加速行驶过程中，发动机还必须提供用以克服加速阻力所额外消耗的功率。发动机应提供的克服加速阻力的功率为：

$$P = \frac{1}{\eta_t}\left(\frac{Gfu}{3600} + \frac{C_D A u^3}{76140} + \frac{\delta m u a}{3600}\right) \tag{2-4}$$

式中：a——车辆加速度（m/s^2）；

f——滚动阻力系数；

G——汽车重力（N）；

C_D——空气阻力系数；

A——迎风面积（m^2）；

δ——旋转质量换算系数；

m——汽车质量（kg）；

u——车速（km/h）。

下面，计算由 u_1 等加速至 u_2 的燃油消耗量。将等加速过程分为若干个连续的区间，相邻区间的速度差值为 1km/h，每个区间的燃油消耗量等于区间内平均速度的单位时间燃油消耗乘以行驶时间，如图 2-4 所示。

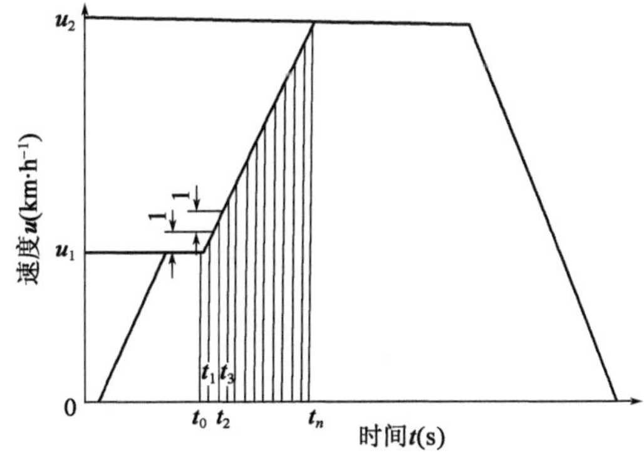

图 2-4　等加速过程燃油消耗量计算

假设每个区间起点或终点车速瞬时所对应的单位燃油消耗量为 F_t，则根据发动机功率与该速度下的燃油消耗率计算。汽车行驶速度每增加 1km/h 所需时间 t 为：

$$t = \frac{1}{3.6\frac{\mathrm{d}u}{\mathrm{d}t}} \tag{2-5}$$

则汽车从初速度 u_1 行驶到 $u_1+1\mathrm{km/h}$ 的燃油消耗为：

$$F_1 = \frac{1}{2}(F_{t_0} + F_{t_1})t \tag{2-6}$$

式中：F_{t_0}——t_0 时刻所对应的单位时间燃油消耗量，此时车速为 u_1；

F_{t_1}——t_1 时刻的单位燃油消耗量，此时车速为 $u_1+1\mathrm{km/h}$。

同理，可以计算出每个区间段的燃油消耗量：

$$F_2 = \frac{1}{2}(F_{t_1} + F_{t_2})t \tag{2-7}$$

$$\vdots$$

$$F_n = \frac{1}{2}[F_{t_{(n-1)}} + F_{t_n}]t \tag{2-8}$$

式中：F_{t_1}、F_{t_2}、…、F_{t_n}——t_1、t_2、…，t_n 瞬时机动车在单位时间内的燃油消耗量。

则整个等加速过程中的总燃油消耗量为：

$$F_c = \sum_{i=1}^{n} F_i = F_1 + F_2 + \cdots + F_n \tag{2-9}$$

等加速状态下车辆行驶的距离为：

$$s = \frac{u_2^2 - u_1^2}{25.92\frac{\mathrm{d}u}{\mathrm{d}t}} \tag{2-10}$$

（2）减速行驶工况能源消耗模型

机动车在等减速行驶状态下，节气门基本上关至最小位置，发动机此时处于强制怠速状态，可以认为其燃油消耗与怠速时相同。所以等减速行驶工况下机动车的燃油消耗量等于其等减速状态的行驶时间乘以怠速工况下单位时间油耗。等减速时间为：

$$t = \frac{u_2 - u_3}{3.6\frac{\mathrm{d}u}{\mathrm{d}t}} \tag{2-11}$$

式中：u_2、u_3——起始和减速结束时的车速；

$\frac{\mathrm{d}u}{\mathrm{d}t}$——减速度，数值大于 0。

车辆等减速行驶过程的燃油消耗量为：

$$F_b = \frac{u_2 - u_3}{3.6\frac{\mathrm{d}u}{\mathrm{d}t}}f_b \tag{2-12}$$

式中：f_b——怠速燃油消耗率。

车辆等减速过程行驶的距离按下式计算：

$$s_b = \frac{u_2^2 - u_3^2}{25.92\frac{\mathrm{d}u}{\mathrm{d}t}} \tag{2-13}$$

(3)怠速行驶工况能源消耗模型

假设车辆的怠速时间为 t，那么车辆在怠速状态下的燃油消耗量为：

$$F_{ib} = f_b t \tag{2-14}$$

第 3 章　城市道路交叉口交通流累积能耗分析

城市道路平面交叉口按信号灯控制状况可分为信号控制交叉口和无信号控制交叉口，其中无信号控制交叉口根据管制方式的不同又分为主路优先控制交叉口、全无控制交叉口和环形交叉口三种类型。由于实际交通管理中，全无控制交叉口较少，本章主要研究环形交叉口、主路优先控制交叉口以及信号控制交叉口的累积能源消耗。

3.1　交通流车头时距分布模型

3.1.1　负指数分布

假设车辆随机到达，并且符合泊松分布(Poisson Distribution)的特征，那么车辆的车头时距符合负指数分布。

在交通流量较小(≤500veh)的情况下，使用负指数分布模型来拟合车头时距分布是比较合适的。该分布模型往往用于描述机动车随机到达、超车机会较多的单车道交通流情况以及密度较小的多车道交通流情况。

令 h 表示车头时距，则 h 的分布密度为：

$$f(t) = \lambda e^{-\lambda t} \tag{3-1}$$

那么，车头时距 h 大于等于 t 的概率为：

$$P(h \geqslant t) = e^{-\lambda t} \tag{3-2}$$

假设小时交通量为 Q，那么 $\lambda = Q/3600$(veh/s)，则

$$P(h \geqslant t) = e^{-Qt/3600} \tag{3-3}$$

负指数分布的概率密度函数曲线如图 3-1 所示，可以发现函数是单调递减的，这就意味着随车头时距的增大，概率逐渐减少。在禁止超车的单车道交通流中，车头间距必须大于等于其车身长度，因此车头时距必须大于一个车身所对应的车头时距 τ；负指数分布没有考虑到实际跟驰最小时间的车头时距分布模型，这也就是负指数分布模型的不足。

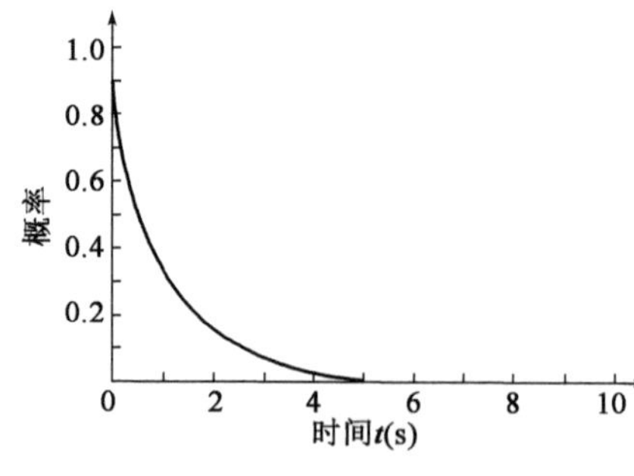

图 3-1　$h \geqslant t$ 的车头时距分布曲线图

3.1.2　移位负指数分布

由于负指数分布无法很好的拟合禁止超车的单车道交通流，需要对其进行改进。根据负

指数分布函数模型描述，当 h 接近零时，其出现的概率非常大，为了克服这一不足，将其曲线从原点 O 沿 t 轴向右移动一个较小的间隔长度 τ，这样就得到了移位负指数分布曲线。

移位负指数分布的分布函数为：

$$P(h \geqslant t) = e^{-\lambda(t-\tau)} \quad t \geqslant \tau \tag{3-4}$$

$$P(h < t) = 1 - e^{-\lambda(t-\tau)} \quad t \geqslant \tau \tag{3-5}$$

其概率密度函数为：

$$f(t) = \begin{cases} \lambda' e^{-\lambda'(t-\tau)} & t \geqslant \tau \\ 0 & t < \tau \end{cases} \tag{3-6}$$

式中：λ'——参数，$\lambda' = \dfrac{1}{\bar{t} - \tau}$；

$\bar{t}$——平均车头时距。

移位负指数分布曲线图如图 3-2 所示。

移位负指数分布对于禁止超车的单车道交通流车头时距和交通流量较低时的多车道车头时距具有明显的拟合效果。

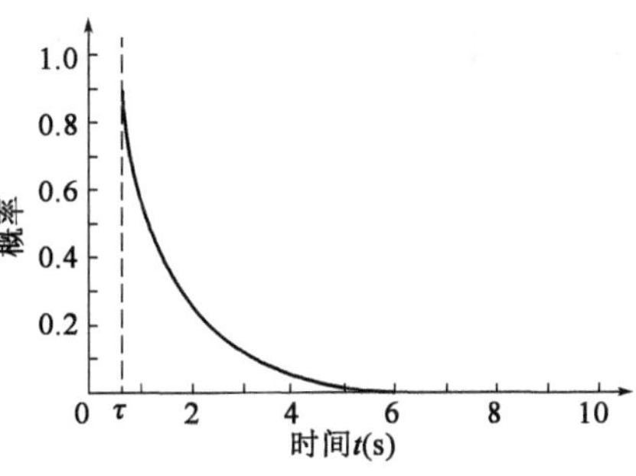

图 3-2　移位负指数车头时距分布曲线图

移位负指数分布同负指数分布一样，是单调递减函数。从曲线图中可以看出，越接近 τ 可能性越大，但这基本上不符合驾驶员心理及驾驶习惯。根据数据统计，一般驾驶员具有中等的反应强度，他们驾驶车辆时往往是在保证安全的条件下保持较短的车间距离（指前车车尾与后车车头之间的距离，与车头间距不同），只有较少部分驾驶员反应特别灵敏或冒失，才会不顾安全地追求更短的车间距离。

3.1.3　韦布尔分布

韦布尔分布的分布函数如下：

$$P(h \geqslant t) = \exp\left[-\left(\frac{t-\gamma}{\beta-\gamma}\right)^{\alpha}\right] \tag{3-7}$$

式中：β、γ、α——分布参数，取正值，且 $\beta > \gamma$，其中 γ 表示起点参数，α 表示形状参数，β 表示尺度参数。

韦布尔分布的概率密度函数如下：

$$P(t) = \frac{\mathrm{d}[1 - P(h \geqslant t)]}{\mathrm{d}t} = \frac{1}{\beta-\gamma}\left(\frac{t-\gamma}{\beta-\gamma}\right)^{\alpha-1}\exp\left[-\left(\frac{t-\gamma}{\beta-\gamma}\right)^{\alpha}\right] \tag{3-8}$$

3.1.4　M3 分布

根据研究发现，在交通发生拥堵时，道路上的车辆会逐渐形成车队，并以此状态行驶。针对这一问题 Cowan 在 1975 年提出了 M3 分布模型，认为车辆一般会处于两种行驶状态：一是部分车辆处于车队行驶状态，二是部分车辆处于自由流行驶状态。其分布函数为：

$$F(t) = \begin{cases} 1 - \alpha\exp[-\lambda(t-\tau)] & t \geqslant \tau \\ 0 & t < \tau \end{cases} \tag{3-9}$$

式中：α——按自由流状态行驶车辆所占比例；

τ——车辆处于排队行驶时最小车头时距；

λ——参数。

3.1.5 爱尔朗分布

为了克服移位负指数分布中车头时距越接近 τ 概率越大的缺点，同时为了解释较小的车头时距出现的概率很小甚至不存在的事实，也有学者提出了爱尔朗分布模型。

分布函数密度为：

$$f(t) = \lambda e^{-\lambda t} \frac{(\lambda t)^{k-1}}{(k-1)!} \tag{3-10}$$

其中 k 和 λ 为参数。每一个参数 k，都对应式(3-10)中的一种分布，k 的取值不同，得到的车头时距分布模型也就不同。当 $k=1$ 时，式(3-10)简化为负指数分布模型；当 $k \to \infty$ 时，式(3-10)则简化为均匀分布的车头时距模型。这表明在爱尔朗分布中，k 反映了自由流和拥挤流之间的各种车流条件。随着 k 值的增大，车流随之变得更加拥挤，自由行驶变得越来越难，机动车行驶随机性降低。但是对于单车道而言，车辆的车头时距一定会大于某一个特定值，参照移位负指数分布对负指数分布的修正，对式(3-10)进行修正，引入带移位的爱尔朗分布，其分布密度为：

$$f(t) = \lambda^{k} e^{-\lambda(t-\tau)} \frac{(t-\tau)^{k-1}}{(k-1)!} \tag{3-11}$$

3.1.6 对数正态分布

相关研究证实，对数正态分布用于描述跟驰行为下的车头时距分布具有很好的拟合效果。对数正态分布密度函数为：

$$f_h(t) = \frac{1}{\sqrt{2\pi}t\sigma} e^{-\frac{(\ln t-\mu)2}{2\sigma^2}} \tag{3-12}$$

式中：μ、σ^2——分布参数。

令 $h' = \ln h$，则式(3-12)变为正态分布，即：

$$f_{h'}(t') = \frac{1}{\sqrt{2\pi}\sigma} e^{-\frac{(t'-\mu)2}{2\sigma^2}} \tag{3-13}$$

其中 $t' = \ln t$，其他参数同上。

3.2 城市道路信号控制交叉口累积能耗

由于信号交叉口的存在使得连续交通流变为间断流，车辆在经过交叉口时，常常需要减速、停车、怠速、加速等过程，从而使车辆行驶状态变得不稳定。由于在交叉口产生的延误以及行驶工况的变化，车辆在经过交叉口时的能源消耗比在正常路段行驶同样的距离要多。

3.2.1　信号控制交叉口延误分析

(1)车辆运行过程分析

一般情况下,周期时长用 c 来表示,有效红灯时长用 r 表示,有效绿灯时长用 g 表示,那么 $c=r+g$。在红灯和绿灯期间,交叉口车辆的运行状态有较大差异。下面分析在同一个周期内通过交叉口的机动车运行过程(t 表示时间):

①有效红灯期间($0\leqslant t\leqslant r$):当红灯亮时(实际为黄灯先亮,新交规规定不准闯黄灯),交叉口进口道未越过停止线的车辆会减速并停车,以后到达车辆都需要减速甚至排队等待。在此期间的任一瞬时,这一进口道的车辆均处于排队怠速等待或减速进入排队状态。

②有效绿灯期间($r\leqslant t\leqslant g$):当绿灯亮时,排在队首的车辆率先启动、加速进入交叉口,在它后面车辆随之启动、加速并跟驰行驶,此时进入交叉口的交通流为饱和流。在排队车流完全消散之前,进口道后续到达的车辆仍将继续减速停车并加入排队。假设排队车辆的消散时间为 t_0,其计算方法如式(3-14),那么当 t_0 小于 g 时,处于排队状态的车辆在有效绿灯期间能够消散,在 $t_0\sim g$ 期间,到达交叉口的车辆基本以原来的速度行驶;当 t_0 大于等于 g 时,绿灯结束时,仍有车辆处于排队状态,这些车辆将继续等待下一个信号周期。图3-3表示 t_0 小于 g 时车辆在交叉口排队的形成和消散过程,其中 q(pcu/h)表示车辆的平均到达率,S(pcu/h)表示饱和流率,根据 t_0 的定义,并假定排队等待车流的密度远远大于路段车流密度,则有 $qr+qt_0=St_0$。从而可得:

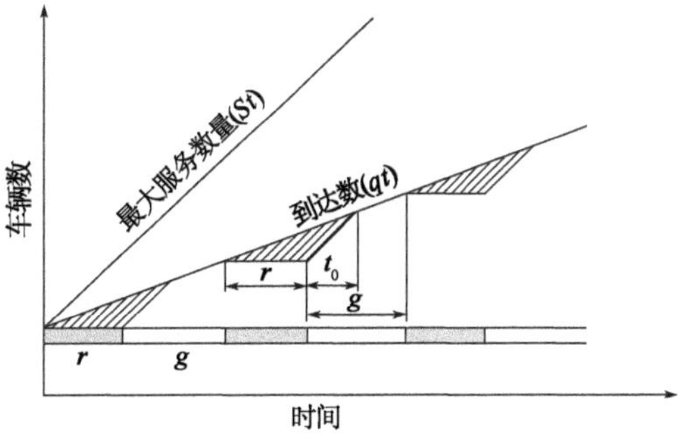

图3-3　信号交叉口车辆排队形成和消散过程($t_0<g$)

$$t_0=\frac{qr}{S}\left(1-\frac{q}{S}\right)^{-1} \tag{3-14}$$

(2)通行能力分析

信号交叉口的通行能力与其延误紧密相关。信号交叉口的通行能力是指在已有的道路条件、行车条件及信号设计等条件下,每一信号相位某一个进口车道单位时间内所能通过交叉口的最大流量。

信号交叉口的通行能力是建立在饱和流率基础上的。在道路和交通条件一定的情况下,单位绿灯时间内所能通过交叉口某一进口车道的最大流率即为饱和流率。假设车道的饱和流率(pcu/h)用 S 表示,其通行能力(pcu/h)用 C 表示,相位有效绿灯时长(s)用 g 表示,相位周期时长(s)用 c 表示,那么该车道的通行能力即为:

$$C=S\times g/c \tag{3-15}$$

(3)车辆受阻滞过程

车辆到达停车线的时间与车辆的到达率都是随机变化的,因此,总会有机动车在越过停车线时遇到红灯而受到阻滞。即便车辆在绿灯时到达交叉口,也有可能因为受前方红灯阻滞车辆排队的阻挡,在通过交叉口时不得不减速行驶甚至停车,这些车辆的延误也是由于受到红灯

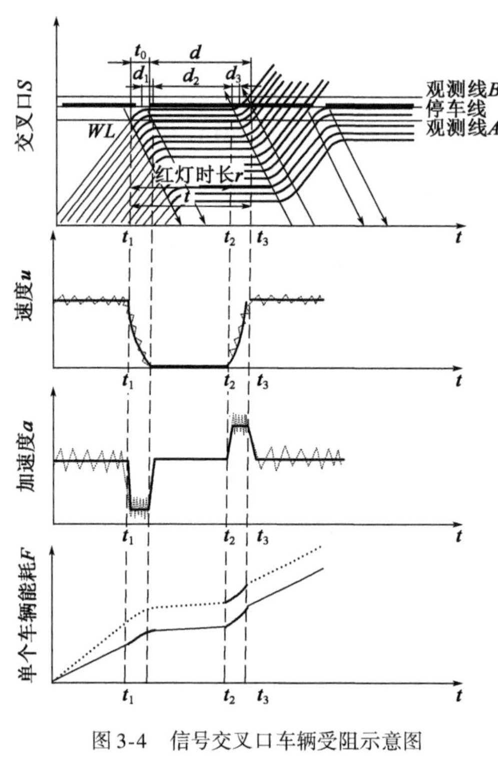

图3-4　信号交叉口车辆受阻示意图

阻滞造成的。车辆在通过信号交叉口时的受阻过程可由图3-4描述。由于红灯的阻滞，在到达停车线前，驾驶员就会制动减速，车速逐渐降至为零，车辆怠速等待一段时间后，红灯结束，绿灯开始，车辆开始启动加速，逐渐加速至正常行驶速度。所以，在经过交叉口时，一般车辆都会经历制动减速、停车怠速和启动加速三个过程，即为车辆延误过程。在车辆延误过程中，车辆的行驶工况也有一系列的变化。对于任意车辆，在经过观测线 A 时(该时刻为 t_1)，如果遇到红灯(或前方车辆排队)，驾驶员开始制动减速、停车，在红灯时间怠速等待，在 t_2 时刻，红灯时间结束，绿灯开始，车辆开始启动加速越过停车线，并在 t_3 时刻到达观测线 B 时加速至正常行驶速度 v。当车辆在观测线 A 和观测线 B 之间(时刻 t_1，t_3 之间)时，既有从观测线 A 到停车之前的减速过程，又有从车辆起动到观测线 B 之间的加速过程，还有怠速停车等待过程，在以上三个过程中，车辆由于行驶工况的改变，从而产生行程时间的延误。

由图3-4知，车辆以正常行驶速度行驶 AB 距离所用的时间为 t_0，由于红灯的阻滞，车辆通过 AB 间的实际行程时间为 t，则车辆通过交叉口时的行程延误 $d = t - t_0$，其中包括车辆到达停车线前的减速延误 d_1，车辆离开停车线后的加速延误 d_2 以及车辆在停车线等待的等待延误 d_3。

(4)车辆减—加速延误

由于机动车到达交叉口停车线是随机的，所以在交叉口遇到红灯的时间长短也是随机的，机动车在经过交叉口时的运行过程也不尽相同。根据车辆在停车线前的状态，参照无信号交叉口的分析，将其分为四类变速过程，如图3-5所示。

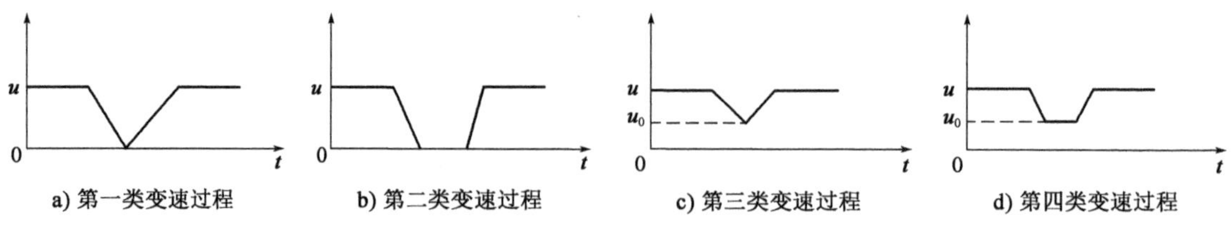

图3-5　信号交叉口车辆减—加速变速过程

当车辆遇到红灯时，在到达停车线之前驾驶员就会制动减速，车速由正常行驶速度逐渐降至零，等待一段时间以后，车辆开始启动加速直至正常行驶速度，如图3-5b)所示；其特殊情况是如图3-5a)所示的情况，车速降至零后没有等待就又开始加速行驶，直至加速到正常行驶车速；在绿灯开始初期由于受红灯滞留车辆的影响，后到车辆驾驶员在看到排队车辆后开始减速，在车速减至 u_0 时，排队消散，此时车辆又开始加速，直至正常速度 u[图3-5c)]；一些车辆在即将到达交叉口进口道车辆排队的队尾或看到红灯时，并不遵循减速、等待、加速的过程，而是采取减速、低速(u_0)匀速行驶(或称溜车)、加速的过程[图3-5d)]。

假设机动车正常行驶的速度为u，制动减速时的减速度为a_1($a_1>0$)，启动加速时的加速度为a_2($a_2>0$)，令其减速延误为d_1，加速延误为d_2，那么对于图3-5a)、b)情况：

$$d_1 = \frac{u}{2a_1}, d_2 = \frac{u}{2a_2} \tag{3-16}$$

对于图3-5c)、d)情况：

$$d_1 = \frac{u-u_0}{a_1} - \frac{u^2-u_0^2}{2a_1u}, d_2 = \frac{u-u_0}{a_2} - \frac{u^2-u_0^2}{2a_2u} \tag{3-17}$$

对于第四类情况，比之前三种情况多了一个低速行驶的延误：

$$d' = t\left(1 - \frac{u_0}{u}\right) \tag{3-18}$$

式中：t——低速行驶的时间；

u_0——低速行驶时的速度。

(5)累积等待延误

以车辆在信号交叉口的行驶轨迹来推导信号交叉口的累积延误模型，其假设条件如下：

①交叉口信号配时为固定配时，且红灯初始时刻车辆排队长度为0；

②车辆以泊松分布(Poisson)随机到达，到达率均为q，车头时距h服从负指数分布；

③所研究的进口道断面的通行能力为常数；

④在绿灯开始时间内，在交叉口排队的车辆相继以饱和流率S离开交叉口，等车队消散完全后，后续到达的以到达率离开；

⑤车辆在路段的行驶速度相同，且进入交叉口前和离开交叉口后的速度相同；

⑥交叉口各进口道处于未饱和状态。

图3-6描述了一系列车辆在经过信号交叉口时的行驶轨迹。从图中可以计算出每辆车的等待时间：

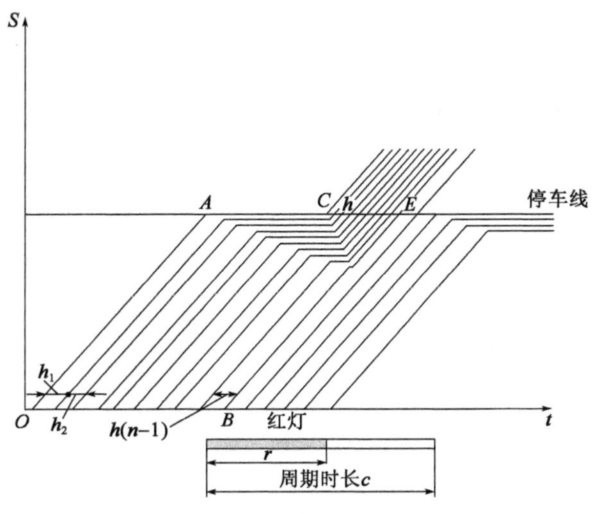

图3-6　信号交叉口车辆行驶轨迹示意图

第一辆车 $$t_1 = r \tag{3-19}$$

第二辆车 $$t_2 = t_1 - h_1 + h = r - (h_1 - h) \tag{3-20}$$

第三辆车 $$t_3 = t_2 - h_2 + h = r - (h_1 + h_2 - 2h) \tag{3-21}$$

根据其递推关系可得第 n 辆车等待时间：

$$t_n = t_{n-1} - h_{n-1} + h = r - [h_1 + h_2 + \cdots + h_{n-1} - (n-1)h] \tag{3-22}$$

则其累积等待延误为：

$$W = \sum_{i=1}^{n} t_i = nr - \left(h_1 + (h_1 + h_2) + \cdots + (h_1 + h_2 + \cdots + h_{n-1}) - \frac{n(n-1)}{2}h\right) \tag{3-23}$$

假设平均到达车头时距为 $\bar{h}$,则

$$W = \sum_{i=1}^{n} t_i = nr - \frac{n(n-1)}{2}(\bar{h} - h) \tag{3-24}$$

又

$$\bar{h} = \frac{\overline{OB}}{n-1}, h = \frac{\overline{CE}}{n-1} \tag{3-25}$$

所以

$$W = nr - \frac{n}{2}(\overline{OB} - \overline{CE}) \tag{3-26}$$

$\overline{OB}$为从第一辆排队开始到最后一辆排队的时间,所以：

$$n = q\,\overline{OB} \tag{3-27}$$

而

$$q\,\overline{OB} = S\,\overline{CE} \tag{3-28}$$

又

$$\overline{OB} = r + \overline{CE} - t_n \tag{3-29}$$

所以

$$W = \frac{qS(r^2 - t_n^2)}{2(S-q)} \tag{3-30}$$

将绿灯开始后第一辆不停车通过交叉口的车辆看作最后一辆排队车辆,此时 t_n 为 0,即：

$$W = \frac{qSr^2}{2(S-q)} \tag{3-31}$$

3.2.2 信号控制交叉口累积能耗

(1)信号控制交叉口车辆停车等待能源消耗

根据推导信号交叉口等待延误模型的方法来推导等待期间车辆能源消耗。

假设f_{bi}为第 i 辆排队车辆的怠速燃油消耗率(图 3-6),则第 i 辆排队车辆的等待能源消耗为：

$$F_{bi} = f_{bi}t_i \tag{3-32}$$

则所有排队车辆的总能源消耗量为：

$$F_b = \sum f_{bi}t_i \tag{3-33}$$

若车流中共有 k 种车型,其中 1 型车辆 q_1 辆、2 型车辆 q_2、…、k 型车辆 q_k 辆,k 类车型构成的比例为 p_1∶p_2∶…∶p_k,且 $p_1 + p_2 + \cdots + p_k = 1$。各种类型车辆的在怠速状态下的燃油消耗率

为f_i。假设每辆车的到达相互独立，且到达车辆的类型随机出现，则每次到达车辆是i类车型的概率p_i，第i辆车怠速燃油消耗率的期望为：

$$E(f_{bi}) = \sum_{i=1}^{k} f_{bi}p_i \tag{3-34}$$

则

$$F_b = \sum\sum_{i=1}^{k} f_{bi}p_i t_i = \sum_{i=1}^{k} f_{bi}p_i \sum t_i = \frac{qSr^2}{2(S-q)}\sum_{i=1}^{k} f_{bi}p_i \tag{3-35}$$

(2)信号控制交叉口减速能源消耗

由于车辆在交叉口的加速时间和距离较短，在此忽略由于车辆性能因素和驾驶员技术因素所导致的加减速度的不同，因此假设在信号交叉口排队车辆的加速度和减速度相同，分别为a_1和a_2，则在初速度和终速度相同的情况下，车辆的加减速时间相同。

假设在信号交叉口绿灯期间，只有遇到前方有排队时车辆才有减速和加速的过程。根据2.2.2节的内容可知，机动车在减速状态的单位实际燃油消耗率与怠速时的燃油消耗率一样，均为f_{bi}。那么单个车辆减速时的能源消耗为：

$$F_{bi} = f_{bi}t_b \tag{3-36}$$

式中：t_b——车辆减速行驶的时间。

$$t_b = \frac{u-u_0}{a_1} \tag{3-37}$$

则减速状态下总的能源消耗为：

$$F_b = \sum_{i=1}^{r} f_{bi}t_b = \frac{Sqr}{S-q}\sum_{i=1}^{k} f_{bi}p_i t_b \tag{3-38}$$

(3)信号控制交叉口加速能源消耗

各种车型单车加速状态下能源消耗量f_{ci}可根据2.2.2节中的方法计算得到。则单个车辆加速时的能源消耗为：

$$F_{ci} = f_{ci}t_c \tag{3-39}$$

式中：t_c——车辆加速行驶的时间。

$$t_c = \frac{u-u_0}{a_2} \tag{3-40}$$

则加速状态下的总能源消耗为：

$$F_c = \sum_{i=1}^{k} f_{ci}t_c = \frac{Sqr}{S-q}\sum_{i=1}^{k} f_{ci}p_i t_c \tag{3-41}$$

(4)信号控制交叉口总能源消耗

信号控制交叉口单个相位的能源消耗量为该相位周期内怠速能源消耗、减速能源消耗和加速能源消耗之和：

$$F_j = \frac{Sqr}{S-q}\left(\frac{r}{2}\sum_{i=1}^{k} f_{bi}p_i + \sum_{i=1}^{k} f_{bi}p_i t_b + \sum_{i=1}^{k} f_{ci}p_i t_c\right) \tag{3-42}$$

则信号控制交叉口总的能源消耗量为各相位能源消耗之和。

$$F_{总} = \sum F_j \tag{3-43}$$

3.3 城市道路主路优先无信号控制交叉口累积能耗

3.3.1 无信号控制交叉口延误分析

(1)车辆运行特征分析

车辆通过主路优先交叉口时的运行特征与其通过信号交叉口时截然不同。主路优先交叉口并没有在空间和时间上给予车流明显的优先通行权。一般的通行规则是:主路车流连续不断地优先通过交叉口;次路车流在通过交叉口冲突区域时,驾驶员必须观察主路车流车辆间的车头时距,并寻找进入交叉口的安全机会或间隙,驾驶员认为的可以进入交叉口的最小的主要车流车辆的间隙称为“临界间隙”,当主路车流车辆间隙小于临界间隙时,次路车流就会停车等待,直到临界间隙出现。为了便于分析,只对两股车流的交叉口进行研究。

次路车流经过交叉口时的会出现减速至完全停车后立即加速、减速至完全停车,等待后再加速以及减速至某一速度后加速的三种不同情形,具体见图3-5a)、b)、c)。

本节主要研究主路优先条件下的无信号交叉口。为了便于研究,认为主路车流不受影响,其延误忽略不计,因此根据可接受间隙理论,将其简化为研究次路车流的延误。

(2)排队等待延误

对于主路优先交叉口,其次路车流可以简化为一个单通道的排队系统,次路车流的第一个排队位置可以看作是服务台,次路车流的到达认为是随机的,其车头时距符合负指数分布,看作是系统输入,服务时间是队首车辆的等待时间,其服务时间分布未知,所以用M/G/1排队系统来描述这个排队系统。排队系统中的车辆的平均等待时间即为车辆的平均等待延误。用经典的P-K(Pollaczek-Khintchine)模型计算次路车流的平均延误,其表达式为:

$$D_q = \frac{xW(1 + C_w^2)}{2(1 - x)} \tag{3-44}$$

式中:D_q——次路车流车辆的平均等待延误;

x——次路饱和度;

W——平均服务时间;

C_w——服务时间的偏差系数,$C_w = \sqrt{V(W)}/W$;

$V(W)$——服务时间的方差。

一般情况下,次要道路车流的到达服从泊松分布,处于排队首位机动车的服务时间服从负指数分布,则$V(W) = [E(W)]^2$,且$C_w^2 = 1$。对于单通道排队系统而言,其平均服务时间即为通行能力的倒数。那么排队系统中车辆延误的期望值为:

$$D = D_q + W = \frac{1}{C}\left(1 + \frac{x}{1 - x}\right) = \frac{1}{C}\left(1 + \frac{q}{C - q}\right) \tag{3-45}$$

式中:C——次路通行能力;

q——次路车流量。

根据可插车间隙理论,可知:

$$C = \frac{1}{t_f}e^{-q' t_c} \tag{3-46}$$

式中：q'——主路交通流量；

t_c——临界间隙；

t_f——次路车流跟随时间。

结合式(3-45)和式(3-46)得出：

$$D = t_f e^{q' t_c}\left(1 + \frac{q t_f}{e^{-q' t_c} - q t_f}\right) \tag{3-47}$$

(3)加、减速延误

次路车辆除了在交叉口有停车延误外，还有加速和减速延误，图3-5分析了次路车流经过交叉口时的行驶特征。

图3-5c)中，车辆进入交叉口时，车速由 u 降到 u' 然后又加速至 u，设减速度为 a_1，减速的时间 t_a 为：

$$t_a = \frac{u - u'}{a_1} \tag{3-48}$$

减速的距离为：

$$s_a = \frac{u^2 - u'^2}{2a_1} \tag{3-49}$$

按正常行驶速度行驶同样距离所需的时间为：

$$t_1 = \frac{u^2 - u'^2}{2a_1 u} \tag{3-50}$$

则减速阶段的延误为：

$$d_1 = t_a - t_1 = \frac{u - u'}{a_1} - \frac{u^2 - u'^2}{2a_1 u} \tag{3-51}$$

同理加速阶段的延误为：

$$d_2 = t_c - t_2 = \frac{u - u'}{a_2} - \frac{u^2 - u'^2}{2a_2 u} \tag{3-52}$$

式中：t_c——车速 u' 加速至 u 的时间；

t_2——按正常速度行驶同样距离所需的时间。

对于一次完全停车情况，$u' = 0$，那么

$$d_1 = \frac{u}{2a_1} \tag{3-53}$$

$$d_2 = \frac{u}{2a_2} \tag{3-54}$$

假设排队不为零的概率为 β_0，则排队为零的概率比例为 $1 - \beta_0$，令 $a_1 = a_2 = a$，则平均减速和加速延误均为：

$$\bar{d} = (1 - \beta_0)\left(\frac{u - u'}{a} - \frac{u^2 - u'^2}{2au}\right) + \beta_0 \frac{u}{2a} \tag{3-55}$$

对于M/G/1系统而言，排队为零的概率为 $1 - x$（x 为次路饱和度），所以 $\beta = x$。

主路优先交叉口的总的平均延误为：

$$\overline{D} = D + \overline{d} \tag{3-56}$$

3.3.2 无信号控制交叉口累积能耗

(1)次路交通流能源消耗

①排队等待和减速时的能源消耗

处于排队等待状态与减速行驶状态机动车的单位实际能源消耗率基本一致,均为怠速时的燃油消耗率f_b。那么这两个阶段的总能源消耗量为:

$$F_b = qx\sum p_i Df_{bi} + q(1-x)\sum p_i f_{bi}\frac{u_i - u'_i}{a_{1i}} + qx\sum p_i f_{bi}\frac{u}{2a_{1i}} \tag{3-57}$$

②加速时的能源消耗

单车加速状态下能源消耗量f_c根据2.2.2节中的计算方法计算。加速过程总的能源消耗量为:

$$F_c = q(1-x)\sum p_i f_{ci}\frac{u-u'}{a_{2i}} + qx\sum p_i f_{bi}\frac{u}{a_{2i}} \tag{3-58}$$

(2)主路交通流能源消耗

由于采用主路优先,并假定主路车流行驶不受次路的影响。因此设主路在经过交叉口时为匀速行驶,速度为正常行驶的速度v,驶过交叉口的时间为t'。根据发动机万有特性曲线图,利用插值法查找各种车型在速度v匀速行驶状态下的燃油消耗率b_i,进而确定各种车型以u_2速度行驶时单位时间内的能源消耗量f_2(mL/s)。

$$F_a = q'\sum p_i f_{2i} t'_i \tag{3-59}$$

(3)主路优先无信号控制交叉口总能源消耗

主路优先交叉口的总能源消耗量为:

$$F = F_a + F_b + F_c \tag{3-60}$$

3.4 城市道路环形交叉口累积能耗

环形交叉口是在交叉口的中心设置中心岛,通过交叉口的所有车辆绕环岛逆时针行驶。由于行驶的过程中车辆一般都会经过合流、交织、分流三个阶段,从而将经过交叉口的交叉冲突转化为交织冲突。

车辆在经过环形交叉口时产生交通延误是显然的。一般而言,环形交叉口延误主要包括几何延误和交通延误两个方面,交通延误主要包括车辆减速进入交叉口前的减速延误、停车等待延误和加速离去时的加速延误,对于环形交叉口还有绕岛行驶延误。

3.4.1 环形交叉口延误分析

(1)几何延误

环形交叉口的几何延误主要是由于交叉口内存在环岛引起的。几何延误的大小主要是由环岛半径的大小决定,一般而言,对于特定的交叉口其几何延误可看作常数。不同环岛半径的几何延误如表3-1所示。

不同环岛半径的几何延误　　表 3-1

环岛半径(m)	<10	10~20	>20
几何延误(s)	6	8	10

显然,环形交叉口的几何延误比较粗糙,不能直接应用与分析研究车辆在环形交叉口行驶时的能源消耗。

(2)交通延误

交通延误主要是指减速延误、等待延误、匀速绕环岛行驶和加速离开交叉口而引起的额外行驶时间。

①减速延误

假设车辆在路段正常行驶的速度为 u_1,绕岛行驶速度为 $u_2(u_1 > u_2)$,则由 u_1 以减速度 a_1 减速到 u_2 所用的时间为:

$$t_1 = \frac{u_1 - u_2}{a_1} \tag{3-61}$$

式中:a_1——车辆减速度,大于 0。

车辆在减速过程中行驶的距离按下式计算:

$$s_1 = \frac{u_1^2 - u_2^2}{2a_1} \tag{3-62}$$

车辆以正常速度行驶同样距离所用的时间为:

$$t_2 = \frac{s_1}{u_1} = \frac{u_1^2 - u_2^2}{2a_1 u_1} \tag{3-63}$$

车辆减速行驶阶段的延误为:

$$D_1 = t_1 - t_2 = \frac{u_1 - u_2}{a_1} - \frac{u_1^2 - u_2^2}{2a_1 u_1} \tag{3-64}$$

②等待延误

由于绕环行驶车流具有优先权,当环道上的车流较大时,入环车流须在交叉口处排队等待,等有可插入间隙时方可进入环道。

由于环道内限制超车,可以认为环道内车头时距分布符合 M3 分布。当环道内车流量较大时,认为车流以最小车头时距 τ 结队行驶。令 α 表示车头时距大于 τ 的比例,则小于等于 τ 的概率为 $1-\alpha$,q(pcu/s)表示环内车流交通量,所以环内车流车头时距的概率分布密度为:

$$f(t) = \alpha\lambda e^{-(t-\tau)} \tag{3-65}$$

式中:λ——车辆的平均到达率,$\lambda = \frac{\alpha q}{1-\tau q}$。

用 t_f 表示入环车流的跟车时距,设 t_c 为可插车间隙,那么当 $t_c < h < t_c + t_f$ 时,允许一辆车进入;当 $t_c + (k-1)t_f < h < t_c + kt_f$ 时,允许 k 辆车进入。环形车流出现 $t_c + (k-1)t_f < h < t_c + kt_f$ 的概率为:

$$p_k = p[h \geqslant t_c + (k-1)t_f] - p(h \geqslant t_c + kt_f) = \alpha e^{-\lambda[t_c + (k-1)t_f - \tau]} - \alpha e^{-\lambda(t_c + kt_f - \tau)} \tag{3-66}$$

则进入环形车流的平均车辆数为:

$$L_{\bar{s}} = E(k) = q\sum_{k=1}^{\infty} kp_k = \alpha q \frac{e^{-\lambda(t_c - \tau)}}{1 - e^{-\lambda t_f}} \tag{3-67}$$

排队的平均车辆数为：

$$L_{\bar{n}} = E(k-1) = \alpha q \frac{e^{-\lambda(t_c-\tau)}}{1-e^{-\lambda t_f}} - q\{1-\alpha[e^{-\lambda(t_c-t_f-\tau)} - e^{-\lambda(t_c-\tau)}]\} \tag{3-68}$$

根据排队理论，处于排队状态的车辆数除以车辆的平均到达率即为等待时间的期望值：

$$D_2 = \frac{L_{\bar{n}}}{\lambda} = \frac{q\left\{\alpha \frac{e^{-\lambda(t_c-\tau)}}{1-e^{-\lambda t_f}} - \{1-\alpha[e^{-\lambda(t_c-t_f-\tau)} - e^{-\lambda(t_c-\tau)}]\}\right\}}{\lambda} \tag{3-69}$$

③匀速绕环岛行驶延误

为了便于研究，假设车辆在绕岛行驶和路段正常行驶时均为匀速行驶，那么车辆在绕岛行驶时的延误就与绕岛行驶的距离有关。

假设环岛的直径为 Z，那么车辆绕岛行驶的距离可以按表 3-2 计算。

车辆绕岛行驶距离 表 3-2

行驶方向	左转	直行	右转
行驶距离	$0.75\pi Z$	$0.5\pi Z$	$0.25\pi Z$

那么车辆平均绕环岛行驶的距离为：

$$s_2 = \gamma_1 \cdot 0.75\pi Z + \gamma_2 \cdot 0.5\pi Z + \gamma_3 \cdot 0.25\pi Z = \pi Z \frac{3\gamma_1 + 2\gamma_2 + \gamma_3}{4} \tag{3-70}$$

式中：γ_1、γ_2、γ_3——左转、直行和右转车流量占总交通量的比例。

车辆平均绕环岛行驶的时间为：

$$t_3 = \frac{s_2}{u_2} = \pi Z \frac{3\gamma_1 + 2\gamma_2 + \gamma_3}{4u_2} \tag{3-71}$$

车辆以正常速度行驶同样距离的时间为：

$$t_4 = \frac{s_2}{u_1} = \pi Z \frac{3\gamma_1 + 2\gamma_2 + \gamma_3}{4u_1} \tag{3-72}$$

那么，车辆绕岛行驶的平均延误为：

$$D_3 = t_3 - t_4 = \frac{1}{4}\pi Z(3\gamma_1 + 2\gamma_2 + \gamma_3)\left(\frac{1}{u_2} - \frac{1}{u_1}\right) \tag{3-73}$$

④加速延误

车辆由绕岛行驶速度 u_2 加速到正常行驶速度 u_1 所用的时间为：

$$t_5 = \frac{u_1 - u_2}{a_2} \tag{3-74}$$

式中：a_2——车辆加速度，大于 0。

车辆在加速过程中行驶的距离为：

$$s = \frac{u_1^2 - u_2^2}{2a_2} \tag{3-75}$$

车辆以正常速度行驶同样距离所用的时间为：

$$t_6 = \frac{s}{u_1} = \frac{u_1^2 - u_2^2}{2a_2 u_1} \tag{3-76}$$

车辆加速离去阶段的延误为：

$$D_4 = t_5 - t_6 = \frac{u_1 - u_2}{a_2} - \frac{u_1^2 - u_2^2}{2a_2 u_1} \tag{3-77}$$

车辆在环形交叉口的总延误如下：

$$D = D_1 + D_2 + D_3 + D_4 \tag{3-78}$$

3.4.2　环形交叉口累积能耗

(1)排队等待及减速能源消耗

车辆在减速状态行驶时,发动机基本处于怠速状态,因此可以认为减速状态时的燃油消耗率即为怠速状态下的燃油消耗率f_b。由此可知,车辆在进口道的燃油消耗率即为f_b。

根据进口延误可以计算出车辆在进口道的能源消耗。

$$F_b = q\sum p_i f_{bi}\frac{u_{1i} - u_{2i}}{a_{1i}} + q\sum p_i f_{bi} D_{2i} \tag{3-79}$$

式中:q——交通量(pcu/h);

p_i——车型i所占交通量的比例;

f_{bi}——车型i怠速状态下燃油消耗率(mL/s)。

(2)匀速绕环岛行驶能源消耗

根据发动机万有特性曲线图,利用插值法查找各种车型在速度u_2匀速行驶状态下的燃油消耗率b_i,进而确定各种车型以u_2速度行驶时单位时间内的燃油消耗量f_2(mL/s)。

根据车辆在绕环岛行驶的时间计算车辆在交叉口内部的能源消耗。

$$F_a = q\left(\frac{3\pi Z\gamma_1}{4u_2} + \frac{\pi Z\gamma_2}{2u_2} + \frac{\pi Z\gamma_3}{4u_2}\right)\sum p_i f_{2i} \tag{3-80}$$

式中:f_{2i}——车型i在车速u_2状态下燃油消耗率(mL/s)。

(3)加速状态能源消耗

单车加速状态下燃油消耗量f_3可根据2.2.2节中的方法计算得到。加速状态下的总燃油消耗量为:

$$F_c = q\sum p_i f_{ci}\frac{u_{1i} - u_{2i}}{a_{2i}} \tag{3-81}$$

式中:f_{ci}——车型i在加速状态下燃油消耗率(mL/s)。

(4)环形交叉口总能源消耗

环形交叉口总能源消耗等于进口能源消耗、交叉口内部能源消耗与出口能源消耗之和:

$$F = F_a + F_b + F_c \tag{3-82}$$

第 4 章　城市道路路段交通流累积能耗分析

交通流按照道路交通设施的类型一般可分为连续流和间断流。连续流主要存在于高速公路及一些限制出入口的路段,其运行状态仅受车流间车辆的影响,而没有来自信号灯等外界因素的干扰。由于车流内部车辆之间的相互影响,可能会引起整个交通流车速的变化,导致车辆的减速、加速、甚至停车怠速;间断流主要是由交通信号、停车让行、减速让行及停车等交通设施引起的,使车流在行驶过程中发生减速、怠速、加速以及匀速的周期性状态变化。

机动车的微观行为主要体现在行驶速度的变化,可根据行驶工况分为等速工况、减速工况、怠速工况及加速工况四种。在不同类型的交通流中,随着交通流中的人、车、路以及交通管理与控制策略等不同的影响因素,机动车的微观行为变化存在较大差异性。

4.1　路段连续流机动车微观行为及影响因素

在连续流条件下,机动车微观行为主要受到车辆之间、车辆与道路及外界环境之间的相互作用;车流只受到土地的空间布局而衍生出的车辆行驶状况所控制,甚至当极端拥挤时,也是由于交通流内部而非外部的干扰而导致车流停滞。

4.1.1　连续流的基本参数特征

在连续流中,机动车主要表现为受到交通流内部临近车辆的干扰,交通量、行车速度和车流密度是表征连续流特性的三个基本参数,其关系如下:

$$q = uk \tag{4-1}$$

式中:q——交通流的平均交通量(pcu/h);

u——空间平均车速(km/h);

k——平均车流密度(pcu/km)。

交通流三参数变化关系如图 4-1 所示,q_m 为极大流量(pcu/h),u_m 为流量达到极大时所对应的临界车速(km/h),u_f 为交通流处于自由流状态时的畅行车速(km/h),k_m 为流量达到极大时所对应的最佳密度(pcu/km),k_j 为车辆无法移动时的堵塞密度(pcu/km)。

图 4-1a)为流量—速度关系,开始时刻车流从停车状态加速,随着车流的消散密度开始降低,当车流速度增加至临界车速 u_m,此时的交通流量达到极大值 q_m,对应的车流密度为最佳密度 k_m;之后车速继续增加,密度继续变大,但交通量开始降低;当车流的行驶状态受到的干扰很小,车速达到自由流状态行驶,车流密度趋于零,交通流量也随之降为零。图 4-1b)为流

量—密度关系，图 4-1c）为速度—密度关系。车流处于自由流状态行驶，车速为畅行速度 u_f，车流密度为零；随着交通量增加，车速开始降低，车流密度开始增加；当车速降至临界车速 u_m，对应的车流密度为最佳密度 k_m，此时的交通流量为极大值 q_m；之后车速继续降低，密度继续变大，直到车流密度增至堵塞密度 k_j 时，车流速度和车流量也降至零。

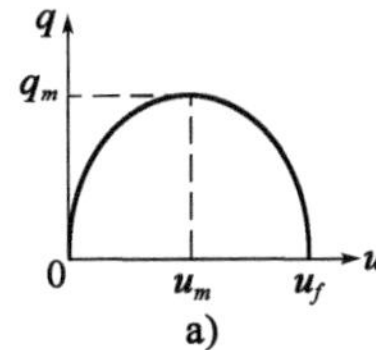

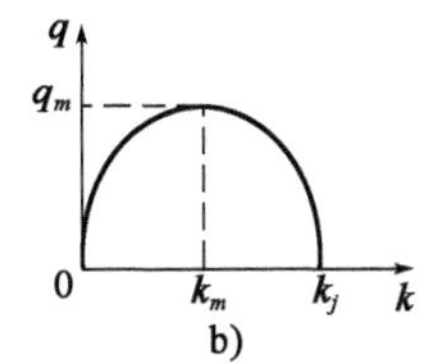

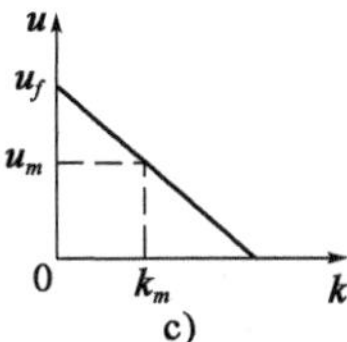

图 4-1　连续流三要素关系曲线

4.1.2　连续流中的机动车微观行为特性

交通流中连续流不一定是不拥挤的。连续车流内部的车辆之间可能相互干扰，对行车速度等微观行为产生影响。城市道路中的周期性拥挤一般存在于匝道及下游车道数变少的瓶颈路段，非周期性拥挤一般存在于突发事件导致的道路通行能力降低的路段，其共同点都是由于瓶颈道路的通行能力降低，甚至低于上游的交通需求，进而产生交通拥挤，甚至排队。

从图 4-2 可以看出，上游路段为三车道道路，由于道路线形或突发事件等原因导致车道在 A 处开始变为两车道，通行能力下降，致使部分行驶在外车道的车辆在行驶过程中需进行变道，进入内车道行驶，进而加重了车流内部车辆之间的相互影响。当车流量较大时，产生的拥挤现象将更为明显。

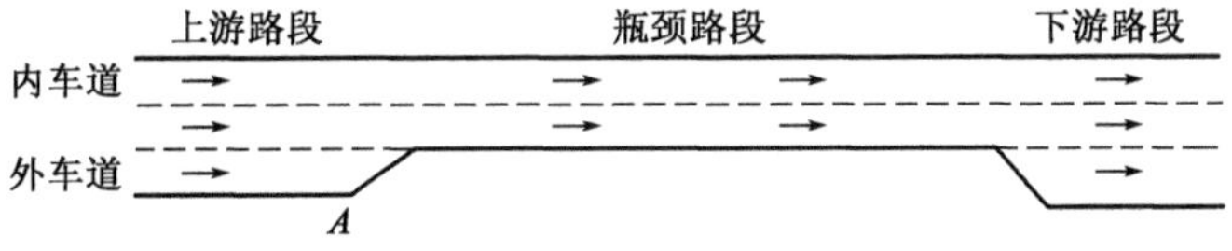

图 4-2　瓶颈路段车流行驶示意图

图 4-3 中，横坐标为时间，纵坐标为累积车辆数，$D(t)$ 为瓶颈路段的车流离开曲线，$A(t)$ 为上游正常路段的车流到达曲线，曲线的斜率即为交通流量，q_m 为瓶颈路段上车流可能达到的最大流量，q_A 为上游路段到达交通流量。在 $0 \sim t_1$ 时间段内，上游到达的车辆数等于瓶颈路段驶出的车辆数，没有车辆排队现象；$t_1 \sim t_3$ 时间段内，上游路段的车流到达曲线位于瓶颈路段的车流离开曲线上方，即到达车辆数大于离开车辆数，在瓶颈路段形成排队，其中 $t_1 \sim t_2$ 时间段内的上游到达交通量大于瓶颈路段离开交通量，$t_2 \sim t_3$ 时间段内上游到达交通量小于瓶颈路段离开交通量，在 t_2 时刻排队长度达到最大；在 t_3 时刻，形成的排队车流全部消散，往后的时间段内，上游到达车辆数等于瓶颈路段离开车辆数，再次达到平衡。

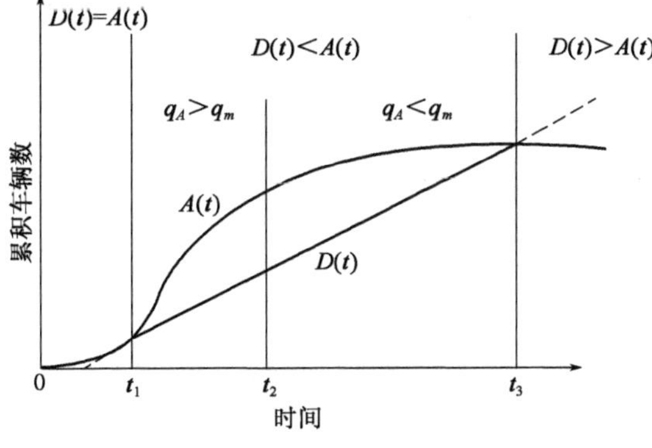

图 4-3　连续流排队示意图

4.1.3 连续流中的机动车微观行为影响因素

连续流中的机动车微观行为影响因素主要包括驾驶员行为、机动车、交通量、道路条件等方面。

1)驾驶员行为特性分析

人是交通系统中的重要组成部分。道路交通系统中的人包括驾驶员、乘客和行人,其中,在连续流中对机动车微观行为影响较为突出的是驾驶员。

驾驶员驾车行驶在道路上,利用身体的各个器官从外界环境中接收道路信息,产生视觉、听觉上的感觉,进而通过大脑的感官命令产生知觉。在驾驶员形成知觉的基础上,产生估测距离、车速和时间等"深度知觉",最后凭借脑中的"深度知觉"形成判断能力,从而进行驾驶操作。在这个过程中,起控制作用的是驾驶员的视觉特性、反应特性、心理特性以及疲劳特性。

(1)视觉特性

行驶在城市道路上驾驶员,所接收的大部分信息都依赖于视觉,驾驶员的眼睛在保障行车安全的过程中起到十分重要的作用。视觉机能直接影响到信息量的获取与行车过程的安全与否。下面主要从视力、视野及色感三个方面对驾驶员的视觉特性进行分析。

①视力。根据人的眼睛对物体大小的判别能力,将视力分为静视力和动视力。静视力是指当人静止时所拥有的视力。我国在驾驶员体检时,要求两眼的静视力均为0.7以上,或两眼的裸视力不低于0.4,但矫正后的视力必须达到0.7以上,且无红、绿色盲。动视力是指车辆在运行过程中驾驶员所拥有的视力。一般而言,当速度不断增大,驾驶员的动视力会迅速降低,且动视力也会受到年龄的影响,驾驶员年龄越大,其动视力也越差。另外,视力也与环境的亮度、图案的色彩等因素有关,且视力从暗到亮或从亮到暗都需要有一个适应过程才能调整到最佳。高速公路上要设置必要的防眩设施,在隧道进出口都要认真考虑视力渐变过程,从而采取相应的措施。

②视野。视野是指当让人的两只眼睛同时注视着某一目标,其注视点两侧可以看到的范围。视野的影响因素较多,主要包括视力、速度、颜色、体质等。当人静止时,其静视野的范围最大,但随着行车速度的增加,驾驶员的视野将明显变窄,注视点也随之远移,两侧所能感受的景物也变得模糊。

③色感。色感是指人对不同颜色的感知能力,在车辆行驶过程中,驾驶员对不同颜色的辨认和感觉不同,其中红色的刺激性强,易见性高,容易使人产生兴奋、警觉,而黄色的光亮度最高,反射光强度最大,易唤起人们的注意,绿色较为柔和,使人有安全感。正因为人的色感因素,在交通信号控制中,将红色作为禁止通行的信号灯颜色,黄色作为警告注意的信号灯颜色,绿色作为安全通行的信号灯颜色。同时,交通标志的色彩配置也是根据不同颜色对驾驶员产生不同的生理、心理反应而确定的。

(2)反应特性

反应特性是指人受到外界因素刺激后产生的知觉到行为的整个过程。一般来讲,驾驶员在遇到情况开始制动前至少需0.4s的知觉即反应时间,产生制动效果需0.3s,共计0.7s。另外,针对不同的驾驶员,反应时间的长短也不同,主要取决于驾驶员的性格、年龄、情绪、道路环境、行车途中的思想集中情况及工作经验等。在美国,各州公路工作者协会对反应时间有相关的规定,认为判断时间可取 1.5s,作用时间取 1s,故感知、判断、开始制动到制动发生作用的全部时间通常按 2.5 ~3.0s 计算。

(3)心理特性

驾驶员的身心健康直接影响机动车在行驶过程中的微观行为及稳定性,是安全行车必不可少的条件,另外,思想上的高度集中,平静的精神状态以及平和的性格特征也对安全行车发挥着重要作用。结合已经发生的交通事故,大部分与驾驶员在行车中的心理活动有关,了解和掌握驾驶员心理活动特性,对于预防和减少交通事故有很大作用。在行车过程中,驾驶员的心理活动是一种高级的思维活动:感觉器官接受外界信息的刺激,经中枢器官的分析、综合、判断,进而命令运动器官采取相应的对策。研究表明,在驾驶过程中,如果驾驶员的情绪发生变化,变得不稳定、狂躁,甚至消极情绪的产生,很容易造成交通事故的发生,相反,情绪稳定、积极乐观的驾驶员容易避免交通事故的发生。

(4)疲劳特性

驾驶疲劳是指由于长时间驾驶行为而引起的身体上、心理上的疲劳以及客观驾驶机能降低,驾驶疲劳不仅会导致驾驶员的工作能力降低,还容易引起交通事故。根据 2014 年美国汽车协会(AAA)交通安全基金会的一项调查表明:疲劳驾驶在美国的交通事故死亡事件中占据 21% 的比例,每年约 6400 人因此而丧生。而由于疲劳的状态很难被判断,所以因疲劳产生的交通事故量要比上述数字还要大。当驾驶员在一天内的驾驶时间大于 10 小时,且前一天的睡眠时间不足 4.5 小时,交通事故的产生率明显提高,故保证驾驶员充足的睡眠时间是防止驾驶疲劳最有效的措施。

2)机动车特性分析

道路系统中车辆的交通特性主要包含机动车和非机动车两大类。在连续流中,较少考虑非机动车辆的影响,机动车本身的性能是较为重要的考量因素。

(1)车辆尺寸

机动车的尺寸多种多样,对于不同类型的机动车其尺寸存在较大差异,车辆的尺寸与道路设计、交通工程也有紧密的联系,如城市道路的宽度、停车场规划、道路通行能力研究中均需要用到车辆尺寸。

(2)动力性能

机动车的动力性能通常用三个指标来进行评定,即最高车速、加速度或加速时间、最大爬坡能力,通过对这三个指标的定量分析可以区分不同车辆动力性能的差异性。

(3)制动性能

机动车的制动性能直接关系到行车安全,是指机动车行驶时是否能在短时间内停车、继续维持原行驶方向的稳定性及下长坡时能否保持一定车速的能力。制动性能主要体现在制动距离和制动减速度,另外制动效能的力度稳定性和制动时机动车的方向稳定性也是重要的体现形式。在方向稳定性方面,制动过程应力求不产生跑偏、侧滑及失去转向能力,否则很容易导致交通事故的发生。

3)交通量特性分析

连续流车辆的运行状态主要受车流中其他车辆的影响,而不会受到外界因素的干扰,当交通量较小时，车辆行驶稳定，自由度较大，当交通量变得越来越大，由于车流内部车辆之间的相互影响，可能会导致整个交通流车速的变化，产生车辆的减速、加速，甚至停车怠速。

车辆的交通量特性直接影响到机动车的微观行为，交通流会因为交通量的不同产生较大的变化。例如，美国将道路服务水平分为A到F六级，服务水平依次下降。道路服务水平为A时，交通量很小，车流以自由流状态行驶，车辆基本不受交通流中其他车辆的影响，有很高的自由度来选择所期望的速度和驾驶行为；服务水平下降到C，交通量增加，交通流处在稳定流范围的中间部分，车辆间的相互影响变的较大，选择速度受到其他车辆的影响，驾驶时需要相当留心部分其他车辆，舒适和便利程度明显下降；服务水平为E，交通常处在不稳定流范围，接近或达到水平最大交通量时，交通量稍有增加或车流内部出现较小的扰动就会引发较大的运行问题，甚至发生交通中断，驾驶自由度、舒适和便利程度均很低；服务水平为F时，交通处于强制流状态，车辆经常排队而行，跟着前面的车辆走走停停，极不稳定。

道路交通量在不同时间、不同地点都不是均一的，这种交通量随时间和空间发生变化的现象称之为交通量的时空分布特性，即时间分布特性和空间分布特性。

(1)交通量的时间分布特性

交通量的时间分布特性指交通量在不同时间内发生的变化，表现为交通量的月变化、周变化和时变化。月变化是指一年内各月份交通量的变化，经观测形成交通量的月变图曲线。周变化是指一周内各天的交通量变化，而显示一周内七天中交通量日变化的曲线称为交通量的日变图。时变化描述的是一天内各小时的交通量变化，用交通量的时变图曲线进行描述。在道路交通系统研究过程中，交通量的时变化受到了更多的关注，高峰小时交通量成为研究的重点。高峰小时交通量占该天全天交通量之比称为高峰小时流量比，反映高峰小时交通量的集中程度。据统计，我国的高峰小时流量比为9% ~10%，平均为9.6%。

(2)交通量的空间分布特性

交通量与社会经济发展、人民生活水平、人口分布、气候等多方面因素有关，它除了随时间而变化外还随空间位置的变化而不同。

城乡分布：由于城市与农村在经济发展、交通需求、人口密度及机动车保有量上的差异，城市与农村道路上的交通量有显著差别。

路段上的分布：一般来说，道路等级越高，交通吸引量就越大，产生的交通量也会随之增加。由于路网上各路段的等级、功能、位置有所不同，同时段不同路段上的交通量会存在较大差异。

方向上的分布：同一条道路的两个方向上的交通量在一定时段也会存在较大差异性，常采用方向分布系数 K_D 进行表征，即主要行车方向交通量与双向交通量之比。

车道上的分布：在多车道道路上，各车道上交通量的分布也不尽相同。通常，在交通量不大情况下，右侧车道的交通量相比而言会大一些，随着交通量的不断增大，车流聚集，中心线附近车道的交通量比重也逐渐增大。

4)道路条件特性分析

道路是交通工程的主要载体，必须符合其服务对象的交通特性，满足它们的交通需求。道路服务性能的好坏主要体现在三个方面，即道路建设数量是否充足，道路结构、道路质量能否保证行车的安全快速，路网布局、道路线形是否合理。

(1)瓶颈处的交通流

周期性的交通拥挤可能发生在任何通行能力下降的位置,如瓶颈路段。由于瓶颈的存在,车辆的行驶过程不总是等速的,在瓶颈处会发生速度的变化。瓶颈处道路通行能力的不同,会出现不同的车辆速度变化规律。当上游的交通需求小于瓶颈路段的通行能力,上游的车辆以较低的速度通过瓶颈路段,不会形成排队。当上游的交通需求大于瓶颈路段的通行能力,会在瓶颈路段产生排队并向上游延伸,直到高峰时段过去,车辆才开始消散。

(2)匝道处的交通流

在汇入区中,汇入的车流与过境车流之间是相互影响的,驶入匝道的车流试着去找到邻接的主线车道上交通流中可用的空隙以便汇入,由于绝大部分匝道在主线右边,主线上右边第1条车道是主线车道中最直接受影响者。当两股交通流的来车流量之和超过下游可能允许的最大流量时,合流处的上游也经常会出现交通拥堵。在驶出匝道上,车辆从过境交通中分离出来,必须先驶到与匝道相邻的车道1上来。在有双车道匝道的地方,车辆分离的影响会扩大到高速公路或快速路若干车道。

4.2　路段连续流机动车能耗分析

连续流在正常行驶过程中,一般不会发生车辆行驶工况的变化,而道路线形、环境气候等发生改变或者突发事件的发生,都可能引起车流中车辆速度的变化,从而影响能耗。瓶颈路段的交通流是最常见的一种拥挤连续流,其存在形式有多种,如道路施工产生突发事件进而临时占用车道、道路线形改变、匝道入口等;根本原因都是由于路段下游的通行能力降低,甚至低于上游的交通需求,从而产生交通拥挤,甚至堵塞。

国内外较多学者对瓶颈路段展开研究,如臧华(2003)等分析了城市快速道路异常事件下路段的行程时间,梁家源(2013)等研究了宏观交通流模型的能耗。既有研究主要从宏观角度研究交通能耗,从车辆微观行为角度对瓶颈路段交通流能耗展开研究的成果并不多。本节基于车辆的微观行为,探讨瓶颈路段交通流能耗变化规律。

4.2.1　瓶颈路段的车流速度变化

将瓶颈路段分为三个部分,即上游路段、瓶颈段和下游路段。由于瓶颈的存在,车辆的行驶过程不是等速的,在瓶颈处会发生速度的变化,且瓶颈造成的道路路段通行能力的不同,会导致车辆速度变化的规律也不同。

当上游的交通需求小于瓶颈处的通行能力,上游的车辆以较低的速度通过瓶颈路段,不会形成排队,如图4-4a)、b)、c)所示。

当上游的交通需求大于瓶颈处的通行能力,会在瓶颈路段产生排队并向上游延伸,直到高峰时段过去车辆才开始消散,如图4-4d)所示。

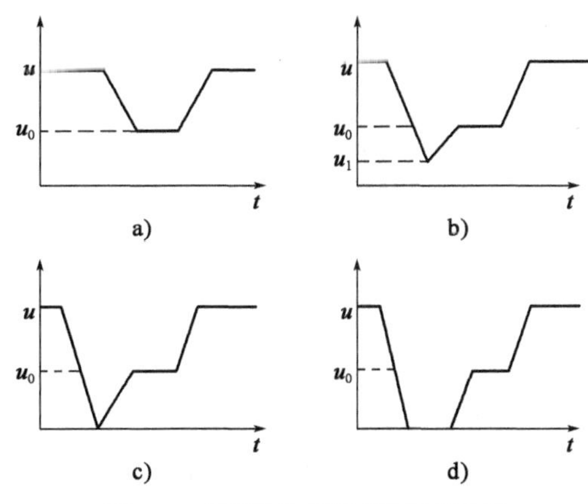

图4-4　瓶颈路段车辆速度-时间关系

4.2.2 瓶颈路段的能耗模型

如图 4-4a)所示,车辆在进入瓶颈前开始减速,速度由 u 减至 u_0,以速度 u_0 匀速通过瓶颈,离开瓶颈后加速至 u 恢复正常行驶。

$$t_b = \frac{u - u_0}{a_1} \tag{4-2}$$

$$t_c = \frac{u - u_0}{a_2} \tag{4-3}$$

$$t_a = \frac{L}{u_0} \tag{4-4}$$

式中:t_b——车辆的减速时间(s);

u——车辆进入瓶颈前匀速行驶的速度(m/s);

u_0——车辆在瓶颈处低速行驶的速度(m/s);

a_1——车辆减速行驶的加速度(m/s^2),$a_1 > 0$;

t_c——车辆的加速时间(s);

a_2——车辆加速行驶的加速度(m/s^2),$a_2 > 0$;

t_a——车辆以速度 u_0 匀速通过瓶颈的时间(s);

L——瓶颈长度(m)。

如图 4-4b)所示,车辆进入瓶颈前开始减速,速度减至 u_1 时车辆消散加快;车辆加速至 u_0 后匀速通过瓶颈,离开瓶颈后加速至 u,恢复正常行驶。

$$t_b = \frac{u - u_1}{a_1} \tag{4-5}$$

$$t_{c1} = \frac{u_0 - u_1}{a_2} \tag{4-6}$$

$$t_{c2} = \frac{u - u_0}{a_3} \tag{4-7}$$

式中:t_{c1}、t_{c2}——第一阶段和第二阶段的加速时间(s);

a_3——第二阶段的加速(m/s^2),$a_3 > 0$。

如图 4-4c)所示,车辆进入瓶颈前开始减速,速度减至 0 时车辆加快消散,车辆加速至 u_0 后匀速通过瓶颈,离开瓶颈后加速至 u,恢复正常行驶。这是图 4-4b)的特殊情况,得减速时间 t_b、两阶段加速时间 t_{c1} 和 t_{c2}、瓶颈路段低速行驶时间 t_a。

$$t_b = \frac{u}{a_1} \tag{4-8}$$

$$t_{c1} = \frac{u_0}{a_2} \tag{4-9}$$

如图 4-4d)所示,车辆进入瓶颈前减速至 0,经过一段时间的怠速排队过程,加速至 u_0,匀速通过瓶颈,离开瓶颈后加速至 u,恢复正常行驶。其中,减速时间、加速时间和在瓶颈处行驶的等速时间同图 4-4c),区别是是否存在怠速过程。在整个路段上,上游的车辆以自由流状态驶来,瓶颈处的车辆以车队状态排队或向下游行驶,下游的车辆以自由流状态驶离。Cowan

(1975)提出的M3分布模型,能够较好地模拟这种交通状况,利用该模型对怠速延误进行分析,得到车辆在瓶颈处排队等待的时间期望值 t_i。

$$t_i = \frac{q\left\{\alpha \dfrac{e^{-\lambda(t_c-\tau_0)}}{1-e^{-\lambda t_f}} - \{1-\alpha[e^{-\lambda(t_c-t_f-\tau_0)} - e^{-\lambda(t_c-\tau_0)}]\}\right\}}{\lambda} \tag{4-10}$$

式中:λ——车辆的平均到达率,$\lambda = \dfrac{\alpha q}{1-\tau_0 q}$;

τ_0——结队行驶的最小车头时距(s);

α——车流中车头时距大于 τ 的比例;

q——交通量(pcu/s);

t_f——跟车时间(s);

t_c——可插车间隙(s)。

结合对应行驶工况下的车辆能源消耗模型,得到车辆在整个瓶颈路段行驶过程中的能源消耗量 F。

$$F = f_a t_a + f_b t_b + f_c t_c + f_b t_i \tag{4-11}$$

式中:$f_a t_a$——车辆匀速通过瓶颈路段的能源消耗量;

$f_b t_b$——车辆减速过程中的能源消耗量;

$f_c t_c$——车辆加速过程中的能源消耗量;

$f_b t_i$——车辆在瓶颈处排队过程中的能源消耗量。

4.2.3 算例分析与仿真

(1)畅行连续流算例

选取某市金寨路快速路(黄山路至习友路路段)为试验地点,快速车道限速80km/h,混合车道限速60km/h,行驶路况良好,车流畅通,车辆可以较为自由的选择行车速度。建立路段仿真模型,并导入实测路段交通量,通过改变仿真中交通流的行车速度,分析能耗与速度之间的关系,见表4-1。

畅行连续流在不同行车速度下的燃油消耗 表4-1

行车速度(km/h)	40	45	50	55	60	65	70	75	80
燃油消耗(L/100km)	9.8	10.3	11.6	12.1	13.7	14.9	16.1	17.9	19.8

根据图4-5,畅行路段上的交通流速度大小与能耗关系利用线性关系拟合效果较好,验证了由于空气阻力和发动机转速等原因,车辆百公里油耗随着行车速度的增加而不断增加,在畅行连续流中,车速直接决定了能量的消耗。

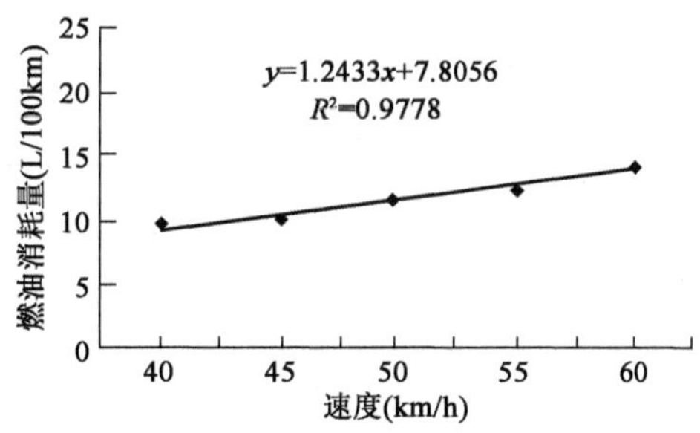

图4-5 畅行连续流速度与能耗关系

(2)拥挤连续流算例

采用Babcock于1984年在高速公路上所做的实测数据作为算例。该路段全长1英里,换算成国际单位即1609.34m,上游路段为三车道,瓶颈为两车道,交通密度和车辆速度分别为0.0168veh/m/ln、

24.58m/s 和 0.0311veh/m/ln、17.88m/s。将该路段扩展至 2414m，即上游三车道路段、瓶颈两车道路段、下游三车道路段各占三分之一，结合我国混合交通流特性，车辆构成为小汽车、货车、大客车比例 42.8%、34.2% 和 23%。运用仿真方法对该路段进行分析，表明车辆运行过程存在停车延误，该算例的交通状况符合图 4-4d）。

应用前面推导的瓶颈路段能源消耗计算方法，得到对应三种车型的车辆经过该瓶颈路段时的延误、停车延误及能源消耗量，相关参数如表 4-2、表 4-3 所示。

算例相关的交通流参数 表 4-2

t_c (s)	τ (s·辆$^{-1}$)	t_f (s·辆$^{-1}$)	α	ρg (N·L^{-1})	η_t	f	C_D	δ	n_0 (r·min^{-1})
3.5	2	0.5	0.7	7	0.9	0.015	0.35	0.03	2000

算例中三种车型对应的相关参数 表 4-3

车型	功率(kW)	a_1(m·s^{-2})	a_2(m·s^{-2})	A(m^2)	m(kg)	q_i(ml·s^{-1})
小汽车	(55,160)	3	3	3	800	0.25
货车	(150,400)	2	2	7	2800	0.75
大客车	(150,300)	2	2	8	4000	0.8

同时利用仿真方法对研究路段进行分析，得到对应的三组数据，结果如表 4-4 所示。

模型计算与软件仿真的三组数据对比 表 4-4

计 算 方 法	车均延误(s)	车均停车延误(s)	车均燃油消耗量(L/100km)
模型计算	9.69	3.98	19.318
仿真分析	10.1	4.1	19.915

由表 4-4 可知，两种方法获得的数据误差均在 5% 的范围内，表明上述计算方法能够较好地模拟瓶颈路段的车辆能源消耗。

此外，结合该能源消耗计算方法及仿真结果对以下问题进行深入探讨。

①瓶颈导致交通流能耗增加

对比分析交通流在瓶颈路段和三车道对照路段上行驶过程的车均行车延误、车均停车延误和车均能源消耗量（表 4-5）。其中，三车道对照路段无瓶颈，车辆以速度 24.58m/s 等速行驶，道路其他条件相同。

瓶颈路段与三车道对照路段仿真对比 表 4-5

路 段	车均行车延误(s)	车均停车延误(s)	车均燃油消耗量(L/100km)
瓶颈路段	10.1	4.1	19.915
三车道对照路段	0	0	17.809

由表 4-5 可知，三车道对照路段上无延误及停车延误，瓶颈导致交通流运行过程产生延误及停车延误的同时，能源消耗量增加。

②瓶颈路段交通流的微观行为及能耗变化

将车辆在瓶颈路段上的通行过程细分为两个部分，即车辆经上游三车道进入瓶颈二车道、由瓶颈二车道驶向下游三车道，分别研究其能源消耗，并与三车道对照路段和二车道对照路段进行对比(表4-6)。其中三车道和二车道对照路段无瓶颈,车辆分别以24.58m/s和17.88m/s等速行驶,道路其他条件与瓶颈路段相同。

瓶颈路段两部分与对照路段燃油消耗对比　　表4-6

路　段	上游至瓶颈	瓶颈至下游	三车道路段	二车道路段
车均燃油消耗量(L/100km)	20.864	17.236	17.809	16.472

由表4-6可知,相比对照路段,瓶颈路段的能源消耗增加主要来源于上游进入瓶颈时增加的减速、怠速和加速油耗;在交通流由瓶颈驶向下游三车道路段的过程中,虽然存在加速过程及加速油耗,但由于瓶颈处等速能源消耗量较低,导致瓶颈至下游的能源消耗量低于三车道对照路段的能源消耗量,但大于二车道对照路段的能源消耗量。

不同交通量下三车道对照路段的延误及能源消耗量见表4-7。

不同交通量下三车道对照路段的延误及燃油消耗量　　表4-7

交通量(pcu/h)	行车延误(s)	停车延误(s)	车均燃油消耗量(L/100km)
2000	0	0	17.040
3000	0	0	17.170
4000	0	0	17.866
5000	0.2	0	17.809
6000	0.6	0	17.755
7000	11	0	17.701

③交通量因素

改变路段的交通量,分析在不同交通量条件下,瓶颈路段与对照路段的行车延误、停车延误及能源消耗量(表4-8)。

不同交通量下瓶颈路段的延误及燃油消耗量　　表4-8

交通量(pcu/h)	行车延误(s)	停车延误(s)	车均燃油消耗量(L/100km)
2000	0.4	0	18.691
3000	0.5	0	19.151
4000	4.9	2.3	19.763
5000	12.2	2.8	21.442
6000	29.8	6.1	23.565
7000	39	8.4	27.278

三车道对照路段随着交通量的增加,延误开始增加,但没有停车延误。主要原因是由于车辆之间开始相互制约,自由度有所下降,但影响程度不大,能源消耗量浮动不大。随着交通量继续增加,瓶颈路段同时伴随停车延误,能源消耗量增加;当交通量增至6000pcu/h,车辆的行驶受其他车辆的影响很大,导致车辆的减速油耗、怠速油耗及加速消耗增加,从而引起总能源消耗量的增加。瓶颈路段能源消耗量与交通量的相关性见图4-6。

④拥挤连续流的速度因素

在交通量不变的情况下,利用交通仿真建立道路分析模型,即三车道的上游路段、两车道的瓶颈及三车道的下游路段,其中在瓶颈处设置若干处减速区,车辆在临近减速区时开始减速

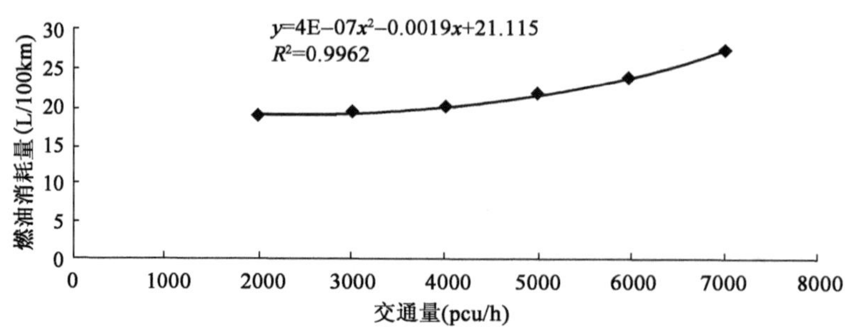

图 4-6　瓶颈路段交通流在不同交通量下的燃油消耗

至某一较低设定值，之后在减速区内以该速度匀速行驶，通过减速区后恢复至原始速度。

以上游三车道、瓶颈两车道、下游三车道路段为模型，基础数据同表 4-2、表 4-3，在 804m 的瓶颈部分分别设立若干处长 L_1 的减速区，模型如图 4-7 所示。令瓶颈处的第一个减速区 AB 段位于瓶颈始端，车辆以速度 u 接近减速区时开始减速，到达 A 处速度减为 u_1，在 AB 段匀速行驶，到达 B 后开始加速，假设车辆加速至瓶颈处的稳定速度 u_0 后便遇到下一个减速区 CD 段，则车流从离开上一个减速区到进入下一个减速区的过程所行驶的距离为 L_2，即 BC 段。

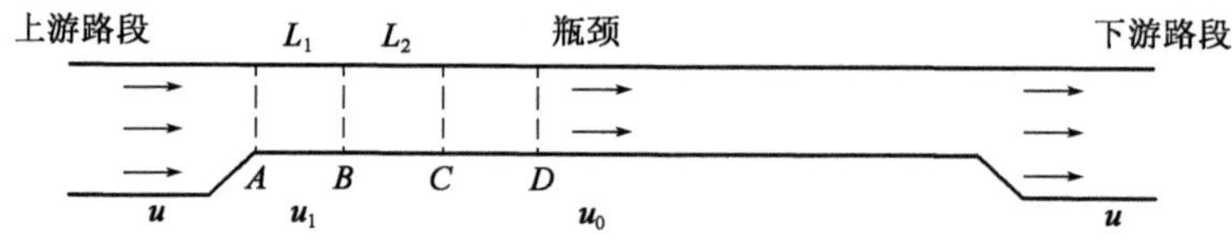

图 4-7　瓶颈路段仿真模型

其中，$u=24.58\text{m/s}$，$u_1=10\text{m/s}$，$u_0=17.88\text{m/s}$，$L_1=50\text{m}$，$L_2=\dfrac{u_0^2-u_1^2}{a}$，加速度取混合交通流中车辆加速度较小值，其变速过程行驶距离较大，$a=2\text{m/s}^2$，计算可得在瓶颈处最多可设置 5 个减速区，此后车辆已离开瓶颈进入下游路段。

分别在模型中加入 1 至 5 个减速区，模拟如表 4-9 所示。

模型减速区个数与能耗的关系　　表 4-9

减速区个数	0	1	2	3	4	5
车均燃油消耗量(L/100km)	19.915	19.038	18.663	19.732	21.256	23.498

如图 4-8 所示，当模型中减速区个数由 0 增加至 2，拥挤连续流内的车辆能源消耗量随之

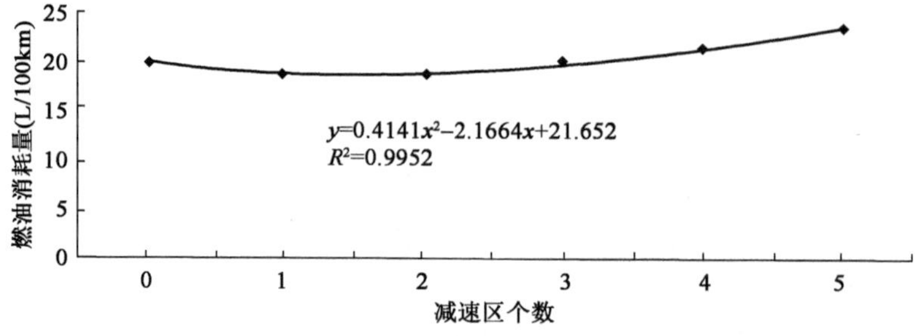

图 4-8　不同减速区个数下的拥挤连续流燃油消耗量

下降，这是因为随着减速区的加入，车流的平均速度有所下降，此时拥挤程度不严重，行车速度因素依旧是能源消耗量的主导因素；在减速区个数由2增至5的过程中，车流中的车辆能源消耗量持续增加，尽管车流的平均速度还在下降，但速度波动程度显著，此时机动车的微观行为即行驶工况已成为影响能源消耗的主导因素，平均速度的大小不能直接反映能源消耗量。

4.3　机动车交通流比功率与能耗模型

4.3.1　模型的建立

假设交通流的一个速度分布函数为$f(x,u,t)$，可得t时刻在路段$[x,x+\mathrm{d}x]$之间，速度在$[u,u+\mathrm{d}u]$之间的车辆数为$\mathrm{d}N$。

$$\mathrm{d}N = f(x,u,t)\,\mathrm{d}x\mathrm{d}u \tag{4-12}$$

密度可以表示为：

$$k = \int_0^{\infty} f(x,u,t)\,\mathrm{d}u \tag{4-13}$$

平均速度表示为：

$$\overline{u} = E(u) = \frac{\int_0^{\infty} uf(x,u,t)\,\mathrm{d}u}{\int_0^{\infty} f(x,u,t)\,\mathrm{d}u} \tag{4-14}$$

假设第二个速度分布函数$f_0(x,u,t)$，称为平衡速度分布函数，表示交通流保持平衡状态的速度分布，是驾驶员追求的一种最理想的目标。

Prigogine(1962)利用Boltzmann方程得到模型如下：

$$\frac{\partial f}{\partial t} + u\frac{\partial f}{\partial t} = \frac{f_0 - f}{\tau} + (1-p)k(\overline{u}-u)f \tag{4-15}$$

式中：p——前车被后车超越的概率；

τ——反应时间函数，与密度有关。

式(4-15)两边同乘以u，再对u积分，得动量方程：

$$\overline{a} = \frac{d\overline{u}}{\partial t} = \frac{\overline{u}^0 - \overline{u}}{\tau} + (1-p)k(\overline{u}^2 - \overline{u^2}) \tag{4-16}$$

令速度方差为σ_v^2，则$\sigma_v^2 = \overline{u}^2 - \overline{u^2}$，则有：

$$\overline{a} = \frac{\overline{u}^0 - \overline{u}}{\tau} + (1-p)k\sigma_v^2 \tag{4-17}$$

式中：$\overline{a}$——车流的宏观加速度，说明交通流的平均加速度由车流平均速度偏离平衡速度的程度、车流内部的速度离散程度以及车流密度决定；

$\overline{u}^0$——平衡速度，可表示为密度的函数$u_e(k)$，$u_e(k)$是单调递减函数。

此外，速度平方的期望为：

$$E(u^2) = \bar{u}^2 + \sigma_v^2 \tag{4-18}$$

速度立方的期望为：

$$E(u^3) = \bar{u}^3 + 3\bar{u}\sigma_v^2 + E(u - \bar{u})^3$$

$$E(u^3) \approx \bar{u}^3 + 3\bar{u}\sigma_v^2 \tag{4-19}$$

速度与加速度乘积的期望为：

$$E(ua) = \bar{u}\left[\frac{u_e(k) - \bar{u}}{\tau} + (1 - P)k\sigma_v^2\right] \tag{4-20}$$

Kerner(1993)认为在平衡状态下存在平衡速度 $u_e(k)$，平衡速度方差 $\sigma_{ve}^2(k)$，且存在平衡速度—密度函数以及平衡速度方差—密度函数如下：

$$u_e(k) = u_f\left[\frac{1}{1 + e^{\left(\frac{k}{k_j} - 0.25\right)/0.06}} - 3.72 \times 10^{-6}\right] \tag{4-21}$$

$$\sigma_{ve}^2(k) = \sigma_{vf}^2\left[\frac{1}{1 + e^{\left(\frac{k}{k_j} - 0.25\right)/0.06}} - 3.72 \times 10^{-6}\right] \tag{4-22}$$

其中，自由流的速度方差 σ_{vf}^2，速度 u_f 以及阻塞密度 k_j 可以通过大量的数据拟合得到。

Nelson(1998)认为 P 和 τ 可用密度来表示。

$$P = 1 - k/k_j \tag{4-23}$$

$$\tau = \tau_0 \frac{k/k_j}{1 - k/k_j} \tag{4-24}$$

其中，适应时间常数 τ_0 为常量，一般取值为 1.8s。

令交通流中所有车辆的平均比功率为 FV，则有：

$$\begin{aligned} FV &= E(VSP) \\ &= E[u(1.1a + 0.132) + 0.000302u^3] \\ &= 0.132E(u) + 0.000302E(u^3) + 1.1E(ua) \end{aligned} \tag{4-25}$$

将式(4-19)与式(4－20)代入式(4－25)可得：

$$FV = 0.132\bar{u} + 0.000302(\bar{u}^3 + 3\bar{u}\sigma_v^2) + 1.1\bar{u}\left\{\frac{[u_e(k) - \bar{u}](1 - k/k_j)}{\tau_0(k/k_j)} + \frac{k^2\sigma_v^2}{k_j}\right\} \tag{4-26}$$

假设当车流处于平衡状态，即平均车速为 $u_e(k)$，同时速度方差为 $\sigma_{ve}^2(k)$。此时：

$$FV_e = 0.132u_e(k) + 1.1u_e(k)\frac{k^2\sigma_{ve}^2(k)}{k_j} + 0.000302[u_e^{\ 3}(k) + 3u_e(k)\sigma_{ve}^2(k)] \tag{4-27}$$

由上述方程可知，FV_e 代表在一定密度下，交通流处于平衡状态时的平均比功率，一个密度值对应唯一的平衡态 VSP 值。

假设 FV 由两部分组成，其中一部分为 FV_e，另一部分为 FV_n。FV_n 代表交通流偏离平衡状态时导致的比功率的变化，与交通流偏离平衡状态的程度有关。则有：

$$FV = FV_e + FV_n \tag{4-28}$$

$$FV = 0.132[\bar{u} - u_e(k)] + 0.000302[\bar{u}^3 - u_e^3(k) + 3\bar{u}\sigma_v^2 - 3u_e(k)\sigma_{ve}^2] + 1.1\bar{u}\left\{\frac{[u_e(k) - \bar{u}](1 - k/k_j)}{\tau_0(k/k_j)} + \frac{k^2\sigma_v^2}{k_j}\right\} - 1.1u_e(k)\frac{k^2\sigma_{ve}^2}{k_j} \tag{4-29}$$

此外,假设在单位距离内,机动车行驶时间与比功率的乘积为此距离的比功,记为 VSW(单位:m^2/s^2)。

$$VSW = VSP/u = (1.1a + 0.132) + 0.000302u^2 \tag{4-30}$$

从物理意义上看,比功率与车辆瞬时能耗相关,比功则与车辆单位距离内的能耗相关。令交通流中所有车辆的平均比功为 FW。

$$FW = E(VSW) = E[(1.1a + 0.132) + 0.000302u^3] \tag{4-31}$$

代入式(4-17)、式(4-18)得:

$$FW = 0.132 + 0.000302(\bar{u}^2 + \sigma_v^2) + 1.1\left\{\frac{[u_e(k) - \bar{u}](1 - k/k_j)}{\tau_0(k/k_j)} + \frac{k^2\sigma_v^2}{k_j}\right\} \tag{4-32}$$

类似地,当车流处于平衡状态时,车流的平均比功 FW_e 可以表示为:

$$FW_e = 0.132 + 0.000302[u_e^2(k) + \sigma_{ve}^2] + 1.1\frac{k^2\sigma_{ve}^2}{k_j} \tag{4-33}$$

FW_e 代表在一定密度下,交通流处于平衡状态时的平均比功。由上述方程可知,一个密度值对应唯一的平衡态 VSW 值。假设 FW 由 FW_e 和 FW_n 组成,则有:

$$FW = FW_e + FW_n \tag{4-34}$$

FW_n 代表交通流偏离平衡状态时导致的比功的变化,与交通流偏离平衡状态的程度有关。

此外,对于一般城市,最普遍的探测设施是地感线圈,可提供断面流量和时间平均车速等数据。然而,Cassidy(1997)认为交通流基本图中的速度密度关系中的速度准确来说应该为空间平均车速,在交通流模型中使用空间平均速度能更准确地反映交通流状态。所以,需要对测得的速度数据进行处理,使之接近空间车速。

关于时间平均车速与空间平均车速,Wardrop 推导出时间平均车速、空间平均车速、空间车速方差的关系,但是并不能从时间平均车速推导出空间平均车速。Rakha(1925)利用时间平均车速及其标准差去估测空间平均车速,并证明这个方法得到的空间平均车速偏差小于1%。可以利用式(4-35)和式(4-36)对线圈得到的速度数据进行处理,得到 $\bar{u}$ 和 σ_v^2 的估计值。

$$\bar{u} = \bar{u}_t - \frac{\sigma_t^2}{\bar{u}_t} \tag{4-35}$$

$$\sigma_v^2 = \sigma_t^2 + \left(\frac{\sigma_t^2}{\bar{u}_t}\right)^2 \tag{4-36}$$

4.3.2 平衡状态比功率及比功分析

首先,研究平衡状态下交通流比功率与密度的关系,假设某城市快速路的自由流速度 u_f = 80km/h = 22.22m/s,自由流状态下的速度方差 $\sigma_{vf}^2 = 16m^2/s^2$,阻塞密度 k_j = 0.15pcu/m。得到平衡状态交通流比功率与密度曲线如图 4-9 实线所示,在此状态下交通流比功率随交通密度的增加而减少。为了更好地反映交通流动力特征对比功率的影响,设置一个理想状态下的对照组,假设在此状态下,交通流中的所有车辆以此密度下的平衡速度 $u_e(k)$ 匀速行驶,其交通流比功率与交通流密度的曲线用图 4-9 中的虚线表示。

在交通流密度较小的情况下,平衡态交通流的比功大于理想状态的比功;交通流密度达到一定程度,两者趋于一致。这是由于交通流密度较小时,平衡态交通流的速度方差较大,比功率将显著增加;而当密度达到一定程度时,交通流要达到平衡态所需要的速度方差很小,导致的比功率增加也很小,此密度下交通流平衡状态的比功率与理想状态的比功率将十分接近。

其次,研究平衡状态下交通流比功与密度的关系,假设条件同上,得到平衡状态交通流比功与密度曲线如图 4-10 实线所示,在此状态下交通流比功随交通密度的增加而增加,并在 $k=0.023$pcu/m 时取得极值,此后随密度的增加而减小。同样设置一个理想状态下的对照组,假设交通流中的所有车辆以此密度下的平衡速度 $u_e(k)$ 匀速行驶,即速度方差与加速度均为 0,此状态下交通流比功与交通流密度的曲线用图 4-10 中的虚线表示,可以看出理想状态交通流比功随密度单调递减,当密度大于 0.05pcu/m 理想状态的交通流比功接近常数。

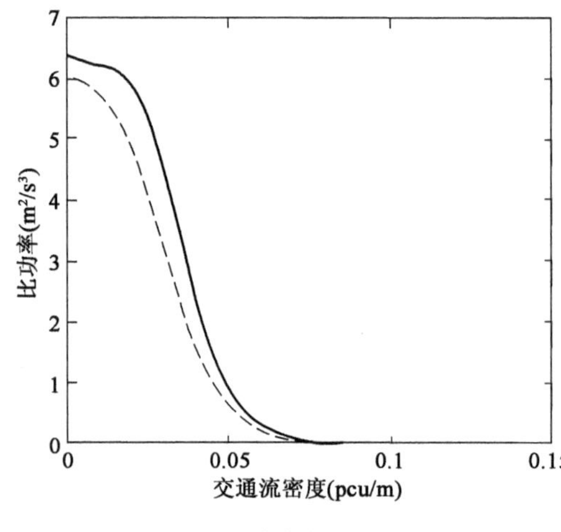

图 4-9　交通流密度—比功率曲线

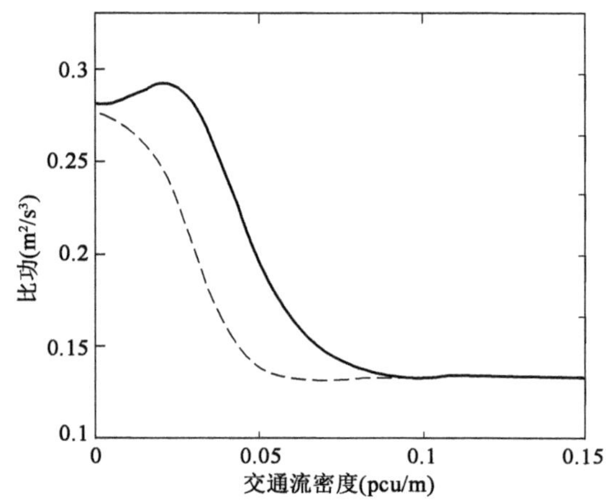

图 4-10　交通流密度—比功曲线

需要指出的是本章中讨论的是交通流处于平衡状态时的比功率和比功,也就是讨论连续交通流的能耗。当交通流密度较低,交通流处于自由流状态时,实测的速度与速度方差依概率接近平衡状态的速度与速度方差,所以按照实测数据求得的交通流比功率也会接近平衡状态比功率。随着交通流密度的增大,交通流不再处于自由流状态,速度与速度方差相对于平衡状态分布离散,此状态下的交通流比功率值也将更加离散。

第 5 章　城市道路网络交通能耗分析

5.1　城市路网的复杂性分析与网络拓扑转换

5.1.1　城市路网复杂网络基本特性

城市路网是由交叉口和路段两个基本物理结构构成的，同时也受物理条件限制。尽管其在空间上也受到一定限制，但仍具有复杂网络特性，概括如下：

(1)城市路网网络行为的统计性

城市路网是一个大的网络，其网络节点和边的数量十分惊人，而且随研究范围的扩大呈几何形增长。大规模的网络行为通常会在某一方面表现出一定的统计特性，如关键节点、关键路段等。

(2)城市路网网络连接的稀疏性

对于一个拥有 N 个节点的全局耦合网络，其连接边的数量为 N^2，但在实际城市路网中，其连接边的数量远小于 N^2，主要是受物理条件限制和一些交通特有约束。

(3)连接结构的复杂性

城市路网作为城市交通运行的基础，其网络形态直接影响到交通运行的好坏。目前常规的城市路网形态有带状型、棋盘型、放射型、放射环形等，每种路网都有其优缺点。尽管路网具有一定的形态，但也很少有城市路网是完全符合某一种路网形态；通常情况下，城市路网的连接结构既是非完全规则也是非完全随机的，尤其在包含城市支路的路网形态更趋向于随机性。

(4)城市路网的时空复杂性

复杂网络的演化通常具有空间和时间的复杂性。在城市路网中，其展示出多种复杂行为，如排队行为、跟驰行为、路径选择行为等。

复杂网络是研究复杂系统的一种新方法，而且该方法关注于系统中个体的相互关联和作用。城市路网作为城市交通的基础，研究其复杂特性更有助于分析交通流、跟驰行为、路径选择、交通分配、路网最优方案选择、网络能耗等领域。

为了贴近真实城市道路交通情况，首先需要建立城市路网初始拓扑网络，再通过对各路段的路阻进行分析计算，得到初始拓扑网络中各点间的最小路阻路径(即最小行程时间路阻路径)，进而运用 Space L 方法建立包含多条路径的优化拓扑网络。

5.1.2　路网路阻计算

广义的交通阻抗定义为人、车、路和环境四个方面因素对交通出行的阻力作用。狭义的交通阻抗是指车辆出行在道路上所花费的行程时间，通过数学模型将交通阻抗量化。考虑到出行者出行时主要考虑行程时间，因此使用的路阻函数通常为美国联邦公路局的 BPR 路阻函数：

$$t(q)_{ij} = t_{ij}^{0}[1 + \alpha(q_{ij}/C_{ij})^{\beta}] \tag{5-1}$$

式中：q_{ij}——节点 i 到节点 j 间路段的划分成标准小汽车后各路段的流量(pcu/h)；

$t(q)_{ij}$——流量为 q_{ij} 时节点 i 到节点 j 间路段的行程时间(h)；

t_{ij}^{0}——节点 i 到节点 j 间路段的自由流行程时间(h)；

C_{ij}——节点 i 到节点 j 间路段的实际通行能力(pcu/h)；

α、β——回归系数，取典型值为 $\alpha = 0.15$，$\beta = 4$。

5.1.3 初始拓扑网络的建立与转换方法

目前常用的城市路网分析中的拓扑方法主要有 2 种：

①原始拓扑，以路段为拓扑结构的边，交叉口为节点；

②对偶拓扑，以道路编号或者路名为节点，即相同的路名可用 1 个节点代替，交叉口为节点之间的连线。

基于以下几点原因选择原始拓扑方法建立城市道路网络的初始拓扑网络：

①在实际的城市路网结构上建立初始拓扑网络相对简单，易于操作；

②对偶拓扑将相同的路名或代号的路段作为 1 个节点，本身具有一定的主观性和随机性，不能客观直观地反映路网结构，而且道路网络的规模越小，路段的路名或代号的主观随机性对拓扑网络形成的影响越大；

③选择原有拓扑有利于计算各路段路阻和相应特性指标；

④交叉口是城市路网的瓶颈，也是影响城市路网通行能力的关键，因此，将交叉口作为节点有利于对节点进行分析。

通过对初始拓扑网络运用 Dijkstra 最短路算法计算某节点到其他节点的最小路阻路径，而以下所采用的初始拓扑网络是有向网络，因此节点间共有多条路径，在得到多条最小路阻路径的同时也得到了该路径所经过的节点集合及节点先后顺序。此时再运用 Space L 法建立优化拓扑网络，其中节点是初始拓扑网络中的节点，连线是各节点间的最小路阻路径。

通过上述方法，对城市道路路网进行抽象转换得到优化拓扑网络后，已将规模较小的拓扑网络转换成中型或大型拓扑网络，再运用构建的特性指标进行路网结构分析。

5.2 路网交通能耗特性指标计算

5.2.1 路段与交叉口的交通量及饱和度

路径的选择问题可以看作是四阶段中的交通分配问题，不同的是以往的四阶段方法中交通分配为小区间交通发生吸引量在路网上的分配，将 OD 起讫点间的交通分配改为拓扑网络中的节点(也就是实际路网中的交叉口)之间的交通分配。采用交通分配中最为简单的最短路径分配法，即假设道路交通系统中不同节点之间的交通量选择最短的路径出行。通常，出行者出行的路径选择是根据自己的主观判断，而除部分大城市中心城区以外，多数城市的大部分地区尤其是在非高峰时段是处于非饱和状态，因此可以认为出行者在出行时的最短路径选择行为受到路网中已有的其他节点间路径的交通量的影响较小，不会对最短路径的选择构成影响；但考虑到路网上交通量对于路段路阻的影响，因此，在计算最优路径路阻时还要考虑路段、交叉口的交通量和饱和度大小。

下述公式中 N 表示小区的个数；$N_a(y)$、$N_b(y)$ 表示第 y 年路网中路段、交叉口的总个数；n_1、n_2 表示一个出发地、目的地，$n_1 \in N$、$n_2 \in N$；$F(0)$、$F(y)$ 表示初年、第 y 年的小区交通量 OD 分布矩阵（pcu/h）；y 表示第 y 年；a 表示一条路段；A 表示所有路段集合；b 表示一个交叉口；B 表示所有交叉口集合。

目前交通规划过程中最为常见的是四阶段法，运用其交通分配过程中的最为简单的最短路径分配法将小区间的交通量 OD 分布分配到路网中，得到各路段及交叉口的交通量。具体计算公式如下：

$$x_a(y) = \sum_{n_1=1}^{N}\sum_{n_2=1}^{N} f_{n_1n_2}(y)\delta^{a}_{n_1n_2}(y)$$

$$x_b(y) = \sum_{n_1=1}^{N}\sum_{n_2=1}^{N} f_{n_1n_2}(y)\delta^{b}_{n_1n_2}(y) \tag{5-2}$$

式中：$x_a(y)$、$x_b(y)$——分别表示第 y 年路段 a、交叉口 b 的交通量（pcu/h）；

$f_{n_1n_2}(y)$——表示第 y 年从出发地 n_1 到目的地 n_2 的交通量（pcu/h），其中出发地 n_1 到目的地 n_2 的交通量按最短路径出行；

$\delta^{a}_{n_1n_2}(y)$——表示第 y 年，若路段 a 在（n_1，n_2）之间的最短路径上为1，否则为0；

$\delta^{b}_{n_1n_2}(y)$——表示第 y 年，若交叉口 b 在（n_1，n_2）之间的最短路径上为1，否则为0。

通过上述计算得到各路段及交叉口的交通量，并结合路网资料中已知的路段及交叉口的通行能力，可计算得到各路段及交叉口的饱和度。具体计算公式如下：

$$d_a(y) = \frac{x_a(y)}{C_a(y)}$$

$$d_b(y) = \frac{x_b(y)}{C_b(y)} \tag{5-3}$$

式中：$C_a(y)$、$C_b(y)$——第 y 年路段 a、交叉口 b 的通行能力（pcu/h）；

$d_a(y)$、$d_b(y)$——第 y 年路段 a、交叉口 b 的饱和度。

5.2.2　路网总能耗

结合交叉口和路段不同饱和度下车辆能耗以及路网上的交通量，计算路网的总能耗，用以反映路网在不同时间内的能源消耗总量。具体计算公式如下：

$$F_{net}(y) = \sum_{a=1}^{N_a} F_a(d_a(y))x_a(y) + \sum_{b=1}^{N_B} F_b(d_b(y))x_b(y) \tag{5-4}$$

式中：$F_{net}(y)$——第 y 年的高峰小时路网总能耗值（L/h）；

$F_a(d_a(y))$——第 y 年路段 a 在饱和度为 $d_a(y)$ 时的单车能耗值（L/pcu · m）；

$F_b(d_b(y))$——第 y 年交叉口 b 在饱和度为 $d_b(y)$ 时的单车能耗值（L/pcu · m）。

5.2.3 路段与交叉口重要度

对重要度的定义与复杂网络中介数的定义类似。重要度可分为路段重要度和交叉口重要度。交叉口的重要度可以用网络中所有的最短路径经过该节点的数量来表示；路段的重要度与其类似。重要度同时也反映了相应的节点（交叉口）或者边（路段）在整个网络中的作用和影响力。路段和交叉口的重要度计算如下：

$$l_a(y)=\sum_{n_1=1}^{N}\sum_{n_2=1}^{N}\delta_{n_1n_2}^{a}(y)$$

$$v_b(y)=\sum_{n_1=1}^{N}\sum_{n_2=1}^{N}\delta_{n_1n_2}^{b}(y) \tag{5-5}$$

式中：$l_a(y)$——第 y 年路网中路段 a 的重要度（无量纲），$l_a(y)\in L(y)$；

$v_b(y)$——第 y 年路网中交叉口 b 的重要度（无量纲），$v_b(y)\in V(y)$；

$L(y)$——第 y 年路网路段重要度的集合；

$V(y)$——第 y 年路网交叉口重要度的集合；其他符号同上。

路段、交叉口重要度的均值显示了城市交通对路段和交叉口的依赖程度，均值越大，在各小区之间发生吸引量相同的情况下，分配在路段和交叉口上的交通量就更多；路段、交叉口重要度的方差显示了城市交通在路段和交叉口的分配均匀程度。各参数具体计算公式如下：

$$\mu_a(y)=\frac{\sum_{a=1}^{N_a}l_a(y)}{N_a} \tag{5-6-1}$$

$$\rho_a(y)=\frac{1}{N_a}\sum_{a=1}^{N_a}[l_a(y)-u_a(y)]^2=\frac{1}{N_a}\sum_{a=1}^{N_a}l_a(y)^2-u_a(y)^2 \tag{5-6-2}$$

$$\mu_b(y)=\frac{\sum_{b=1}^{N_b}v_b(y)}{N_b} \tag{5-6-3}$$

$$\rho_b(y)=\frac{1}{N_b}\sum_{b=1}^{N_b}[l_b(y)-u_b(y)]^2=\frac{1}{N_b}\sum_{b=1}^{N_b}l_b(y)^2-u_b(y)^2 \tag{5-6-4}$$

式中：$\mu_a(y)$——第 y 年路网中路段重要度的均值；

$\rho_a(y)$——第 y 年路网中路段重要度的方差；

$\mu_b(y)$——第 y 年路网中交叉口重要度的均值；

$\rho_b(y)$——第 y 年路网中交叉口重要度的方差；其他符号同上。

5.2.4 路径单车能耗与总能耗

结合交叉口和路段不同饱和度下车辆能耗，计算路网中平均每条路径单车能耗值以及总能耗值。具体计算公式如下：

$$W_1(y)=[\sum_{a}^{A}\sum_{n_1=1}^{N}\sum_{n_2=1}^{N}F_a(d_a(y))\delta_{n_1n_2}^{a}(y)+\sum_{b}^{B}\sum_{n_1=1}^{N}\sum_{n_2=1}^{N}F_b(d_b(y))\delta_{n_1n_2}^{b}(y)]/N(N-1) \tag{5-7-1}$$

$$W_2(y)=[\sum_{a}^{A}\sum_{n_1=1}^{N}\sum_{n_2=1}^{N}x_a(y)F_a(d_a(y))\delta_{n_1n_2}^{a}(y)+\sum_{b}^{B}\sum_{n_1=1}^{N}\sum_{n_2=1}^{N}x_b(y)F_b(d_b(y))\delta_{n_1n_2}^{b}(y)]/N(N-1) \tag{5-7-2}$$

式中：$W_1(y)$——路网中平均每条路径单车能耗值(L)；

$W_2(y)$——路网中平均每条路径总能耗值(L)；其他符号同上。

5.3　不同类型城市路网结构的能耗应用分析

(1)前提条件

通过对棋盘型、放射环型和带状型三种典型城市路网结构进行分析和计算，得到上述基于交通能耗的路网特性指标。为便于分析和计算，设定以下前提条件：

①三种典型城市路网结构和假定的路段长度如图5-1所示，交叉口长度均按50m计算；

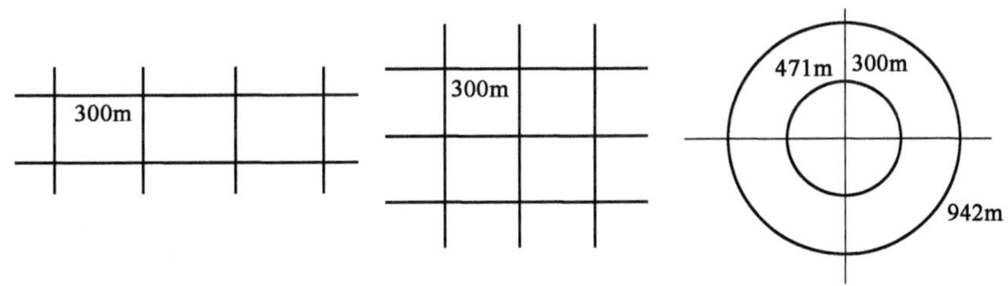

图5-1　带状型、棋盘型和放射环型城市路网示意图

②将城市路网划分为不同小区，并假设不同小区之间的交通生成量相同，且增长率相同；

③城市路网结构稳定，不随时间改变；

④不同小区之间的交通发生吸引量按最短路径分配，且假设两小区之间最短路径只选定一条(运用仿真软件进行的最短路径分配)；

⑤根据实验统计数据，设定不同饱和度状态下的交叉口和路段单车能耗量，如表5-1所示；

不同饱和度状态下的交叉口和路段单车油耗量　　表5-1

交叉口		路段	
饱和度	能耗(L/km·pcu)	饱和度	能耗(L/km·pcu)
<0.25	0.056352	<0.25	0.026554
[0.25,0.5)	0.066881	[0.25,0.5)	0.036211
[0.5,0.7)	0.086872	[0.5,0.7)	0.056842
[0.7,0.85)	0.222161	[0.7,0.85)	0.106842
[0.85,0.95)	0.516824	[0.85,0.95)	0.156883
≥0.95	0.856581	≥0.95	0.206823

⑥对图5-1中不同路网结构进行小区划分，将棋盘型、放射环型路网根据交叉口个数划分

为 9 个小区,带状型路网划分为 8 个小区。为保证区域交通生成量相同,假设棋盘型、放射环型路网各小区间初始年的发生吸引量为 50pcu,带状型路网各小区间初始年的发生吸引量为 57pcu,且各小区间的发生吸引量以每年 10% 的速度增长。

(2)算例分析

不同年份不同类型路网的总能耗如表 5-2 所示。

不同年份不同类型路网的总能耗(单位:L/h)　　表 5-2

时间(年)	1	2	3	4	5	6	7	8	9	10
棋盘型	80.12	88.51	99.35	120.69	122.19	165.69	185.93	218.63	268.67	373.6
放射环型	83.28	91.61	103.07	113.21	123.35	163.60	196.65	214.32	274.25	392.06
带状型	74.82	83.97	95.27	116.26	126.97	145.26	199.79	246.23	352.16	504.19

针对三种典型城市路网,通过运用上述指标模型进行计算,各小区间的发生吸引量以 10% 的年增长率增长的情况下,根据表 5-2 的计算结果显示,棋盘型和放射环型路网在 10 年时间期内的总能耗每年基本保持一致,而带状型路网在前 3 年的总能耗小于其他两种路网的总能耗,随后以较快的速度增长,并逐渐拉大与其他两种类型路网总能耗值的距离。在第十年,棋盘型和放射环型路网的总能耗分别为 373.6L/h 和 392.06L/h,两者基本接近,而带状型路网的总能耗达到 504.19L/h。

根据计算结果可知,当路网各小区之间交通发生吸引量较小时,带状型路网比棋盘型和放射环型路网更能够节省能源;当路网各小区之间交通发生吸引量较大时,棋盘型和放射环型路网的总能源消耗规律基本相同,但都比带状型路网要节省能源;随各小区之间发生吸引量的增大带状型路网的总能耗变化要大于其他两种类型路网。

由于在指标计算的 10 年期限范围内,假设了城市路网结构稳定不变。因此 10 年时间内的路网中路段、交叉口重要度的均值和方差均保持不变,具体数值如表 5-3 所示。

路网中路段、交叉口重要度的均值和方差　　表 5-3

路网结构		棋盘型	放射环型	带状型
交叉口	均值 $\mu_a(y)$	36.0000	24.0000	21.0000
	方差 $\rho_a(y)$	13.5000	13.5000	30.8571
路段	均值 $\mu_b(y)$	6.0000	4.0000	5.4000
	方差 $\rho_b(y)$	1.3913	4.6452	6.7789

通过分析可得到如下结论:路段、交叉口重要度的均值显示了城市交通分配过程中交通流对各路段和交叉口的依赖程度,某路段或交叉口的重要度均值越大,在各小区之间发生吸引量相同的情况下,分配到该路段或交叉口上的交通量就更多;路段、交叉口重要度的方差显示了交通流在路段和交叉口的分配均匀程度。表 5-3 的计算结果表明,在假设前提条件下,带状型路网中的交通流对路段和交叉口的依赖程度最小,棋盘型路网最大;棋盘型路网中的交通流在路段和交叉口的分配结果最为均匀,其次是放射环型。从表 5-2 和表 5-3 比较可以看出,一个路网交叉口的重要度均值越低,随着交通量增加则网络总能耗越高。

不同年份各类型路网的平均每条路径单车能耗值和平均每条路径总能耗值如表 5-4 所示。

不同年份各类型路网的平均每条路径单车能耗值和平均每条路径总能耗值(单位:L)　表5-4

时间(年)	棋盘型		放射环型		带状型	
	平均每条路径单车能耗	平均每条路径总能耗	平均每条路径单车能耗	平均每条路径总能耗	平均每条路径单车能耗	平均每条路径总能耗
1	0.02247	1.12329	0.02184	1.20115	0.02391	1.36309
2	0.02255	1.24044	0.02184	1.20115	0.02438	1.53591
3	0.02282	1.39227	0.02217	1.35251	0.02527	1.74351
4	0.02528	1.69349	0.02217	1.48554	0.02789	2.11948
5	0.02324	1.71002	0.02217	1.61857	0.02789	2.31469
6	0.02865	2.32116	0.02648	2.14450	0.02875	2.6448
7	0.02930	2.60771	0.02911	2.59082	0.03613	3.64889
8	0.03168	3.07326	0.03402	2.82370	0.04040	4.48437
9	0.03535	3.78215	0.03402	3.64028	0.05297	6.46240
10	0.04464	5.26819	0.04457	5.25919	0.06932	9.28902

路网总能耗值由平均每条路径总能耗值和路径个数决定,而平均每条路径总能耗值由平均每条路径单车能耗值和交叉口、路段的交通量决定,平均每条路径单车能耗值又由路段、交叉口的饱和度和长度所决定的。表5-4的计算结果显示,带状型路网的平均每条路径单车能耗值和平均每条路径总能耗值均大于其他类型路网,其原因是带状型路网的最短路径个数要少于棋盘型和放射环型路网的最短路径个数,如图5-1所示。根据小区划分方法,棋盘型和放射环型路网的最短路径有81条,而带状型路网的最短路径为72条。尽管在各小区之间交通发生吸引量较小时,带状型路网的总能耗值比棋盘型和放射环型路网的小,但结合路径个数之后的带状型路网的平均每条路径单车能耗值和平均每条路径总能耗值都比棋盘型和放射环型路网要小一些,而当各小区之间交通发生吸引量较大时,由于带状型路网的总能耗随各小区之间交通发生吸引量的变化幅度要大于其他两种类型路网,所以带状型路网的总能耗值要大于其他两种类型路网的总能耗值,再结合路径个数之后,显然也是带状型路网的平均每条路径单车能耗值和平均每条路径总能耗值要大。

上述应用分析的假设前提是规定各小区间的发生吸引量以每年10%的速度增长,下面分别计算当每年增长速度分别为0、0.05、0.1、0.15、0.2时的三种典型路网的总能耗值。如图5-2所示,通过对计算结果进行分析,发现当增长率为10%时,放射环型和带状型路网在第10年出现过饱和现象(如果某个路段或交叉口的饱和度大于0.95时,即视为该年份路网状态为过饱和状态);当增长率为15%时,放射环型和带状型路网在第7年出现过饱和现象,而棋盘型路网在第8年才会出现过饱和现象;但当增长率为20%时,带状型、棋盘型和放射环型路网均在第6年出现过饱和现象,具体如表5-5所示,通过表5-6还发现带状型、棋盘型和放射环型路网的总能耗临界值分别为504.19L/h、410.3L/h和392.06L/h。同时,由图5-2知随增长率变化的幅度带状型路网的总能耗值要大于棋盘型和放射环型,即各小区间的发生吸引量的增长率对带状型路网的总能耗的影响更为明显。同时,结合过饱和现象来分析发现棋盘型路网最不容易出现过饱和现象。

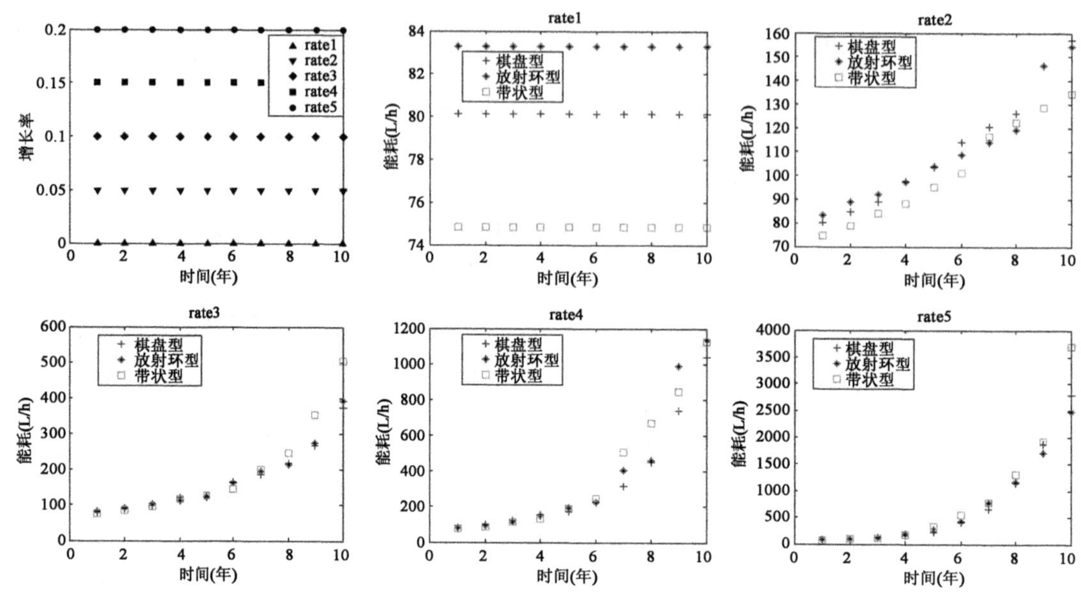

图 5-2　带状型、棋盘型和放射环型路网在不同增长率情况下的总能耗变化曲线

带状型、棋盘型和放射环型路网在不同增长率情况下的总能耗临界状态(单位:L/h)　表 5-5

增　长　率	棋　盘　型	放　射　环　型	带　状　型
0	—	—	—
0.05	—	—	—
0.1	—	392.06(第 10 年)	504.19(第 10 年)
0.15	451.59(第 8 年)	403.43(第 7 年)	505.21(第 7 年)
0.2	410.3(第 6 年)	431.25(第 6 年)	547.06(第 6 年)

带状型、棋盘型和放射环型路网在不同增长率情况下的总能耗临界状态(单位:L/h)　表 5-6

增　长　率	棋　盘　型	放　射　环　型	带　状　型
rate 1	—	—	—
rate 2	—	—	—
rate 3	—	392.06(第 10 年)	504.19(第 10 年)
rate 4	—	403.43(第 9 年)	520.47(第 9 年)
rate 5	443.67(第 9 年)	431.86(第 8 年)	544.13(第 8 年)

上述的各小区的发生吸引量的年增长率为定值,不会随时间变化而变化,下面将计算在年增长率分别为 rate 1、rate 2、rate 3、rate 4、rate 5(如图 5-3 所示)时的三种典型路网的总能耗值。通过对计算结果进行分析,发现棋盘型路网只有在以 rate 5 的年增长率增长的情况下,路网才会在第 9 年出现过饱和现象,而放射环型和带状型路网在以 rate 3、rate 4、rate 5 的年增长率增长的情况下则分别在第 8、9、10 年出现过饱和现象。通过表 5-6 还可以发现带状型、棋盘型和放射环型路网的总能耗临界值分别为 504.19L/h、443.67L/h 和 392.06L/h。同时,由图 5-3 可知带状型路网的总能耗值在较小或前几年基本与棋盘型和放射环型路网相同的情况下,随

着时间的积累带状型路网的总能耗值逐渐拉大与棋盘型和放射环型路网总能耗值的距离，此外还发现棋盘型路网最不容易出现过饱和现象。

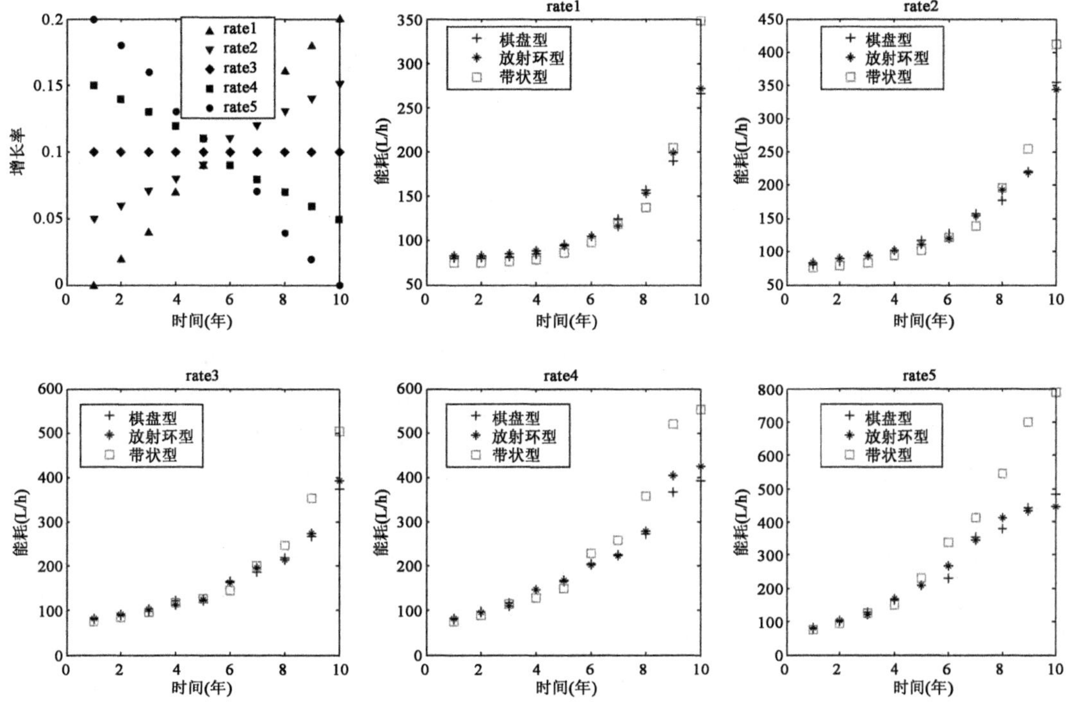

图5-3 带状型、棋盘型和放射环型在不同增长率情况下的总能耗变化曲线

第 6 章　城市道路交通能耗区划分及协调控制

6.1　交通状态识别的研究现状

掌握交通网络的实时状态对于路网管理起着重要作用。在智能交通系统中，能否快速高效地获取道路信息并对交通状况作出判断，对交通堵塞的确定与疏导问题至关重要，这将直接关系交通管理者对相关交通信息进行发布以调节交通未来走向的准确性。此外，交通规划也有利于道路交通信息的获取和对未来交通发展作出进一步预判，因为其与出行者的出行选择密切相关。

一般认为，道路状态的确定，即为通过各项方法与应用设备获取各种有价值交通参数并比对往常经验的固定数据值后，对道路上的交通状况进行确认与判别。道路状态判别的结果常被分为四类：畅通状态、拥堵状态、堵塞状态、完全拥堵状态。

在研究道路交通问题初期，道路交通状态判别的方法分为人工式与自动式两种。人工判别法包括人工肉眼识别与报告以及基于人所管理的各类监测设施的使用。而自动式则需以相关理论和经验为基础，通过一系列复杂的机器设备对数据进行处理方可获得相关判别信息。自动式判别方法往往以某种判别算法为基础，比较经典的有 McMaster 算法等。近年来，更多新型算法涌现，纷纷结合其他领域最新的知识成果，侧重点各不相同，作用范围、性能优良均有差异，以求更好地解决交通状态判别的问题。此外为提高判别结果的准确率，有时则需要结合格式算法对问题进行共同解决。

经过长时期的理论发展，自动式进一步分为直接和间接式，直接式直观简洁，但它依赖于道路上设置的一系列相关检测设备（如视频），直接取得道路上的画面，通过获取二维数据后对图像进行分析以确认检测范围内的道路交通状态。该方法仅仅在交通状态处于一个小范围内变化时才可获得合适的道路交通判别效果，一旦探测设备范围内的天气状况相比正常变差，其判别结果的有效性就不再突出和实用；而且相关设备也将耗费大量物资，成本巨大；另外，对于二维数据的分析也对计算机设备方面产生较大挑战。相比直接式判别法，间接法则是通过对道路交通状况的相关数据来进行获取、分析、判别，它又主要分为三类：模式判定法、数学统计法、智能处理法。判别方法的数据参量多来自探测设备采集的速度、时间、道路饱和度等交通数据，同时运用模式识别、数学统计、智能处理等多种方法对道路状况进行确定。最初，各种相关研究致力于解决突发性问题，而随着理论的不断深入，解决常发性交通堵塞问题也日趋成为研究的主体。

能否获得合适的道路拥塞的度量标准，直接决定了一项交通状态判别方法的实际应用价值。在部分文献中，道路拥塞标准的选取可根据其是否定值来区分，可分为两类：绝对标准和相对标准。前者亦即数值固定的道路拥塞标准,具体而言,其在任意城市道路拥塞标准具有唯一性、固定性;后者亦即数值变化的道路拥塞标准,其在任意城市道路拥塞标准各异,实际数值将根据一个城市的具体情况特别设定。当道路拥塞标准固定时,可用以对不同城市之间的道路交通状况差异作比较。与此同时产生的另一问题是,使用固定道路拥塞标准所获取的道路判别状态并不能完全满足不同城市交管部门的实际应用需求。可见,想要确定一个道路拥塞标准的固定值来应对不同城市交管部门的道路交通拥堵解决办法,是非常困难的;换言之,只能针对不同城市,确定不同的道路拥塞标准,这样才能更好地满足不同城市交管部门的应用需要,才能更好地应对城市现实多样的道路交通发展状况。

综上,现有关于交通状态判别的研究多基于速度、饱和度等指标,主要目的是判别交通拥堵的程度,还鲜有针对能耗差异的交通状态判别的相关研究成果。

6.2　交通能耗区划分标准

6.2.1　交通参数选取原则

交通参数是指可定性和定量地描述交通流运行特征的参数。交通参数是进行交通状态判别的基础,因此在能耗区等级判定研究中参数的选取需遵循以下原则:

(1)科学客观:确保所选指标体系客观合理,评估方法科学严谨。

(2)可测可比:选取的指标要有可检测性,且便于量化比较。

(3)动态灵活:能动态、灵活地反映不同等级能耗区特性。

6.2.2　交通能耗区划分指标的构成及量化

(1)交通能耗区划分指标的构成

交通能耗区划分等级是对不同交通运行状况下交通能耗进行评价,体现交通运行质量及其能耗经济性。根据交通运行及机动车能源消耗规律,基于交通运行状况对交通能耗影响分析,在路段和交叉口中都选取能耗经济性指标和平均延误两个与交通能耗直接相关的指标,同时在路段上选取较为相关的平均行程速度,交叉口选择对能耗影响较大的二次停车率等指标。从宏观、中观、微观三个层面建立交通能耗区划分指标体系如图6-1所示。

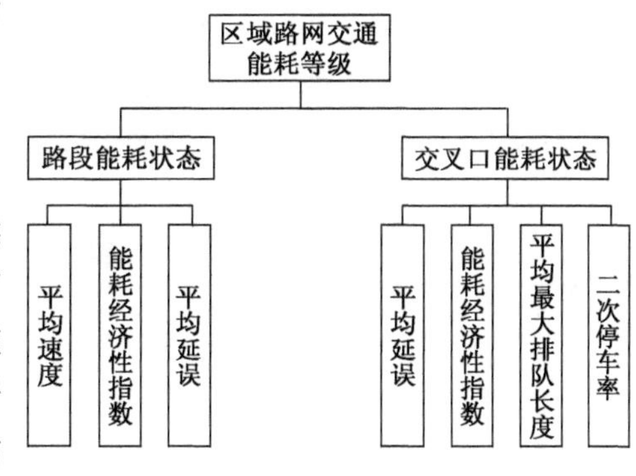

图6-1　交通能耗区划分指标体系

(2)指标量化

①路段交通能耗经济性指数

为了研究交通状态对能耗的影响,定义道路燃油经济性指数:将某一类型车辆在所研究类别城市道路的经济油耗饱和度下运行的油耗指标作为基准值,并将该类型车辆实际油耗指标与该基准值进行比较,从而将道路燃油经济性与交通流状态紧密结合在一起,将绝对油耗值转化为相对油耗值,避免了不同类型车辆间燃油经济性的差异。道路燃油经济性指数 FE 的计算公式为：

$$FE = F_0/F_1 \tag{6-1}$$

式中：F_1——实际交通运行状态下路段的能耗值；

F_0——与 F_1 同一类别道路的能耗基准值。

道路燃油经济性指数 $FE \leqslant 1$。该值越接近于1，说明交通流越接近于经济交通流状态，此时的饱和度接近于经济油耗饱和度，道路燃油经济性更好；反之，则道路燃油经济性越差，不同饱和度阈值下的燃油经济性指标如表6-1所示。

不同服务水平下的燃油经济性指数 表6-1

服务水平	饱和度 (V/C)	燃油经济性指数 FE			
		快速路	主干路	次干路	支路
一级	[0,0.6)	0.82～1.00	0.80～1.00	0.81～1.00	0.87～1.00
二级	[0.6,0.8)	0.84～0.96	0.87～0.97	0.87～0.97	0.81～0.94
三级	[0.8,1.0)	0.69～0.84	0.73～0.87	0.74～0.87	0.67～0.81
四级	>1.0	<0.69	<0.73	<0.74	<0.67

自由流状态下，交通流饱和度较小，车辆速度较高，可能超过车辆本身的经济车速，且遇到干扰因素后变速幅度较大，燃油的利用率往往不是最优；随着交通量增多，饱和度适度上升之后，车辆以平稳的速度运行，加减速不那么随意，燃油的利用率接近最佳状态；若交通量持续增长，道路饱和度达到0.7～0.8时，服务水平下降，交通流各组成要素之间的干扰因素渐多渐强，车辆加速、减速频繁，燃油利用率下滑；如果饱和度继续增加，交通流呈现拥堵甚至阻塞状态，车辆走走停停，运行极不稳定，加速、减速、怠速工况所占比例都有所增加，燃油经济性变差。随着交通量增加，服务水平下降，车辆的燃油消耗先增后减，燃油经济性随饱和度变化关系如图6-2所示。

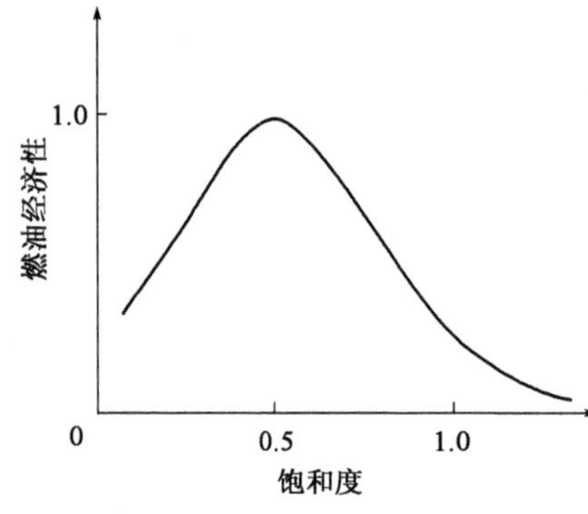

图6-2 燃油经济性与饱和度关系示意图

②路段平均速度

当交通流较小时，机动车自由行驶，车速较高于其经济速度，能耗利用率不处于最优值，当交通量增大，出现交通拥挤时，机动车间的相互影响增大，行驶车速受到限制，机动车行驶工况发生变化。因而，机动车的平均行驶速度可以直接反映交通运行和交通能耗的状态。根据公安部颁布的《城市道路交通管理评价指标体系》(2012年)，各等级城市道路高峰期路段平均速度分级如表6-2所示。

高峰期路段平均车速分级表(km/h) 表6-2

等级标准	一级	二级	三级	四级	五级
A类城市	≥25	[22,25)	[19,22)	[16,19)	[0,16)
B类城市	≥28	[25,28)	[22,25)	[19,22)	[0,19)
C、D类城市	≥30	[27,30)	[24,27)	[21,24)	[0,21)
交通状态	通畅		拥挤		堵塞

③路段平均延误

路段上由于机动车间的互相干扰引起交通流速度低于自由流速度从而产生的时间延误。它是衡量交通运行效率以及道路服务水平的重要指标，体现了交通运行的受阻滞程度和行驶时间的耗损，同时也体现了道路设计的合理性。一般情况下交通运行越拥堵，机动车行程延误时间就越长，能耗也相应增加，因而延误是判别交通能耗状态的重要指标。依据相关规范和现有对道路交通运行的调查研究，路段平均延误时间分级标准见表 6-3。

路段平均延误分级标准　　表 6-3

等级	通畅	拥挤	堵塞
路段平均延误时间(s/km · pcu)	<80	[80,150]	>150

④交叉口交通能耗经济性指数

交叉口交通能耗经济性指数为各进口道交通能耗经济性指数的加权平均值，计算公式如式(6-2)所示，其等级划分标准参照路段交通能耗经济性指数。

$$FI = \sum_{i=1}^{k} w_i FI_i \tag{6-2}$$

式中：FI_i——交叉口进口道 i 交通能耗经济性指数；

k——交叉口进口车道数；

w_i——进口道 i 的权重，$w_i = Q_i / \sum_{i=1}^{k} Q_i$；

Q_i——进口道 i 的交通量。

⑤交叉口平均延误

交叉口处的平均延误是指机动车在行驶时由于交通流组成之间的影响以及交通管控设施等的阻滞引起的时间损耗，例如行人与机动车之间的相互干扰、停车让行等。平均延误能体现机动车驶过交叉口所损失的时间大小，因而交叉口平均延误能够直观反映交叉口的服务水平与交通运行状况，也间接反映能耗增量。结合相关研究城市信号交叉口延误等级划分如表 6-4 所示。

城市信号交叉口延误分级划分标准　　表 6-4

等级	通畅	拥挤	堵塞
交叉口平均延误时间(s)	<40	[40,60]	>60

⑥交叉口平均最大排队长度

交叉口平均最大排队长度指在交叉口各周期各进口道由于受红灯的影响需要排队等待穿过交叉口的排队车辆占的最大长度的平均值，就是指绿灯开启时，最后一辆排队车与停车线的距离的平均值，结合相关研究排队长度等级划分标准如表 6-5 所示。

信号交叉口排队长度划分标准　　表 6-5

等级	通畅	拥挤	堵塞
平均最大排队长度(m)	<60	[60,200]	>200

⑦交叉口二次停车率

在同一个交叉口的进口道上,机动车不能在一个信号周期通过交叉口,接连碰到两次甚至两次以上红灯,从而致使该机动车经过这个交叉口时需要经历两次甚至两次以上的停车,称该机动车为二次停车车辆。在某一个信号周期内,二次停车的机动车数与该周期绿灯时驶过交叉口的机动车辆数的比值就是该信号周期的二次停车率。如果机动车驶过交叉口时要经过二次停车,则说明交叉口处交通拥堵,交通运行状况欠佳。机动车的二次停车率越高,交叉口交通越拥堵。根据现有研究,交叉口二次停车率分级划分标准如表6-6所示。

交叉口二次停车率分级划分标准　　表6-6

等级	通畅	拥挤	堵塞
交叉口二次停车率	<0.2	[0.2,0.5]	>0.5

6.2.3　交通能耗区等级划分指标

为更加全面客观地研究交通能耗情况,选择指标时需要多方面地选取多元化的参量。在现有的研究中,道路交通运行状态一般分为通畅、拥挤和堵塞。

根据对各种交通运行状态进行分析,参考拥堵判别的相应经验和指标取值,同时与交通能耗因素相结合对其进行修整。在分析中把交叉口以及与之相连路段构成的区域作为研究对象,将该区域划分为低能耗区、中能耗区和高能耗区三个等级。为更加全面客观地研究交通能耗情况,选择指标时需要多方面地选取多元化的参量。交叉口以及路段的交通能耗经济性指标区划及其在三类能耗区划分等级的取值范围见表6-7。

城市路段、交叉口交通能耗状态指标取值范围　　表6-7

能 耗 等 级		低 能 耗	中 等 能 耗	高 能 耗
交叉口	平均延误(s)	<40	[40,60]	>60
	能耗经济性指数	>0.85	[0.70,0.85]	<0.70
	平均最大排队长度(m)	<60	[60,200]	>200
	交叉口二次停车率	<0.2	[0.2,0.5]	>0.5
路段	路段平均速度(km/h)	>22	[16,22]	<16
	能耗经济性指数	>0.85	[0.70,0.85]	< 0.70
	平均延误(s)	<80	[80,150]	>150

6.3　能耗区交通状态判别模型

6.3.1　指标预处理

通常,多指标综合评价可能存在评价指标量纲不同,影响评价效果。为统一指标量纲,需要针对指标进行无量纲化处理。

一些指标取值越大,评价结果值越大,该类指标被称为正向评价指标;反之,一些逆向评价指标取值越小,评价结果值越大。若不将这两类指标数据加以修正,则会导致在获得评价时两者相互抵消,不能真正反映评价的实际水平。因此,在开展评价前对指标进行归一化处理。

由于评价指标均是异量纲,并且数值也相差较大,若直接对指标值加和求平均,这种方法没有考虑各评价指标的特征属性,忽视了各指标重要性的区别,失去了评价的客观性,还可能得出与实际情况完全相反的结果。因此,进行多量纲指标的评价时,应先进行无纲量化处理,采用的极值处理法是把指标实际值和该指标能取的最大值以及最小值进行比较,正向评价及逆向评价指标计算方法分别如式(6-3)、式(6-4)所示。

$$\theta_{ij}^{k} = \frac{x_{ij}^{k} - x_{\min}}{x_{\max} - x_{\min}} \qquad \theta_{ij}^{k} \in [0,1] \tag{6-3}$$

$$\theta_{ij}^{k} = \frac{x_{\max} - x_{ij}^{k}}{x_{\max} - x_{\min}} \qquad \theta_{ij}^{k} \in [0,1] \tag{6-4}$$

式中:x_{ij}^{k}——第 i 个交叉口第 j 个路段的第 k 个交通指标,$k=1,2,3,4$;

$x_{\max}$、$x_{\min}$——指标的最大值和最小值;

θ_{ij}^{k}——指标 x_{ij}^{k}的无量纲化处理结果。

在应用极值法处理能耗状态判别指标时,需得到指标的最大和最小值。应依据实际交通情况确定部分交通指标的极值,由于交通运行的多样复杂化,有个别交通指标的极值不明确,如平均速度以及排队长度等,以对评价结果不影响为前提,运用如下方法确定:选择指标中部闭区间[a,b]的两个端点为参考点,同时以 $\Delta = b - a$ 为长度,那么最小值 $x_{\min} = a - \Delta$,如果某一指标实际有小于 $x_{\min}$的值,则令 $x_{\min}$为该实际值;同理,最大值 $x_{\max} = b + \Delta$,若存在实际大于 $x_{\max}$的值,那么 $x_{\max}$为该实际值,各指标的最大和最小建议值如表 6-8 所示,评价指标预处理后取值范围如表 6-9 所示。

指标最大与最小建议值　　表 6-8

评价指标	交叉口				路段		
	平均延误(s)	能耗经济性指数	平均最大排队长度(m)	交叉口二次停车率	平均速度(km/h)	能耗经济性指数	平均延误(s)
最小值	0	0.5	0	0	0	0.5	5
最大值	120	1	400	0.8	80	1	180

指标预处理后取值范围　　表 6-9

评价指标	交叉口				路段		
	平均延误	能耗经济性指数	平均最大排队长度	交叉口二次停车率	平均速度	能耗经济性指数	平均延误
低能耗阈值	0.333	0.3	0.15	0.25	0.725	0.3	0.429
中等能耗阈值	0.5	0.6	0.5	0.625	0.8	0.6	0.829

6.3.2　能耗区等级判别模型

为了表征能耗的大小,定义一个综合指标——交通能耗度,记作 P_{ij}^{R}。令构成能耗区的各交通状态的能耗度为 P_{ij}，那么路段以及交叉口的交通能耗度分别是 P_{ij}^{S}和 P_{ij}^{I}。P_{ij}^{R}越大，说明交通状态越拥堵，交通能耗越大。P_{ij}^{S}和 P_{ij}^{I}与 θ_{ij}的线性关系如下：

$$P_{ij} = \sum_{k=1}^{K} \alpha_k \theta_{kij}, \sum_{k=1}^{K} \alpha_k = 1 \tag{6-5}$$

式中：α_k——指标权重，$\alpha_k \in [0,1]$。

把交叉口以及和它相互关联的上游路段构成的区域作为一个整体，开展能耗等级划分，与现有研究的差异在于研究区域的边界是动态变化的。因为在交叉口更易于形成瓶颈造成交通拥堵，为此，在进行交叉口及其路段整体的交通状态分析时，需要给予交叉口能耗度较大的权重。令 P_{ij}^{R}为交通能耗度，β 为交叉口的权重，$1-\beta$ 为相关联路段的权重，那么 P_{ij}^{R}计算公式为：

$$P_{ij}^{R} = \beta P_{ij}^{I} + (1-\beta) P_{ij}^{S} \tag{6-6}$$

将式(6-5)代入式(6-6)整理后得到如下公式：

$$P_{ij}^{R} = \beta \sum_{k=1}^{4} \alpha_k^{I} \theta_{kij}^{I} + (1-\beta) \sum_{k=1}^{3} \alpha_k^{S} \theta_{kij}^{S} \tag{6-7}$$

令低能耗区交通能耗度 $P_{ij}^{R} < P_{ij1}^{R}$，中能耗区 $P_{ij}^{R} \in [P_{ij1}^{R}, P_{ij2}^{R}]$，高能耗区 $P_{ij}^{R} > P_{ij2}^{R}$，那么在权重系数确定基础上即可确定节点 P_{ij1}^{R}及 P_{ij2}^{R}的数值，就能得出能耗区交通能耗度等级。

6.3.3 权重系数确定

关于权重系数确定有多种方法，这里采用信息熵法得到指标体系中交叉口以及路段评价指标的权重 $\alpha_k^{I}(k=1,2,3,4)$与 $\alpha_k^{S}(k=1,2,3)$。信息熵法是一种综合定量分析以及定性评价确定指标权重的方法。首先采集专家意见进行打分，依据重要性对指标进行排序，采用熵理论对排序进行定量化分析，同时依据相对重要性对每层次指标的进行排序，得出每层该类指标重要程度的量化值，即为指标的权重值。方法如下：

(1)征询专家意见进行指标重要性排序。

(2)为减少最初排序的不确定性，采用"盲度"分析。若得到 q 份问卷调查结果，指标集的最初排序为矩阵 $A=(a_{ij})_{q\times n}$，其中 a_{ij}为第 i 位专家给出的第 j 个指标 u_j 的评判。对最初排序采用隶属函数进行定性以及定量转换。

$$x(r) = -\lambda p_n(r) \ln p_n(r) \tag{6-8}$$

定义 $p_n(r) = \dfrac{m-r}{m-1}$，$\lambda = \dfrac{1}{\ln(m-1)}$，代入式(6-8)化简，那么 r 相应的隶属度函数为：

$$u(r) = \frac{\ln(m-r)}{\ln(m-1)} \tag{6-9}$$

式中，r 为某指标在最初排序时的定性排序数；m 为转换指标量，取 $m=j+2$；j 为评判出的顺序最大号；将排序数 $r=a_{ij}$代入式(6-9)能得出定量转换值 b_{ij}。$B=(b_{ij})_{k\times n}$是隶属度矩阵，那么 q 位专家对于指标 u_j 的平均认识度为：$b_j = (b_{1j}+b_{2j}+\cdots+b_{qj})/q$。专家对 u_j 认识的不确定性定义为"认识盲度"σ_j，令

$$\sigma_j = \sqrt{\frac{1}{q}\sum_{i=1}^{q}(b_{ij}-b_j)^2} \tag{6-10}$$

显然 $\sigma_j \geqslant 0$。定义 q 位专家对于每一个因素 u_j 的总体认识度为 x_j，那么：

$$x_j = b_j(1-\sigma_j) \tag{6-11}$$

(3)归一处理,得出指标 j 的综合权重 a_j:

$$\alpha_j = \frac{x_j}{\sum_{i=1}^{m} x_j} \tag{6-12}$$

采用信息熵法计算表6-9中各交通指标的权重,邀请10位专家分别对交叉口和路段指标进行问卷调查,专家依次针对每个指标,比较指标重要程度,分别从前到后对指标进行排序,采集到交叉口和路段的专家排序矩阵 A^I 和 A^S。

$$A^I = \begin{bmatrix} 1 & 1 & 2 & 2 \\ 2 & 1 & 3 & 4 \\ 1 & 2 & 3 & 4 \\ 1 & 1 & 3 & 3 \\ 3 & 1 & 4 & 3 \\ 2 & 1 & 3 & 3 \\ 2 & 1 & 4 & 3 \\ 2 & 3 & 3 & 2 \\ 3 & 1 & 4 & 4 \\ 1 & 2 & 3 & 3 \end{bmatrix} \quad A^S = \begin{bmatrix} 2 & 1 & 3 \\ 1 & 2 & 3 \\ 1 & 3 & 2 \\ 2 & 1 & 3 \\ 3 & 1 & 2 \\ 1 & 1 & 3 \\ 2 & 1 & 2 \\ 1 & 2 & 3 \\ 2 & 1 & 3 \\ 2 & 1 & 3 \end{bmatrix}$$

分别将 A^I 和 A^S 代入式(6-9),取 $m^I = 6$,$m^S = 5$,得出隶属度矩阵 B^I 和 B^S。

$$B^I = \begin{bmatrix} 1.0000 & 1.0000 & 0.8616 & 0.8616 \\ 0.8616 & 1.0000 & 0.6828 & 0.4308 \\ 1.0000 & 0.8616 & 0.6828 & 0.4308 \\ 1.0000 & 1.0000 & 0.6828 & 0.6828 \\ 0.6828 & 1.0000 & 0.4308 & 0.6828 \\ 0.8616 & 1.0000 & 0.4308 & 0.6828 \\ 0.8616 & 1.0000 & 0.4308 & 0.6828 \\ 0.8616 & 0.6828 & 0.6828 & 0.8616 \\ 0.6828 & 1.0000 & 0.4308 & 0.4308 \\ 1.0000 & 0.8616 & 0.6828 & 0.6828 \end{bmatrix} \quad B^S = \begin{bmatrix} 0.7925 & 1.0000 & 0.5000 \\ 1.0000 & 0.7925 & 0.5000 \\ 1.0000 & 0.5000 & 0.7925 \\ 0.7925 & 1.0000 & 0.5000 \\ 0.5000 & 1.0000 & 0.7925 \\ 1.0000 & 1.0000 & 0.5000 \\ 0.7925 & 1.0000 & 0.7925 \\ 1.0000 & 0.7925 & 0.5000 \\ 0.7925 & 1.0000 & 0.5000 \\ 0.7925 & 1.0000 & 0.5000 \end{bmatrix}$$

计算得平均认识度 $b_1^I = 0.8812$,$b_2^I = 0.9406$,$b_3^I = 0.6251$,$b_4^I = 0.6430$,同理,算得 $b_1^S = 0.8463$,$b_2^S = 0.9085$,$b_3^S = 0.5878$,利用式(6-10)计算得到各指标的认识盲度 $\sigma^I = [0.1171 \quad 0.1020 \quad 0.1375 \quad 0.1546]$,$\sigma^S = [0.1513 \quad 0.1589 \quad 0.1341]$,利用式(6-11)计算得到交叉口和路段各指标的总体认识度 $x^I = [0.7780 \quad 0.8447 \quad 0.5391 \quad 0.5436]$,$x^S = [0.7183 \quad 0.7641 \quad 0.5090]$,利用式(6-12)进行归一处理,得出指标的综合权重 $\alpha^I = [0.2876 \quad 0.3122 \quad 0.1993 \quad 0.2009]$,$\alpha^S = [0.3607 \quad 0.3837 \quad 0.2556]$。

同理,采用信息熵法计算交叉口权重 β 及路段权重 $1-\beta$,邀请10位专家进行打分,得到专家排序矩阵 A^β

$$A^{\beta'} = \begin{bmatrix} 1 & 1 & 1 & 2 & 1 & 1 & 2 & 1 & 1 & 1 \\ 2 & 2 & 1 & 1 & 2 & 1 & 1 & 2 & 1 & 2 \end{bmatrix}$$

取 $m=4$,计算得出：

$$B^{\beta'}=\begin{bmatrix}1.0000 & 1.0000 & 1.0000 & 0.6309 & 1.0000 & 1.0000 & 0.6309 & 1.0000 & 1.0000 & 1.0000\\ 0.6309 & 0.6309 & 1.0000 & 1.0000 & 0.6309 & 1.0000 & 1.0000 & 0.6309 & 1.0000 & 0.6309\end{bmatrix}$$

$b_1^I=0.9262$ $b_2^I=0.8155$ $\sigma^{\beta}=[0.1153\quad 0.1847]$ $x^{\beta}=[0.8194\quad 0.6649]$

$\alpha^{\beta}=[0.5520\quad 0.4480]$

将表 6-9 中的交通能耗指标取值范围以及权重值和 β 值代入公式(6-7),计算得到交通能耗度区划的节点值 $P_{ij1}^R=0.3666$,$P_{ij2}^R=0.6344$。各等级能耗区的取值范围如表 6-10 所示。

能耗区等级取值范围 表 6-10

能耗区	低能耗区	中能耗区	高能耗区
P_{ij}^R	<0.3666	$[0.3666, 0.6344]$	>0.6344

6.4 不同等级能耗区流量控制及优化方法

6.4.1 广义出行费用分析

不同等级能耗区对应的交通状态不同,管理者所采取的交通管控方式以及相应的管理优化目标也不相同。各种智能交通诱导方法都要依据描述道路通行能力的路段阻抗来产生最优的分配方案,广义出行费用是指出行者在出行过程中所需花费费用的综合与度量,对出行行为(包括路径选择及交通方式选择等)有决定性的影响。对于交通出行者而言,希望出行时间与路径最短、能耗最低、安全舒适高、可靠性强等;对于交通管理者而言,希望系统总成本最低、网络利用率最大、道路资源时空冲突最小、接受程度最高等。

对交通网络中出行者的不同要求进行综合考虑,其中 N 为路网中所有交叉口构成的集合,A 为路网中所有路段的集合。定义广义出行费用 C 为能耗、行程时间以及其他可能的费用线性加权综合所得到的费用：

$$C=\tau_{oil}F+\tau_{time}t+\rho \tag{6-13}$$

式中：τ_{oil}——单位体积的油价；

τ_{time}——单位时间价值,时间成本等于单位时间价值与出行时间的乘积；

F、t——车辆通过路段或交叉口的能耗与行程时间；

ρ——其他可能的交通费用(如道路收费、拥堵收费等)。

为方便模型求解,下面只探讨车辆在信号控制交叉口的能耗与行程时间,假设各进口道的车流是均匀到达的,信号周期时长为一定值,将绿灯时长视为变量。由于交通信号灯的存在,假设车辆的总行驶时间包括路口逗留时间和路段行驶时间。其中,交叉口延误与能耗表达式在前文中已介绍,这里不再赘述。

路段行程时间采用 BPR 函数确定,在长度为 l_a 的路段 $a(a\in A)$上：

$$t_a=t_f\left[1+\gamma\left(\frac{y_a}{CA_a}\right)^p\right]=\frac{l_a}{v_f}\left[1+\gamma\left(\frac{y_a}{CA_a}\right)^p\right] \tag{6-14}$$

式中：y_a——路段 a 上的交通量；

CA_a——路段 a 上的通行能力；

t_f——路段 a 上的自由流状态下的行程时间；

v_f——路段 a 上的自由流状态下的平均行程速度；

γ、p——待标定参数。

Chang(1981)等建立了一个时间能耗模型,认为车速小于 60km/h 时,汽车在一定行程内的油耗与行程时间呈线性关系,该函数关于时间单调递增,而且结构简单便于推导。在城市道路中,车速在绝大多数情况下小于 60km/h,所以以此作为单车能耗函数从而得到路网的整体能耗,建立能耗与行程时间的关系函数如下：

$$F_a = l_a(ht_a + F_k) \tag{6-15}$$

式中：F_a——车辆通过路段 a 的能耗；

F_k——通过单位长度的路段为克服阻力产生的能耗；

h——为大于 0 的拟合参数。

6.4.2 经济能耗区的交通管理策略

道路畅通的状态下,对道路交通流进行管理与控制也是必要的,因为一旦网络中某个节点受到干扰出现交通拥堵,若未能及时发现并予以控制和引导,很有可能会蔓延至更大范围,从而形成交通阻塞,降低路网的通行效率。在正常的交通状况下,没有交通诱导情况的驾驶者以最短路径出行的概率约 90% 左右,这意味着近一成的出行者由于缺乏对交通系统信息的全面感知,导致对路径选择存在误区进而付出了更多的代价。

综上所述,维持经济能耗区交通顺畅性和良好的燃油经济性就成为最主要的任务,合理而有效的交通控制、诱导即可满足需求。管理策略如下：收集实时交通流参数并评估实时的交通网络运行状态,密切关注交通状态的变化,一旦发现异常,立即查找干扰因素并采取相应管控措施,遏制交通拥堵蔓延。此外,根据交通流状态反馈,优化并微调信号控制系统参数,进一步提供实时诱导,将交通流状态维持在更加通畅且能耗理想的水平,使系统整体性能最优。

6.4.3 中能耗区交通管理控制与诱导协同模型

若道路交通网络中部分交叉口或路段接近于饱和状态,即出现中等能耗区,此时的交通状态非常“脆弱”,即便受到微小的扰动都可能造成大范围、长时间的交通拥堵,导致中能耗区范围进一步扩大,甚至转变为高能耗区。这是由于交通拥挤状态下,同一流量值可能对应有两个密度,相对较小的密度对应轻微初级拥挤阶段,车辆之间产生的相互影响不大,车辆还可以以较快的车速行驶,此时的交通流量还能继续增加;然而相对较大的密度对应的交通状态则是交通流运行较缓,车辆之间相互影响明显,交通流濒临阻塞,需要尽快启动交通管理程序。因此,实时信号控制与交通诱导的协同管理,应该从交通拥堵状态的初级阶段开始,避免进一步交通的恶化。

驾驶者没有得到全面的城市交通状态信息是造成网络中局部交通拥挤和能耗偏高的主要原因之一,交通拥堵发生时,往往不是整个路网都处于拥堵状态,拥堵区之外有的道路交通负荷度并不高,甚至依然很畅通。因此,如果能及时获得路网上实时动态交通信息,准确了解路网的交通状态,并依此决策规划出行,充分利用好交通系统时空资源,从而缓解交通局部拥挤现象。交通信息诱导作为缓解交通拥堵的有效方法之一,管理者通过引导驾驶员调整出行路径实现交通合理分配,使路网负载均衡。

交通诱导系统可通过诱导信息对交通出行者出行行为以及路径选择进行引导控制,以动态诱导、控制交通流,实现路网均衡、提升道路利用率、缓解局部交通拥堵,从而使道路交通基础设施处在最佳运行状态。信号控制系统和动态诱导系统之间相互关联影响,存在密切的联系,两者共同的管理对象都是道路交通流,对已有交通量的时间分布进行调整,即交通信号控制,直接影响车辆的行程时间、道路通行能力和交通分配结果;而诱导系统则为出行者优化行驶路线,对下一时段交通空间的分布进行快速调整。

信号控制系统与动态诱导系统协同发挥作用的最佳时机是在轻微拥挤状态下,此状态下的协同可以从时间和空间两方面调节交通流,直接影响到整个路网的下一时刻的交通状态。信号控制系统可以调节道路交叉口的通行能力,实现小范围交通流快速消散;动态诱导系统可以调节整个能耗区内的交通流空间分布,进行动态交通流网络平衡分配,即在已知的交通供给能力以及交通需求条件下,分析出最优交通流量分布模式,依据一定的网络均衡原则,通过控制手段,诱导策略在时空上重新合理配置已经产生的交通需求。协同的目标则是为了尽快地疏散车辆流量,避免发生阻塞,保证路网交通流均衡分布,疏散已发生的交通拥堵,并诱导其他车辆避开拥挤瓶颈区,保证系统广义费用达到最小。

(1)模型建立

建立交通控制和交通诱导协同模型,模型 M1 以消除局部拥堵、均衡交通流在路网上的分布为目标优化信号配时,现有的方法多数是通过计算饱和度方差来描述均衡度,利用能耗区状态度均值及方差判断网络流量是否均衡;模型 M2 是以系统广义费用最优为目标优化路网流量分配的。若路网中发生局部拥堵及能耗偏高现象,各路段负载不均衡,应该先消散拥堵至流量本身分布相对均衡;接下来,再从系统最优角度考虑对路网流量进行管理控制优化,进行出行诱导。若路段流量不满足均衡条件,则选择模型 M1 进行优化,直到满足均衡条件,再选择模型 M2 对路网进行整体优化。

①若平均能耗区状态度或其方差大于给定阈值,即 $S^2 \geqslant \sigma$ 时,能耗区状态度差异较大,表明路网尚未均衡,需要对能耗区状态度过高的区域进行分流处理,模型 M1 的具体形式如下:

$$\text{M1} \qquad Z_1 = \min S^2 \tag{6-16}$$

$$\text{St.} \qquad \overline{P^R}(t) \leqslant \phi \tag{6-17}$$

$$g_{i\min} \leqslant g_{ic} \leqslant g_{i\max} \tag{6-18}$$

$$|\Delta g_{ic}| \leqslant \eta \tag{6-19}$$

$$\sum_{c=1}^{N'} g_{ic} = T_i - T_{icr} \tag{6-20}$$

$$S^2 = \frac{1}{N'}\sum_{i=1}^{N'}[P_{ij}^R(t) - \overline{P^R}(t)]^2 \tag{6-21}$$

$$\overline{P^R}(t) = \frac{1}{N'}\sum_{i=1}^{N'} P_{ij}^R(t) \tag{6-22}$$

式中: N'——对象能耗区的基本单元(交叉口和路段)个数;

$P_{ij}^R(t)$——t 时刻第 i 个对象交叉口和第 j 个相关联路段组成的基本单元的能耗区状态度;

$\overline{P^R}(t)$——能耗区的状态度平均值;

S^2——能耗区状态度的方差；

ϕ——路段能耗区状态度均值的阈值；

Δg_{ic}——第 i 个信号交叉口第 c 个相位的绿灯调整时间；

g_{ic}——第 i 个信号交叉口第 c 个相位的绿灯时间；

$g_{i\min}$、$g_{i\max}$——第 i 个信号交叉口绿灯时间的最小值和最大值；

η——绿灯时间调整时间的上下限，避免信号调整时引起信号时间变化较大导致交通混乱；

T_i、T_{icr}——第 i 个信号交叉口信号周期时长和损失时长。

②当 $S^2<\sigma$ 时，表明路网满足均衡条件，以系统广义费用最优为目标进行优化建模，模型 M2 具体形式如下：

$$\text{M2}\qquad Z_2=\min\sum_{i\in I}C(y_i)y_i \tag{6-23}$$

$$\text{St.}\qquad \overline{P^R}(t)\leqslant\phi \tag{6-24}$$

$$y_a(t+1)=y_a(t)+\lambda_a(t+1)-\mu_a(t+1) \tag{6-25}$$

$$q^{rs}=\sum_{k\in K}f_k^{rs} \tag{6-26}$$

$$y_a=\sum_{rs}\sum_{k\in K_1}f_k^{rs}\delta_{ak}^{rs} \tag{6-27}$$

$$\lambda_a(t)\geqslant 0,\mu_a(t)\geqslant 0,0\leqslant y_a(t)\leqslant CA_a \tag{6-28}$$

式中：$C(y_i)$——i 单元上的广义出行费用；

y_i——i 单元上的交通量；

q^{rs}——OD 对 rs 间的总需求量；

δ_{ak}^{rs}——路径与路段的关联变量，若路段在路径上则取值 1，反之取 0；

$\lambda_a(t)$——t 时刻路段 a 上的到达车流量；

$\mu_a(t)$——t 时刻路段 a 上的驶出车流量。

约束条件式(6-24)是能耗状态度的限制条件；式(6-25)为路段流量均衡条件；式(6-26)为路径流量与 OD 需求量之间的守恒关系；式(6-27)为路段流量和路径流量的关系；式(6-28)为流量的非负约束条件。

(2)协同优化模型求解

考虑到交通流诱导与交通控制的动态协同影响因子众多，无法运用一种方法使混乱交通流趋于平稳，只能尽可能均衡路段拥挤程度，通过提供出行信息达到加载或卸载交通量的目的，以此对绿灯时间进行小间距地调整，如此反馈滚动式进行判断与优化，从而使交通系统在循环中达到状态最优。

模型算法的具体步骤如下：

步骤 1：令 $t=0$，初始交通数据收集；

步骤 2：计算 t 时段路网的平均能耗状态度、对象能耗区的状态度及方差；

步骤 3：判断是否存在局部拥堵及能耗偏高现象，若 $S^2\geqslant\sigma$ 时，则转步骤 4；否则，转步骤 5；

步骤 4：求解模型 M1，在满足约束条件的情况下对各交叉口的信号配时进行优化调整，降低能耗区状态度方差，从而实现流量及能耗均衡，转步骤1；

步骤5：求解模型M2，通过微量调整和试算优化进行流量分配并发布诱导信息，在网络相对均衡的情况下实现广义费用最优，计算理想均衡值 $y'_a(t+1)$ 下目标函数 $Z_2(t+1)$，如果 $Z_2(t+1)<Z_2(t)$，按照 $y'_a(t+1)$ 进行路径优化和信号配时；否则，按当前交通流状态进行路径诱导和信号优化配时，$t=t+1$，回到步骤2。

(3)算例应用

以一个由四条主干道和四个信控交叉口组成的路网为例，如图6-3所示。路网能耗区状态度计算结果如表6-11所示，参数交通流相关的基本参数初始化如下：能耗区状态度相关参数 $\alpha_5^I=0.2$，$\alpha_5^S=0.25$，$\beta=0.65$，能耗区状态度均值与方差的阈值分别为 $\sigma=0.01$，$\phi=0.50$，路段行程时间及能耗计算模型参数 $\gamma=0.15$，$p=4$，$h=0.6$，$k=0.1$，$v_f=35$；交叉口逗留时间与能耗计算参数 $Q_b=0.00214$，$Q_c=0.00396$，$Q_n=0.00115$，$f_i=0.00085$，$T_{cr}=3$；广义出行费用计算参数 $\tau_{oil}=7.5$，$\tau_{time}=120$，$\rho=0.1$。为方便计算，假设上述交叉口配时方案均为两相位，且相位损失时间均为3s。

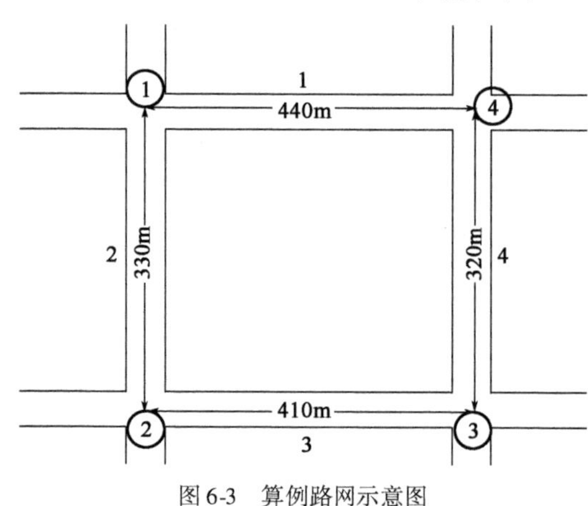

图6-3　算例路网示意图

路网初始数据　　表6-11

交通单元	$P^R(t)$	$\overline{P^R}(t)$	S^2	C	(T_i,g_i)
1+①	0.7761			2429.970	(120,57)
2+①	0.6638			1325.479	(120,57)
2+②	0.5690			974.5177	(110,52)
3+②	0.4913	0.5148	0.0306	1123.982	(110,52)
3+③	0.4700			1065.737	(100,47)
4+③	0.2928			806.7778	(100,47)
4+④	0.2636			803.3093	(110,52)
1+④	0.5916			1599.148	(110,52)

①计算各交通单元能耗区状态度及方差，可以判定其为局部拥堵的中能耗区，以均衡路网为目标进行优化，将数据代入模型M1，并使用Matlab软件进行求解。得到的绿灯调整时间 Δg_{ic}，进行第一次信号优化调整。

②信号配时调整后，交通流产生变化，结合检测到的实时动态交通数据，继续进行优化，将新的信号配时方案应用于求解模型M2。得到最佳路段交通量、流入率及行驶时间等参数并作为诱导信息发布。

③收集相关参数数据并且进行重新分配，循环优化调整，直至能耗状态度方差 $S^2<\sigma$ 时停止迭代，结果如表6-12和图6-4所示。

由分析数据可知，通过信号时间调整和交通流量分配的反馈，路网能耗状态度趋于均衡，平均能耗区状态度为0.454,能耗区状态度方差为0.0099,均低于给定阈值。部分交通单元的广义费用较优化前有所增加,其行程时间与能耗略有增加,但系统广义费用下降13.4%,这是因为原本能耗状态度较小的路段在加载交通量后,路段的能耗和行程时间相应增加,说明已建协同优化模型可以真实反映流量重新分配对系统的影响。

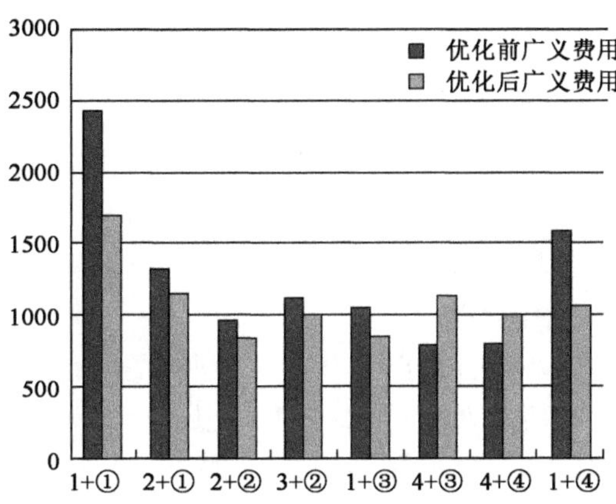

图6-4 控制与诱导协同优化前、后系统广义费用

协同优化后路网数据 表6-12

交通单元	$P^R(t)$	$\overline{P^R}(t)$	S^2	C	(T_i, g_i)
1+①	0.5221	0.4098	0.0099	1704.706821	(120,48)
2+①	0.4983			1163.225517	(120,66)
2+②	0.4662			845.7055303	(110,70)
3+②	0.3672			994.833602	(110,34)
3+③	0.3675			857.5448952	(100,65)
4+③	0.3306			1140.58766	(100,29)
4+④	0.3053			996.9310043	(110,73)
1+④	0.4219			1067.754918	(110,31)

6.4.4 高能耗区交通疏散管理方法

高能耗区内交通流状态大都处于阻塞状态,即整个对象区域乃至整个路网都处于过饱和的拥挤状态,这种情况下,整个区域内没有非饱和路段可供交通诱导系统利用,信号控制系统亦无法通过分配通行权来实现路网优化。此时,高能耗区的疏散管理策略应该从过饱和交通控制下手,针对高能耗区交通流的特征,在尽量维持交通流稳定运行的前提下,尽快疏散高能耗区域内交通流,避免拥堵扩散,以通行能力最大、排队长度最短作为目标,在缓解过饱和引起的问题后,再进行能耗优化。

(1)高能耗区交通特征分析

①交通流状态不稳定

由于交通需求远大于交通供给能力,任意时刻的交通状况不仅取决于当前的驶入、流出量,也和上一时刻的交通状况有关;因此过饱和状态下信号控制需要根据交通状况实时优化与改进以适应交通流的变化,保证系统具有较强的实时性。

②空间扩散性强

当排队车流无法在给定绿灯时间内消散,新到达的车辆不断累积,排队过长时,将会蔓延至上游交叉口出口道。这种溢流情况下会致使上游交叉口车流在绿灯时间无法驶出交叉口,造成“等效红灯”现象,进而对相交道路造成影响,如此恶性循环导致交叉口死锁、路网局部瘫痪。

③燃油经济性差

交通流运行不稳定,车辆走走停停,频繁地启动、加速、减速、制动,造成大量的燃油浪费。城市道路能耗区的总消耗时间最小等价于时间权重下的输出流量最大,即在适当的交通控制措施下,车辆能越快离开高能耗区,总体所消耗的时间与燃油就越少。

(2)高能耗区交通控制优化思路

目前,绝大部分过饱和区域信控配时优化方法都非常复杂,多采用实时排队管理策略。这种方式被动适应交通需求,响应相对滞后,效果不理想。李岩等人提出在过饱和的交叉口群进行交通管制时,采取分层递阶的交通控制结构,分别从交叉口群、关键路径、单交叉口三个层面进行控制;其中交叉口群层通过限流、自适应信号控制等方法来实现交通流快速疏散,采用协调控制对关键路径层进行信号控制,将关键路径的周期作为公共周期。交叉口群层的主要优化目标是网络配时参数和协调控制参数;关键路径层主要优化信号控制周期,单交叉口层调整各交叉口的绿信比、相位、相序等参数。已有干线信号控制往往希望带宽最大化,高能耗区中上游交叉口放行交通量相对很大,而在现状信控方案下相邻的下游交叉口的通行能力多数已达到最大,上游输出交通量越快,下游交通单元的通行压力就越高。若要对排队车辆进行快速疏散,则须根据下游的疏散能力与排队情况来重新设计信控模式,确定上游放行的时间。实际控制中可将空间距离相近交叉口采用相同控制方案,这样既可保证配时有章可循,又可避免交通流断流或者超载。

一般情况下,交叉口信号配时需保证各流向的交通量饱和度大致相同,若系统中大多数的交叉口饱和度都接近 1.0,并且没有发生排队溢出,则说明交叉口的绿灯时间得到充分的利用,路网的总流出量达到最大。所以,最大化路网总流出量问题就可以转化为如何合理分配绿灯时间。控制交通流,即尽量使所有对象单元都以接近饱和状态运行,并且合理控制排队长度,充分利用道路的空间存储能力,避免排队发生溢出影响上游交叉口通行能力,使整体优化后的控制方案来更好地适应路网交通需求状况的实时变化。

采用高能耗区边界交通流量控制,以“少进多出,先疏后导”的思路解决高能耗区的交通问题,即在区域边界实施交通管制,优先将高能耗区内部交通流量疏散出去,避免多于高能耗区吞吐能力的交通流量流入;在内部交通量不断减少的情况下,根据能耗区等级以及范围判别来选取合适的交通管理策略;例如当高能耗区降为中能耗区时,采用协同控制方式进行控制与优化。

区域边界控制的关键是流量控制要有章可循,既充分利用网络通行能力,又避免交叉口发生排队溢出。根据信号配时中饱和度均衡的理念,计算交叉口各进口道方向的流量比,将其同比例缩小,都控制在饱和度接近 1.0 的状态,缩小部分流量比对应的交通量即每个入口道需要限制进入高能耗区的车辆数。随着高能耗区内部交通量不断流出,高能耗区可以逐渐转变为中能耗区甚至经济能耗区,此时根据能耗区状态度等指标进行综合判定,并选取合适的交通管理策略。如果城市经常出现高能耗区,则需要分析系统层面上对城市交通需求,通过提高交通设施供给和优化交通管理措施,并结合交通诱导等方案,减少瓶颈路段交通流量。通过以下两种途径来解决:第一,加强交通基础设施的建设,增加供给,如果经常出现这样的状况,则说明现有的城市基础设施建设还不够完善;第二,各种交通管理手段并用,实行交通需求管理以减少总交通出行量,优化出行结构,均衡在道路网上交通流的时空分布。比如通过交通政策的导向作用,鼓励公共交通出行、合乘、收取拥堵费、征收燃油税等,进一步促进交通参与者出行行为变更,减少机动车出行量,从而减轻或消除交通拥挤。

限制进入高能耗区的控制优化流程步骤如下:

步骤1:初始交通数据收集,令 $k=0$;

步骤2:能耗状态度计算,决策能耗区等级,高能耗区则转至步骤3,中能耗区转至步骤7,经济能耗区转至步骤8;

步骤3:在高能耗区边界对超过关键交叉口通行能力部分的交通量进行限制;

步骤4:实时识别能耗区关键路径,能耗区内针对关键路径进行信号优化;

步骤5:对瓶颈交叉口绿灯时间进行优化;

步骤6:过饱和状态是否消失,若是转至步骤7,否则转至步骤3;

步骤7:转换方案,进行交通控制与动态诱导协同优化,转步骤1;

步骤8:转换方案,信号控制优化,辅以适当的诱导;

步骤9:$k=k+1$,回到步骤2;

步骤10:结束。

第 7 章　城市道路交叉口能耗优化控制

7.1　典型单点信号交叉口配时模型

（1）HCM 信号配时方法

美国 2010 版《道路通行能力手册》（HCM）中信号周期最短时长计算公式如下：

$$c = \frac{L}{1 - Y} \tag{7-1}$$

式中：c——信号周期时长（s）；

L——信号总损失时间（s）；

Y——所有相位最大流量比之和。

流量比总和按式（7-2）计算：

$$Y = \sum_{j=1}^{J} \max[y_j, y'_j, \cdots] = \sum_{j=1}^{J} \max\left[\left(\frac{q_d}{S_d}\right)_j, \left(\frac{q_d}{S_d}\right)'_j, \cdots\right], Y \leqslant 0.9 \tag{7-2}$$

式中：j——一个周期内的相位数；

y_j、y'_j——分别为第 j 相位的流量比；

q_d——设计交通量（pcu/h）；

S_d——饱和交通量（pcu/h）。

当计算 $Y > 0.9$ 时，须重新调整交叉口的渠划方案和信号相位方案。

设计交通量按下式计算：

$$q_d = 4Q_{15} \tag{7-3}$$

式中：Q_{15}——高峰小时中高峰 15min 的交通量（pcu/15min）。

无最高峰 15min 实测交通量时，按以下公式计算：

$$q_d = \frac{Q}{PHF} \tag{7-4}$$

式中：Q——高峰小时交通量（pch）；

PHF——高峰小时系数，主进口道取 0.75，次进口道取 0.8。

（2）韦伯斯特信号配时方法

韦伯斯特信号配时模型将车辆延误作为评价的唯一标准，然后通过计算对信号配时方案进行优化。根据韦伯斯特法计算的信号交叉口延误公式如下：

$$d_j = \frac{c(1-\lambda_j)^2}{2(1-y_j)} + \frac{x_j^2}{2q_j(1-x_j)} - 0.65\left(\frac{c}{q_j^2}\right)^{\frac{1}{3}} x_j^{(2+5\lambda_j)} \tag{7-5}$$

式中：d_j——第 j 相位车辆的平均延误(s)；

q_j——第 j 相位的交通流量(pcu/h)；

λ_j——第 j 相位的绿信比；

y_j——第 j 相位的流量比；

x_j——第 j 相位的饱和度，其计算公式如下：

$$x_j = \frac{y_j}{\lambda_j} \tag{7-6}$$

对周期时长 c 求偏导数，并令其等于零，使延误最小，得到信号最佳周期时长计算公式：

$$c = \frac{1.5c' + 5}{1 - Y} \tag{7-7}$$

c'为信号总损失时间，按式(7-8)计算：

$$c' = \sum_k (c_s + I - A)_k \tag{7-8}$$

式中：c_s——启动损失时间，应实测，一般取 3s；

A——黄灯损失时间，一般情况下可取 3s；

I——绿灯间隔时间(s)；

k——一个周期时长范围内的绿灯间隔数。

绿灯间隔时间按下式计算：

$$I = \frac{z}{u_a} + t_s \tag{7-9}$$

式中：z——停车线到冲突点之间的距离(m)；

u_a——车辆在交叉口进口道上的行驶速度(m/s)；

t_s——车辆刹车制动时间(s)。

如果计算出的绿灯间隔时间小于等于于 3s 时，一般配以黄灯时间 3s；如果绿灯间隔时间大于 3s，其中 3s 配以黄灯时间，其余时间为全红时间。

$$Y = \sum_{j=1}^{j} \max(Y_j) \tag{7-10}$$

式中：Y_j——第 j 相位的最大流量比。

总有效绿灯时间 G_e 为：

$$G_e = C - L \tag{7-11}$$

各相位有效绿灯时间 g_{ej} 按式(7-12)计算：

$$g_{ej} = G_e \cdot \frac{\max(Y_j)}{Y} \tag{7-12}$$

(3)ARRB 信号配时方法

ARRB 信号配时方法是由阿克塞立科于 20 世纪 80 年代提出的，他引入了“停车补偿系数”，将车辆在交叉口的停车次数和延误结合了起来，并在此基础上提出了 PI 运行指标。

$$PI = D + KH \tag{7-13}$$

式中：D——所有车辆的总延误时间(s)；

K——停车补偿系数；

H——所有车辆的总停车率。

同样，对 c 求偏导，并令其等于0，得到该配时方法最佳信号周期时长的计算公式，经过推算公式如下：

$$c = \frac{(1.4 + K)L + 6}{1 - Y} \tag{7-14}$$

7.2 基于交叉口累积能耗最小的交叉口信号控制模型

7.2.1 考虑车型能耗差异的交叉口信号配时方法

出行导航系统给驾驶员提供实时的诱导信息，这种为驾驶员节约时间的辅助工具变得越来越普遍。但是，大多数系统只考虑了减少驾驶时间或者缩短驾驶距离，忽略减少驾驶对环境与能耗的影响。本节研究的目的是引入广义出行费用的概念，在路径选择的过程中，考虑时间与能耗的综合影响。

交通分配的基本前提是假设一个旅行者选择出行费用最小的路径，在选择过程中要考虑许多的影响因素，包括时间、距离、金钱费用（燃料）、交通阻塞和排队、出行操作的行驶、道路的形式、景观、标志广告牌、旅行时间的可靠性和习惯等等，通常用广义出行费用这个概念来表示这些因素的影响。对于这个复杂的问题，在实际的交通分配中将上述所有因素都考虑到模型中极为困难，所以选取求解问题的近似方法也就不可避免。

为简化计算在路径选择时，近似地考虑两个因素：时间和油耗。广义出行费用即乘客出行总成本 GC，仅包括时间成本 t 和能耗成本 f。一般情况下，将乘客时间成本定义为出行时耗 t 与时间价值 vot 的乘积，能耗成本定义为总能耗量与燃油单价的乘积，则广义出行费用 GC 可以表示为：

$$GC = vot \cdot t + m \cdot Q \tag{7-15}$$

式中：GC——广义出行费用（元）；

t——出行时耗（小时）；

vot——时间价值；

m——燃油单价（元/mL）；

Q——总耗油量（mL）。

1）信号交叉口的延误计算方法

（1）与信号交叉口延误相关的指标及计算方法

①一个进口方向的通行能力

在信号交叉口，车辆只能在有效绿灯时间内通过交叉口，因此，其一个进口方向的通行能力为：

$$C_{ij} = \frac{S_{ij} \cdot g_i}{c} = S_{ij} \cdot \lambda_i \tag{7-16}$$

式中：C_{ij}——相位 i 的 j 进口方向的通行能力（pcu/s）；

S_{ij}——相位 i 的 j 进口方向的饱和流率(pcu/s)；

g_i——相位 i 的有效绿灯时长(s)；

λ_i——相位 i 的绿信比；

c——交叉口的周期时长(s)。

美国《道路通行能力手册》(HCM 2010)推荐的饱和流率计算方法为：

$$S_{ij} = 1710 \cdot PHF \cdot n_{ij} \tag{7-17}$$

式中：PHF——高峰小时系数，可取为0.92；

n_{ij}——相位 i 的 j 进口方向的车道数。

②一个进口方向的饱和度

交叉口进口方向的饱和度是进口方向的车辆到达流量与进口方向通行能力的比值。其一个进口方向的饱和度为：

$$x_{ij} = \frac{q_{ij}}{C_{ij}} = \frac{q_{ij} \cdot c}{S_{ij} \cdot g_i} = y_{ij} \cdot \frac{c}{g_i} \tag{7-18}$$

式中：x_{ij}——相位 i 的 j 进口方向的饱和度；

q_{ij}——相位 i 的 j 进口方向的车辆到达率(pcu/s)；

y_{ij}——相位 i 的 j 进口方向的车辆流量比；其余符号意义同前。

进口方向的饱和度是判断其能否处理到达交通量的重要指标。当某进口方向的饱和度超过1.0时就不能处理到达交通量，而需要采取调整信号配时方案、改善交叉口的几何构造、变更交通控制等措施。此外，因为信号变化时刻会产生不能有效地处理交通流的时间(损失时间)，而且车辆到达具有随机性，所以如果某进口道的平均饱和度达到0.9以上，事实上就很难顺利地处理到达交通量。这种情况下，该进口方向就会出现较长的等待车队，交通延误时间将会大大增加。

(2)信号交叉口的延误与能耗计算方法

信号交叉口延误分析模型是确定信号配时方案的基础。关于信号交叉口车辆延误的研究很多，广泛应用的是美国《道路通行能力手册》(HCM2010)的交叉口车辆延误计算模型：

$$d_{ij} = \frac{c\,(1-\lambda_i)^2}{2[1-\min(1,x_{ij})\cdot\lambda_i]} \cdot P_f + 900T \cdot \left[(x_{ij}-1) + \sqrt{(x_{ij}-1)^2 + \frac{8KIx_{ij}}{c_{ij}T}}\right] + d_0 \tag{7-19}$$

式中：d_{ij}——相位 i 的 j 进口方向车辆平均延误(s)；

P_f——均匀延误修正系数，推荐缺省值为1；

T——分析期(h)，推荐缺省值为0.25；K 为取决于控制设置的修正系数，推荐缺省值为0.4；I 为上游车辆过滤修正系数，推荐缺省值为1；

d_0——初始排队延误(s)，推荐缺省值为0；其余符号意义同前。

交叉口没有实施大型车辆优先通行措施时，同一进口方向的小型车辆与大型车辆具有同样的延误。不考虑车辆在交叉口加减速延误，仅考虑停车怠速延误，所以其一个进口方向的停车怠速总能耗应该等于该进口方向车均怠速能耗与交通量的乘积，而交叉口的总能耗应该等于各进口方向总能耗之和。假定一辆大型车的单位时间的怠速能耗为 F_{1b}，一辆小汽车的单位时间的怠速能耗为 F_{2b}，则交叉口没有实施大型车辆优先通行措施时每个小时的总能耗为：

$$F_f = \sum_{i=1}^{n}\sum_{j=1}^{m_i} F_{ij}^f = \sum_{i=1}^{n}\sum_{j=1}^{m_i} d_{ij}(q_{ij}^1 \cdot F_{1b} + q_{ij}^2 \cdot F_{2b}) \cdot 3600 \tag{7-20}$$

式中:F_f——交叉口没有实施大型车辆优先通行措施时每个小时的总能耗(L);

F_{ij}^f——第 i 相位的第 j 个进口方向每小时的总能耗(L);

q_{ij}^1——第 i 相位的第 j 个进口方向的小型车辆到达率(pcu/s);

q_{ij}^2——第 i 相位的第 j 个进口方向的大型车辆到达率(pcu/s);

n——交叉口相位个数;

m_i——第 i 相位的进口方向数量;其余符号意义同前。

2)考虑车型能耗差异的交叉口信号配时方法

(1)周期时长的优化方法

传统的交叉口信号配时方法中周期时长是以总延误最小为目标来确定的。下面将依据能耗最小来确定交叉口的信号周期,因为大型车辆的车均能耗大于小型车辆,这种方法相当于提高了大型车辆的权重,而不是将大型车与小型车辆同等看待,从这个意义上讲,这种确定周期的方法是基于大型车辆优先通行或基于降低能耗。

增大周期时长,则单位时间内交叉口相位变换次数降低,因此可减少单位时间内的信号损失时间,从而提高交叉口通行能力。但这并不意味着周期越长越好,过长周期会存在以下缺陷:

①研究表明,周期过长会导致交叉口有序度下降,通行能力不升反降,而延误却增长很快;

②周期过长存在交通处理上的问题。因为增加周期时长,各相位红灯时间也会相应增加,每个相位红灯期间排队等待的车辆也会相应增多,因此需要设置较长的进口车道。这在实际上往往难以实施,尤其是转向进口道是采用拓宽交叉口来获得的情况下,如果进口车道长度不够,则会导致转向车辆进不了转向进口道,或者因为转向车辆占据直行车进口道而使得直行车辆无法进入直行进口道;

③调查表明,大多数交通参与者能接受的最长的红灯时间在 60 ~ 80s 之间。较长的周期意味着红灯时间变长,等待时间的增加往往会使得交通参与者失去耐心,易出现交通参与者尤其是行人和非机动车违章通行的情况。

基于上述分析,最长周期可按照以下方法来确定:

①首先由各进口方向所允许的最大排队长度来确定各相位允许的最长红灯时长

一个进口方向所允许最大排队长度等于其进口道的平均长度,因此其允许的最长红灯时长为:

$$r_{ij} = \frac{n_{ij} \cdot L_{ij}}{q_{ij} \cdot l} \tag{7-21}$$

式中:r_{ij}——第 i 相位的第 j 个进口方向所允许的最长红灯时长(s);

n_{ij}——第 i 相位的第 j 个进口方向进口车道数量;

L_{ij}——第 i 相位的第 j 个进口方向的进口车道平均长度(m);

q_{ij}——第 i 相位的第 j 个进口方向到达交通量(pcu/s);

l——一个 pcu 车辆所需要的停靠长度(m)。

相位 i 允许的最长红灯时长等于该相位中各进口方向所允许的最长红灯时长 r_{ij} 的最小

值,即

$$r_{i\max} = \min(r_{i1},\cdots,r_{ij},\cdots,r_{im_i}) \tag{7-22}$$

式中:$r_{i\max}$——相位 i 允许的最长红灯时长(s)。

当 $r_{i\max}$ 大于交通参与者的忍耐极限时间时,则令 $r_{i\max}$ 等于交通参与者的忍耐极限时间。

②由各相位允许的最长红灯时长来确定最长周期

交叉口各相位有效绿灯时间与周期之间有如下关系:

$$\sum_{i=1}^{n} g_i + L = c \tag{7-23}$$

式中:L——交叉口一个周期总的损失时间(s)。

将 $g_i = c - r_i$ 代入式(7-23),可得:

$$c = \frac{1}{n-1}\left(\sum_{i=1}^{n} r_i - L\right) \tag{7-24}$$

将各相位允许的最长红灯时长 $r_{i\max}$ 代入式(7-24),可得到最长周期 $c_{\max}$ 的计算方法如下:

$$c_{\max} = \frac{1}{n-1}\left(\sum_{i=1}^{n} r_{i\max} - L\right) \tag{7-25}$$

当周期时长超过 120s 时,交叉口通行能力提高缓慢。因此最大周期尽量不大于 120s,如果因实际需求超过 120s,但最好不超过 180s。

周期时长也不宜过短,最短周期时长应考虑两个因素所需最短绿灯时间,即车辆能安全通过交叉口所需最短时间和行人过街所需最短时间,也就是说,最短周期由各相位最短绿灯时间决定。即

$$c_{\min} = \sum_{i=1}^{n} g_{\min}^{i} + L \tag{7-26}$$

式中:$c_{\min}$——最短周期时长(s);

$g_{\min}^{i}$——相位 i 所需的最短绿灯时间;其余符号意义同前。

综上所述,考虑车型能耗差异的交叉口信号周期优化方法如下。

目标函数为:

$$\min Z = z_1 \cdot F_f + z_2 \cdot D_t = z_1 \cdot \sum_{i=1}^{n}\sum_{j=1}^{m_i} F_{ij}^{f} + z_2 \cdot \sum_{i=1}^{n}\sum_{j=1}^{m_i} D_{ij}^{t} \tag{7-27}$$

约束条件为:

$$\begin{cases} \sum_{i=1}^{n} g_i + L = c \\ c_{\min} \leqslant c \leqslant c_{\max} \end{cases} \tag{7-28}$$

式中:Z——广义费用;

z_1、z_2——单位能源的费用和单位时间的费用;

D_{ij}^{t}——车流延误,其余符号意义同前。

上述优化函数的实质就是在最长周期和最短周期之间寻找使交叉口总能耗相对最小的周期。编程运算时可以先令周期等于最小周期,然后按照一定的步长向上搜索使总能耗相对最小的周期,搜索到最大周期为止。

(2)绿信比的优化方法

传统的交叉口信号配时方法中的绿灯时间是按照流量比来分配的,即相位绿信比正比于

该相位车辆流量比,这种分配方法可以确保各进口道方向具有相同的饱和度,但不利于大型车辆的通行。

为减少交叉口的能耗,绿信比的确定应由能耗比和机动车饱和度两个因素来共同决定。具体地说就是将绿信比正比于相位能耗比而不是相位车辆流量比。但对大型车较少的相位来说,按相位能耗比计算出的绿灯时间可能出现小于最小绿灯时间的情况,或者使得一些相位(通常为小型车辆比例较大的相位)出现接近饱和或过饱和的情况,为避免这种情况带来交通恶化(当某相位的饱和度超过0.9左右时,该相位将难以处理其到达交通量),所以这里将相位饱和度不大于某一给定值 x_ρ(建议取0.9)和相位绿灯时间不小于最小绿灯时间 $g^i_{\min}$ 作为确定绿信比的约束条件。即由上述方法计算出的绿信比必须满足式(7-29)和(7-30)的要求。

$$x_i = \frac{y_i}{\lambda_i} \leqslant x_\rho \tag{7-29}$$

式中:x_i——相位 i 的车辆流量比,它等于相位 i 各进口方向车辆流量比的最大值;其余符号意义同前。

$$\lambda_i \geqslant \frac{g^i_{\min}}{c} \tag{7-30}$$

由式(7-29)可得:

$$\lambda_i \geqslant \frac{y_i}{x_\rho} \tag{7-31}$$

令$\frac{g^i_{\min}}{c} = \lambda'_i, \frac{y_i}{x_\rho} = \lambda''_i$,则 i 相位的最小绿信比 $\lambda^i_{\min}$ 为:

$$\lambda^i_{\min} = \max(\lambda'_i, \lambda''_i) \tag{7-32}$$

由式(7-33)可判断交叉口在满足各相位最小绿信比的前提下是否有过剩的绿灯时间。

$$\Delta G = c - L - c \cdot \sum_{i=1}^{n} \lambda^i_{\min} \tag{7-33}$$

式中:ΔG——交叉口过剩的绿灯时间(s);其余符号意义同前。

当 $\Delta G < 0$ 时,表示交叉口通行能力不能满足现有交通需求,没有过剩的绿灯时间;当 $\Delta G = 0$时,表示交叉口通行能力恰好满足现有交通需求,没有过剩的绿灯时间;当 $\Delta G > 0$ 时,表示交叉口通行能力能满足现有交通需求,且有过剩的绿灯时间。

当交叉口有过剩绿灯时间时,将过剩绿灯时间按照各相位能耗量在交叉口总的能耗量中所占的比例分配给各相位,如下式所示:

$$\Delta g_i = \Delta G \cdot \frac{F_i}{F_t} = \frac{\sum_{j=1}^{m_i}(q^1_{ij} \cdot F_{1b} + q^2_{ij} \cdot F_{2b})}{\sum_{i=1}^{n}\sum_{j=1}^{m_i}(q^1_{ij} \cdot F_{1b} + q^2_{ij} \cdot F_{2b})} \tag{7-34}$$

式中:Δg_i——分配给 i 相位的过剩绿灯时间(s);

F_i——表示 i 相位的能耗量(L/s);

F_t——表示交叉口总的能耗量(L/s);其余符号意义同前。

如果将按照最小绿信比所确定的相位绿灯时间定义为相位基本绿灯时间,则一个相位总的绿灯时间就等于相位基本绿灯时间与过剩绿灯时间之和,即

$$g_i = \lambda_{\min}^i c + \Delta g_i \tag{7-35}$$

鉴于大型车单车能耗量大于小型车辆，所以上述确定绿信比的方法更有利于大型车辆的通行，可以说是基于大型车优先通行的一种绿信比分配方法。

7.2.2　基于能耗与延误综合优化的交叉口信号配时方法

传统的信号配时方法主要考虑交叉口的通行效率和通行能力，较少考虑机动车在交叉口的能源消耗，考虑车辆行驶状态以车辆在交叉口的能耗和延误为综合目标函数，研究信号交叉口的配时方法。

1）参数选择

交叉口车辆累积能源消耗是指车辆在交叉口由于受到信号灯和前方排队车辆的干扰而消耗的能源；如果车辆正常行驶，则其能源消耗不计算在内。交叉口车辆累积能源消耗主要包括等待能源消耗、加速能源消耗和减速能源消耗，如3.2.2节研究所示，交叉口车辆累积能源消耗如下：

$$F_{总} = \sum_{j=1}^{n} \frac{S_j q_j (c - g_j)}{S_j - q_j} \left(\frac{c - g_j}{2} \sum_{i=1}^{k} f_{bi} p_{ji} + \sum_{i=1}^{k} f_{bi} p_{ji} t_b + \sum_{i=1}^{k} f_{ci} p_{ji} t_c \right) \tag{7-36}$$

式中：S_j——第 j 相位的饱和流率；

q_j——第 j 相位的到达率；

g_j——第 j 相位的绿灯时长；

p_{ji}——第 j 相位 i 种车型所占的比例；

t_b——减速时间；

t_c——加速时间。

交叉口延误模型采用经典的韦伯斯特延误模型，同时为了和累积能源消耗保持一致，将平均延误模型扩大为交叉口总延误：

$$D_{总} = \sum_{j=1}^{n} \left[\frac{q_j (c - g_j)^2}{2(1 - q_j/S_j)} + \frac{c x_j^2}{2(1 - x_j)} - 0.65 q_j^{\frac{1}{3}} c^{\frac{4}{3}} x_j^{2 + 5g_j/c} \right] \tag{7-37}$$

式中：S_j——第 j 相位的饱和流率；

q_j——第 j 相位的到达率；

c——信号周期时长；

g_j——第 j 相位的绿灯时长；

x_j——第 j 相位的饱和度。

交叉口通行能力为各相位通行能力之和。单个相位通行能力 C_j 为：

$$C_j = S_j g_j / c \tag{7-38}$$

交叉口通行能力 C 为：

$$C = \sum_j C_j \tag{7-39}$$

2）信号配时优化模型

以交叉口的累积能耗和延误最小为目标函数 Z,同时赋予能耗和延误不同的权重值来表达其重要程度。为了统一量纲,目标函数中单位能源消耗(gal)的费用为 P_1,单位延误(s)的费用为 P_2。目标优化函数如下:

$$\min Z = \alpha F_{总} P_1 + \beta D_{总} P_2 \tag{7-40}$$

式中:α——交叉口累积能耗的权重系数($0 \leqslant \alpha \leqslant 1$);

β——交叉口总延误的权重系数($0 \leqslant \beta \leqslant 1, \alpha + \beta = 1$)。

模型的约束条件为:

$$\begin{cases} g_j \geqslant \dfrac{q_j c}{S_j} \\ c = \sum g_j + L \\ e_j \leqslant g_j \\ c_{\min} \leqslant c \leqslant c_{\max} \end{cases} \tag{7-41}$$

式中:L——信号总损失时间;

e_j——第 j 相位最短绿灯时间,保证行人安全过街。

3)优化模型算法

通过层次分析法确定目标函数的权重系数。首先将交叉口的累积能耗和延误最小作为层次分析的目标层,把要考虑的到达率、饱和度等影响因素作为层次分析的准则层,将累积能耗和延误作为层次分析的方案层。具体层次分析法结构示意图如图 7-1 所示。层次结构建立以后,按上一层次某一准则将该层要素进行两两比较,用判断矩阵表示其比较结果。对于两两比较的重要性程度按照表 7-1 来确定,在此基础上构造比较矩阵 A。

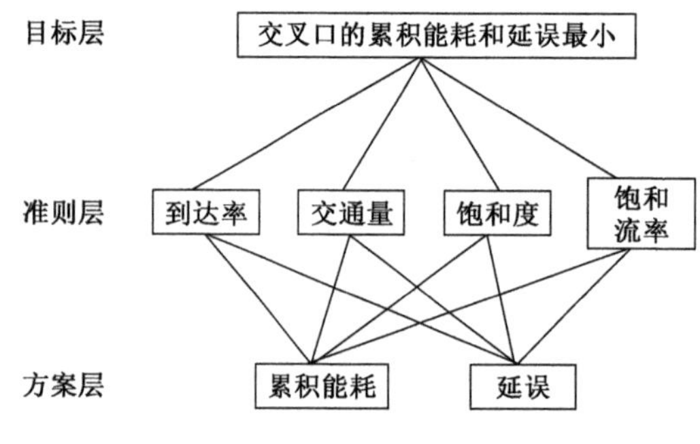

图 7-1　层次分析法结构示意图

$$A = \begin{bmatrix} 1 & 7 & 5 & 4 \\ 1/7 & 1 & 3 & 3 \\ 1/5 & 1/3 & 1 & 2 \\ 1/4 & 1/3 & 1/2 & 1 \end{bmatrix}$$

标度及其描述　　表 7-1

标度值	表示含义	标度值	表示含义
1	两个因素同等重要	9	两两比较,一个因素极为重要
3	两两比较,一个因素稍微重要	2、4、6、8	表示以上判断的中值
5	两两比较,一个因素明显重要	倒数	含义与上相反
7	两两比较,一个因素非常重要		

采用"粒子群算法"通过 matlab 编程求解优化模型,计算信号配时周期时长及各个相位绿

灯时长。粒子群算法的计算流程如图 7-2 所示。

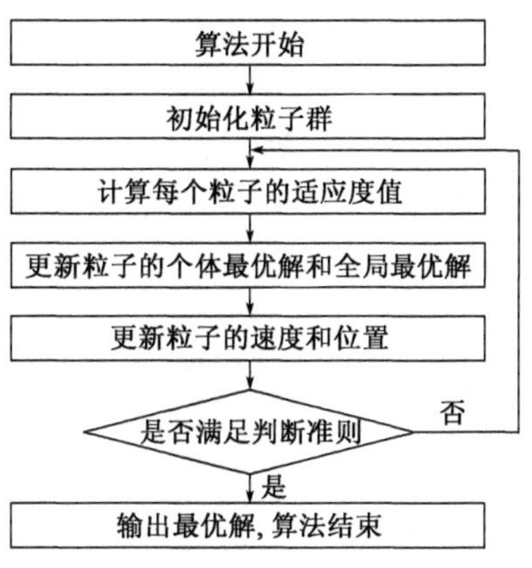

图 7-2　粒子群算法流程示意图

粒子群优化算法先要在可行域范围内对所有种群粒子进行随机初始化，包括其位置和速度，假设其可行搜索空间是一个 d 维空间，规模为 s，则群体中每个粒子 $i(1\leqslant i\leqslant s)$ 有如下属性：第 i 个粒子的位置可以表示为 $X_i=(x_{i1},x_{i2},\cdots,x_{id})$，其速度可以表示为 $V_i=(V_{i1},V_{i2},\cdots,V_{id})$。在每次的迭代过程中，粒子通过追踪两个极值在不断更新自己的位置和速度，两个极值分别为种群全局最优位置（*gbest*）和当前个体局部最优位置（*pbest*），令当前第 i 个粒子的个体最优位置为 $pbest_i=(p_{i1},p_{i2},\cdots,p_{id})$。当追踪到两个极值后，粒子按下式更新自己的位置和速度。

$$V_{ij}(t+1)=\omega V_{ij}(t)+c_1\times r_1\times[pbest_{ij}-x_{ij}(t)]+c_2\times r_2\times[gbest_{ij}-x_{ij}(t)] \tag{7-42}$$

$$x_{ij}(t+1)=x_{ij}(t)+V_{ij}(t+1) \tag{7-43}$$

其中，ω 为惯性因子，c_1、c_2 为加速因子，r_1、r_2 为[0,1]之间的随机数。

4）模型实例分析

以某交叉口为例进行模型实例分析。在早高峰、平峰和晚高峰三个具有代表性的时段进行了实地交通量调查，采用早高峰数据进行计算。图 7-3 是折算为标准小汽车的交叉口流量流向图。

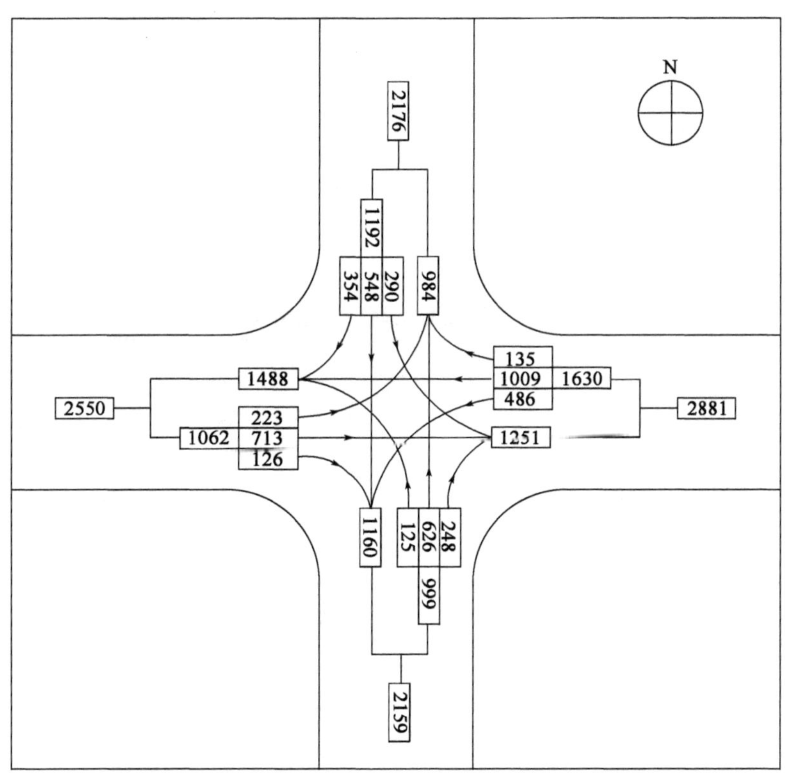

图 7-3　交叉口流量流向图

(1)模型计算结果

利用层次分析法计算权重系数,得到 $\alpha=0.57$、$\beta=0.43$。取 $P_1=18$ 元/gal,$P_2=0.0173$ 元/s。取粒子群维数 $d=5$,群体个数 $s=50$,迭代次数 1000 次,加速因子 $c_1=2$、$c_2=2$,根据调查的数据分别用韦伯斯特法和基于能耗与延误的综合优化方法进行计算,得到信号配时结果如表 7-2 所示。

两种方法信号配时结果比较 表 7-2

信号配时方法	周期时长(s)	第一相位绿灯时长(s)	第二相位绿灯时长(s)	第三相位绿灯时长(s)	第四相位绿灯时长(s)
现状	141	37	22	48	22
韦伯斯特法	120	18	27	43	20
基于能耗与延误的综合优化方法	110	18	22	40	18

(2)仿真分析

利用仿真软件进行仿真分析。

①将调查的交通量数据,分别按现状信号配时、韦伯斯特法计算的信号配时和按基于能耗与延误的综合优化方法计算的信号配时建立三个信号控制方案。

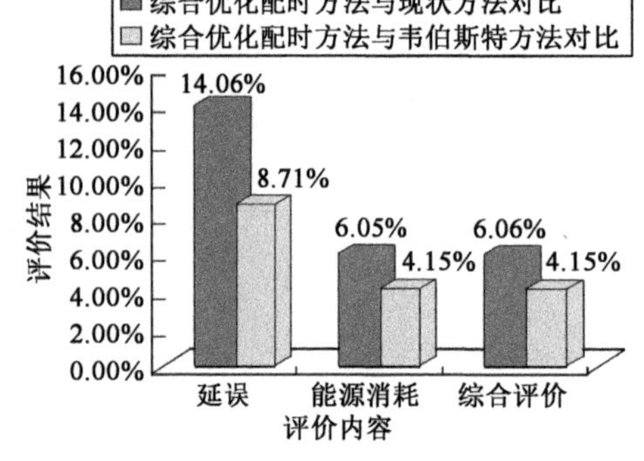

图 7-4 交叉口评价结果对比图

②运行仿真软件,对交叉口的交通运行状态进行仿真分析,三个方案的模拟仿真时间均相同。

(3)仿真结果评价与分析

能源消耗和延误是需要评价的重要指标。根据三个方案的评价数据,分别得到各个的能源消耗和延误数据,如表 7-3 所示。评价结果对比示意如图 7-4 所示。

三种方法信号配时评价结果比较 表 7-3

评价指标	配时方案		
	现状配时评价结果	韦伯斯特法配时评价结果	基于能耗与延误的综合优化方法配时评价结果
延误(s)/费用(元)	25.6/0.4429	24.1/0.4169	22/0.3806
能源消耗(gal)/费用(元)	9.59/172.62	9.4/169.20	9.01/162.18
综合评价(元)	98.58	96.62	92.61

通过以上数据计算和仿真结果可以看出,现状配时周期时长比基于能耗与延误的综合优化方法多 31s,但是延误却高了 14.06%,能源消耗高了 6.05%,综合评价指标高 6.06%;韦伯斯特法计算的配时结果的周期时长相差不大,多了 10s,但延误和能源消耗分别增长了8.71%和 4.15%,综合评价指标高了 4.15%。通过对比,明显地可以看出基于能耗与延误的综合优化的方法计算得出的信号配时方案延误和能源消耗均有不同程度的降低,且优于韦伯斯特方法。

7.3　城市道路多交叉口协调控制下的累积能耗

在城市道路网中,若相邻交叉口之间距离较近,采用单点信号控制系统会造成车辆行车不畅,路上时间增长,导致车辆能耗的增加。所以对城市道路若干交叉口采用协调控制显得尤为重要。

7.3.1　交叉口协调控制的基本参数

通过对交叉口的信号周期时长、绿信比以及时差合理等交叉口协调控制参数进行研究,可以得到以车辆平均延误最小、能源消耗量最低的信号配时方案,并以此来提高交叉口的通行能力,优化路网运行状况。

(1)周期时长

交通信号协调控制的交叉口与单点信号配时的周期时长不同,其信号周期须统一。对周期时长进行计算时,首先确定系统中的关键交叉口,即周期时长最大的交叉口,对其进行信号配时优化,将得到最优的信号周期作为系统的信号周期时长。对于系统中交通量比较小的交叉口,为了满足绿波的延续性,通常设定其周期时长为系统周期时长的一半。

(2)绿信比

在单点信号控制系统中,绿信比是指一个相位中有效绿灯时长与信号周期时长的比值。在协调控制系统中,各交叉口的绿信比需单独确定。

(3)时差

时差多用于协调控制系统中,即为了使车辆通过协调控制交叉口时获得更宽的绿波,在相邻交叉口的绿灯起始时间设定一个差值,时差可以分为相对时差和绝对时差。时差与车辆在两交叉口之间的行程时间相适应,合适的时差是信号控制系统实现协调控制的关键,最常用的两种时差优化方法是以实现绿波带最大和延误最小目标。

上述三个基本参数一般都是根据交叉口平均延误、停车次数、等待时间等参数来确定的,很少有同时考虑车辆在交叉口的能源消耗。因此,下面以单个信号交叉口能耗模型研究为基础,拓展到多交叉口的能耗模型。

7.3.2　两交叉口协调控制下的累积能耗

在对多交叉口的协调控制模型研究中,以两个相邻的交叉口为例,分别构建相互独立和协调控制的交叉口能耗模型。

(1)相互独立控制的两交叉口能耗模型

对于两个相邻的单点控制交叉口,若采用独立的信号配时,两者之间并没有直接的关联,在对这样的系统计算累积能耗时,可以简化成两个独立单交叉口信号控制模型的叠加。如图7-5所示两相邻交叉口 A、B 为独立的单点控制交叉口,由此构建的能耗模型如公式(7-44)所示:

$$F_{总} = F_A + F_B \tag{7-44}$$

式中:F_A、F_B——交叉口 A、B 的累积能耗。

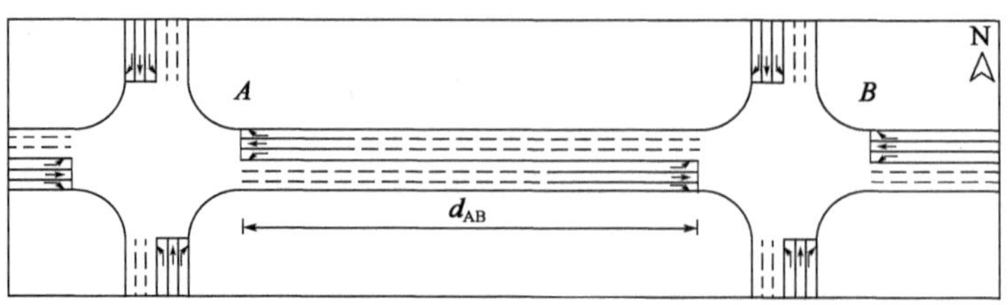

图 7-5　两相邻交叉口平面图

(2)协调控制的两交叉口能耗模型

干线协调控制时,模型验证中的关键交叉口选取图 7-5 中交叉口 A,交叉口 A、B 的初始信号周期为 T_a、T_b,且 $T_a > T_b$,进行干线协调控制时,系统信号周期为 C_a,当交叉口 B 的信号周期由 $T_b \rightarrow T_a$,其饱和度降低,延误及能耗增加,此时应对交叉口 B 各方向上的交通能耗进行分析。

考虑到干线协调控制的特性,交叉口 B 东西进口方向上的交通流实现绿波交通控制,车流不必进行排队直接通过交叉口,因此这两个方向上车辆能耗增加可以不考虑,对于南北方向上的车辆由于延误增加导致能耗增加,此时交叉口 B 相对于无干线协调控制时的能耗增加量为:

$$F_t = \sum_{i=1}^{s}\sum_{j=1}^{t}(T_a - T_b)q_{ij}f_{ij} \tag{7-45}$$

式中:F_t——交叉口 B 相对于不实施干线协调控制时的能耗增加量;

q_{ij}、f_{ij}——第 i 相位时第 j 方向上由于交叉口信号周期增加而增加的延误车辆数和能源消耗率。

进行干线协调控制时,相交道路的等级相对较低,交通量密度较小,因此假设次要道路的车辆到达服从泊松(Poisson)分布:

$$P(X = n) = \frac{(\bar{\lambda}T')^n e^{-\bar{\lambda}T'}}{n!}, n = 0,1,2,\cdots \tag{7-46}$$

式中:$P(X = n)$——时间(计数间隔)T' 内事件 X 发生 n 次的概率;

$\bar{\lambda}$——单位时间内事件 X 平均发生的次数。

令 $m = \bar{\lambda}T'$,则事件 X 的期望值 $E(X)$ 和方差 $Var(X)$ 为:

$$E(X) = \sum_{n=0}^{\infty} n\frac{m^n e^{-m}}{n!} = m\sum_{n=1}^{\infty}\frac{m^{n-1}e^{-m}}{(n-1)!} = m \tag{7-47}$$

$$Var(X) = \sum_{n=1}^{\infty}(n-m)^2\frac{m^n e^{-m}}{n!} = m \tag{7-48}$$

进而得到交叉口 B 相对于不实施干线协调控制时的能耗增加量为:

$$F_t = \sum_{i=1}^{s}\sum_{j=1}^{t}(T_a - T_b)q_{ij}f_{ij} = \sum_{i=1}^{s}\sum_{j=1}^{t}\lambda_{ij}T_{ij}f_{ij} \tag{7-49}$$

式中:λ_{ij}——第 i 相位时第 j 方向上车辆的平均到达率;

T_{ij}——第 i 相位时第 j 方向协调前后改善的绿灯时间。

7.3.3 实例仿真

为验证基于能耗的两交叉口协调控制模型的正确性,选取某相邻信号控制交叉口进行仿真验证,该协调控制系统仿真布置如图7-6所示,交叉口信号均为四相位。采用基于能耗的两交叉口协调控制模型,当能耗最低时,可以得到信号周期 $c=80\text{s}$,信号交叉口的交通能耗特征相关数据如表7-4所示。干线协调控制前后能耗变化情况如表7-5所示。

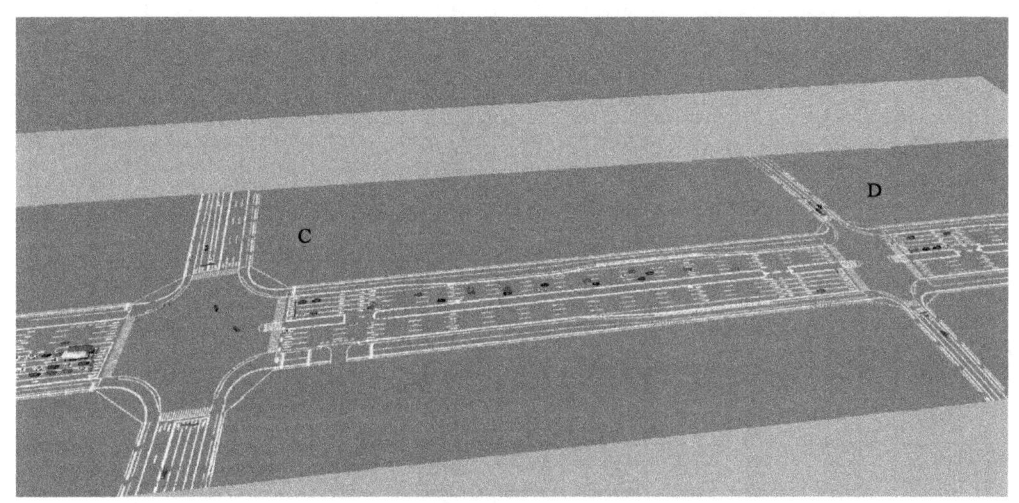

图7-6 信号控制交叉口协调控制仿真图

信号交叉口的交通特征相关数据 表7-4

速度 (km/h)	减速度 (m/s^2)	加速度 (m/s^2)	怠速油耗 (ml/s)	加速油耗 (ml/s)	平均油耗 (ml/s)	流量 (pcu/h)
36	1.12	0.71	0.25	1.07	0.84	290

单独控制和协调控制仿真的交通流延误、能耗数据表 表7-5

交叉口	各进口车道方向	单独控制			协调控制			两种控制方法的相对误差			
		车辆(辆)	延误(s)	能耗(gal)	车辆(辆)	延误(s)	能耗(gal)	延误(s)	能耗(gal)	延误(%)	能耗(%)
C	西-北1	59	30.0	1.04	60	26.5	1.02	-3.4	-0.02	1.5	9.0
	西-北2	67	27.9	1.17	65	27.2	1.06	-0.8	-0.12	9.0	6.6
	西-东1	55	29.4	0.97	53	26.2	0.92	-3.5	-0.05	7.9	6.6
	西-东2	64	25.0	1.07	66	23.5	1.00	-1.6	-0.07	8.9	0.8
	西-南	12	1.4	0.12	12	1.4	0.12	0.1	0.01	4.0	6.4
	南-北1	27	33.0	0.39	28	33.5	0.36	0.5	-0.03	7.7	9.4
	南-北2	33	20.2	0.39	34	20.5	0.36	0.3	-0.03	8.6	3.2
	南-东	37	0.0	0.19	36	0.0	0.19	-3.7	0.01	—	—
	南-西	29	26.9	0.36	28	27.3	0.35	0.4	-0.01	7.0	1.7

续上表

交叉口	各进口车道方向	单独控制			协调控制			两种控制方法的相对误差			
		车辆（辆）	延误（s）	能耗（gal）	车辆（辆）	延误（s）	能耗（gal）	延误（s）	能耗（gal）	延误（%）	能耗（%）
C	北-东	32	30.0	0.46	33	26.5	0.41	-3.7	-0.05	6.9	9.0
	北-南1	37	29.2	0.53	36	26.2	0.54	-3.1	0.01	3.3	5.8
	北-南2	35	31.0	0.51	35	28.6	0.48	-2.5	-0.03	6.1	1.3
	北-西	32	0.0	0.24	33	0.0	0.21	-2.3	-0.03	0.0	0.0
	东-南1	67	43.5	1.26	65	40.0	1.14	-3.8	-0.13	9.0	9.0
	东-南2	54	24.9	0.83	53	23.3	0.77	-1.5	-0.06	8.6	7.2
	东-西1	8	32.1	0.15	8	31.8	0.13	-0.3	-0.02	8.8	0.2
	东-西2	24	4.3	0.30	23	3.8	0.30	-0.4	-0.01	7.7	9.0
	东-北	7	0.0	0.07	7	0.0	0.06	-1.4	-0.01	—	—
D	东-北	57	0.0	0.59	58	0.0	0.52	-4.4	-0.07	-	-
	东-西1	28	17.0	0.43	28	15.1	0.41	-1.9	-0.02	0.2	8.9
	东-西2	69	24.0	1.17	69	21.4	1.14	-2.5	-0.03	4.5	7.7
	东-西3	58	19.5	0.93	60	19.3	0.89	-0.2	-0.05	8.3	6.1
	东-南	54	27.2	0.94	53	27.4	0.87	0.2	-0.06	7.9	3.8
	西-北	29	0.5	0.35	28	0.5	0.34	0.0	-0.01	7.5	8.6
	西-东1	55	24.9	0.97	53	23.3	0.92	-1.8	-0.06	7.9	7.2
	西-东2	63	25.2	1.12	63	24.1	1.03	-1.1	-0.10	6.4	9.0
	西-东3	19	15.2	0.30	19	14.9	0.28	-0.3	-0.02	2.9	7.5
	西-南	15	0.2	0.17	15	0.2	0.16	0.1	-0.01	5.1	9.8
	南-北、西	18	23.6	0.23	18	20.9	0.23	-2.6	-0.01	6.1	5.5
	南-北、东	16	16.5	0.17	16	14.9	0.16	-1.5	-0.01	3.9	5.3
	北-南、东	15	17.5	0.19	15	15.5	0.18	-1.9	-0.02	5.1	3.3
	北-南、西	16	27.4	0.21	16	27.4	0.20	0.1	-0.01	3.8	8.6

注：表中“-”为仿真中所得数据为零，在模型计算数据不为零的情况下，数据不具有可比性，相对误差不进行计算。

经数据分析可知，该模型所得能耗数值与仿真结果相近，相对误差不大于10%，模型计算的能耗变化量与仿真获得的数据符合性较好，为干线协调控制提供一种思路。

7.4 考虑能源消耗的城市路网信号优化

长期以来，在进行城市道路网规划以及管理城市交通系统时，常常讨论的是道路通行能力的最大化、交通运输效率的最优化以及交通拥堵等交通负面效益的最小化，很少考虑交通系统能耗对交通的影响。随着社会经济的不断发展，机动车化水平不断提高，交通能源消耗量占社会总能耗的比例越来越高，在交通运行过程中怎样才能实现现有的优化目标同时又能减少交通能源消耗已经成为迫切需要解决的社会问题。交通运行过程中的能源消耗受到机动车性能、交通流状态、驾驶行为特性、交通管控措施等各方面因素的影响，是一个非常复杂、系统性的问题。从微观角度来说，机动车发动机性能、驾驶员操作习惯和交叉口处的交通信号控制方式都直接影响交通能源消耗；宏观上，与道路性质、路网特性、实时交通流运行状况等多种因素有关。

在信号控制交叉口处，因为受信号灯控制的影响，机动车加、减速操作更加频繁，交通流运行情况与网络交通能耗相互作用、互相影响，需要把交叉口交通控制这个微观交通和宏观的网络交通能耗两者结合起来同时考虑，以便更精准地描述实际的城市路网交通能耗情况。现有的交通运行和信号配时分析中通常寻求的是车流消耗的行程时间最少，并未考虑道路网络信号控制配时优化和路网交通能源消耗之间的相互影响。

从研究机动车在路网中的能耗机理出发，计算出城市路网总能耗，把路网总能耗与信号控制参数最优配置问题联合进行研究，考虑路网总能耗最小为优化目标，采用双层规划方法进行信号配时优化，从而给出平衡网络能耗最优信号控制参数优化模型，运用合理的信号控制方法在保证交通量均衡分布的条件下最大限度地减少路网交通能耗。

为了便于研究，建模时假设如下：

①每个信号交叉口控制独立，配时固定；

②仅由绿灯和红灯组成各信号周期，不考虑黄灯以及相位间隔时间；

③不考虑机动车的启动时间损失，假设各进口道车流均匀到达，交通量处于欠饱和状态；

④在交叉口加减速过程中，机动车以加速度 a_0 进行匀加速和匀减速。

7.4.1　城市交通路网总能耗

城市路网通过道路路段连接若干个交叉口组成，故城市路网络总能耗由机动车通过的路段能耗以及交叉口能耗两部分组成，其中交叉口能耗包括无信号控制交叉口机动车运行能耗和信号控制交叉口能耗。把机动车经路段任意一车道经过交叉口简化为图 7-7。与在路段上通行不同，机动车在信号交叉口通行要消耗更多的燃油，机动车在信号控制交叉口处的能耗量

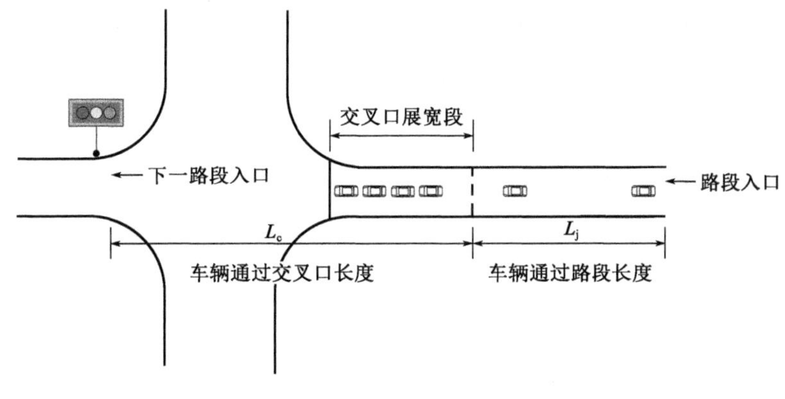

图 7-7　路网组成简略图

与其在该处的加速、减速和怠速行驶状况存在密切的关联，又由于机动车的加减速和怠速是与信号控制的周期时长、各相位时长直接相关。因此，在交叉口处，机动车能耗包含机动车以正常速度匀速经过交叉口的油耗、红灯期间机动车加减速的油耗以及红灯等待期间的怠速油耗。

为了研究交叉口不同控制方式对能耗的影响，与公式(5-4)不同，这里将路网的总能耗 FC 表示为：

$$FC = \sum_{h=0}^{H}\sum_{f=1}^{F}F_h \cdot f + \sum_{i=0}^{I}\sum_{n=1}^{N}F_i \cdot n + \sum_{j=1}^{J}\sum_{m=1}^{M}F_j \cdot m \tag{7-50}$$

式中：FC——路网车辆总能耗(L)；

Ω_0——无信号控制交叉口集合，$\Omega_0 \mid H$；

F_h——第 h 个无信号控制交叉口任意一条进口车道通过机动车能耗(L)，$h=0,1,2,\cdots,H$；

f——无信号控制交叉口进口车道数量，$f=1,2,\cdots,F$；

Ω_1——信号控制交叉口集合，$\Omega_1 \mid I$；

F_i——第 i 个信号控制交叉口任意一条进口车道通过机动车能耗(L)，$i=0,1,2,\cdots,I$；

n——信号控制交叉口进口车道数量，$n=1,2,\cdots,N$；

Ω_2——路段集合，$\Omega_2 \mid J$；

F_j——第 j 个路段任意一条车道通过机动车能耗(L)；

m——路段车道数量，$m=1,2,\cdots,M$。

7.4.2 城市路网信号交叉口延误和路阻函数

路阻函数指的是路段上行驶时间与交通负荷、交叉口的延误与其负荷相互的关系。考虑信息交叉口影响机动车在路段 j 的出行交通阻抗 $t_j(q)$ 应该由二部分构成——路段行程时间 $t_{lj}(q)$ 以及信号控制交叉口延误时间 $t_{ij}(q)$。

(1)信号控制交叉口延误时间

信号控制交叉口 i 平均时间延误 $t_{ij}(q)$ 可采用 HCM(2010)中的公式：

$$\begin{aligned} t_{ij}(q) &= t_1 \cdot P + t_2 + t_3 \\ &= \frac{0.5c_i(1-\lambda_j)^2}{1-[\min(1,X_j)\lambda_j]} \cdot P + 900T\left[(X_j-1)+\sqrt{(X_j-1)^2+\frac{8KIX_j}{C_{ij}T}}\right] + t_3 \end{aligned} \tag{7-51}$$

式中：t_1——均匀延误；

t_2——增量延误；

t_3——初始排队延误；

T——分析时长；

K——控制设置修正系数，采用定时控制时 $K=0.5$；

λ_j——路段 j 所对应的绿信比；

c_i——信号控制交叉口 i 的周期时长；

C_{ij}——从信号控制交叉口 i 驶入路段 j 的通行能力；

I——上游交通量调节系数，单个信号控制交叉口 $I=1$；

P——信号联控修正系数，推荐值为1；

X_j——路段j驶入交叉口的饱和度，$X_j=\frac{q}{S_j\lambda_j}$，其中$q$为路段$j$上通过的交通流量；$S_j$为路段$j$的饱和流率。

从中观角度出发，假设机动车均匀到达、交通量分布均匀，交通量处于不饱和状态，不考虑初始排队延误，那么信号控制交叉口i平均时间延误$t_{ij}(q)$计算公式如式(7-52)所示。

$$t_{ij}(q)=\frac{0.5c_i(1-\lambda_j)^2}{1-\left[\min\left(1,\frac{q}{S_j\lambda_j}\right)\lambda_j\right]} \tag{7-52}$$

(2)路段行程时间

路段行程时间仍采用广泛应用的美国联邦公路道路局提出的BPR模型表示：

$$t_{lj}(q)=t_j(0)\left[1+\alpha\left(\frac{q}{S_j}\right)^{\beta}\right] \tag{7-53}$$

式中：$t_j(0)$——路段j的自由行驶时间(s)；

α、β——公式系数，常取$\alpha=0.15$，$\beta=4.0$。

(3)路阻函数

综合上述方法，机动车在路段j(含交叉口)的路阻函数$t_j(q)$计算公式如式(7-54)所示。

$$t_j(q)=t_{ij}(q)+t_{lj}(q)=\frac{0.5c_i(1-\lambda_j)^2}{1-\left[\min\left(1,\frac{q}{S_j\lambda_j}\right)\lambda_j\right]}+t_j(0)\left[1+\alpha\left(\frac{q}{S_j}\right)^{\beta}\right] \tag{7-54}$$

7.4.3　考虑能源消耗的城市路网信号优化模型

在非拥挤交通流状态下，交通较为畅通，此时有效引导交通流顺畅运行并减少交通能耗是交通管理与控制的最主要目的。若路网中个别路段和交叉口临近饱和状态，此时机动车相互之间运行干扰较大，相邻的路段和交叉口之间的交通运行互相影响，某一交叉口交通控制方案稍有不当就会引起大范围的拥堵。此时，交通管理与控制的主要目的在于根据交通需求，引导交通均衡分布，减少交通能耗。

因此，需要根据交通能耗状态实施相应的交通管理与控制措施。把优化目标与交通能耗状态联系起来，协调控制交通能耗与交通量的均衡分布。

采用双层模型方法将路网总能耗与信号控制参数最优配置问题联合进行研究，以保证交通量均衡分布的同时合理减少路网总能耗为最终目标，建立考虑路网总能耗最小为优化目标，上层的管理者经过寻找最优的信号配时变量，来实现最大限度减少路网总能耗，随着该变量的变化路网中路阻函数发生改变；而下层的交通出行者依据路网状况根据自身对交通网络的认知选取出行路线，其路线选择行为满足Wardrop用户平衡准则，从而建立固定需求条件下的双层优化模型。

(1)上层模型

根据交通能耗状态，以路网总能源消耗最小为目标，上层模型如下：

$$\min_{c,\lambda} FC = \sum_{h=0}^{H}\sum_{f=1}^{F} F_h \cdot f + \sum_{i=0}^{I}\sum_{n=1}^{N} F_i \cdot n + \sum_{j=1}^{J}\sum_{m=1}^{M} F_j \cdot m \tag{7-55}$$

假定路网上的交通流量 Q_{od} 具有固定的 OD 结构，为了使得平衡交通条件下交通运行稳定，需要控制设置信号参数使路段上的流量不大于该路段通行能力，即：

$$q_j(c,\lambda) \leqslant p_j C_j(\lambda_j), \quad j \in A_r \tag{7-56}$$

同时，信号控制参数应满足以下约束：

$$c_{\min} \leqslant c_i \leqslant c_{\max}, \quad i \in \Omega_1 \tag{7-57}$$

$$\lambda_{\min} \leqslant \lambda_j \leqslant \lambda_{\max}, \quad j \in A_r \tag{7-58}$$

$$\sum_{b=1}^{B_i} \lambda_{bi} = 1, \quad i \in \Omega_1 \tag{7-59}$$

式中：c——全部的周期时间向量；

λ——全部的绿信比向量；

p_j——信号控制路段 j 上饱和度的最高值；

$q_j(c,\lambda)$——路段 j 上的流量；

$C_j(\lambda_j)$——信号控制路段 j 的通行能力；

A_r——信号控制路段集合，$A_r \subset \Omega_2$；

$c_{\max}$、$c_{\min}$——信号周期时长的上、下限；

$\lambda_{\max}$、$\lambda_{\min}$——绿信比的上、下限；

B_i——信号交叉口 i 的相位数；

λ_{bi}——信号交叉口 i 的第 b 个相位的绿信比。

(2)下层模型

下层模型从路网用户角度出发，描述用户的路径选择，使路网上的用户选择遵循用户最优原则，即每个用户均从自身利益寻求路阻最小的路径出行，但随着该最短路径上交通量增加到某一程度时，道路交通发生拥挤，该最短路径的出行时间增加，导致该路径并非最短路径，因而其他用户会选择该时段的最短路径出行。通过不断的选择、调整，最终形成用户平衡状态，最终出行起讫点之间被选择的各路径的出行时间最小且相同。即遵守 Wardrop 的第一原理，目标函数为每个路段的行程时间函数的积分之和的最小值，模型如下：

$$\min Z(q) = \sum_{j \in A_r, i \in \Omega_1} \int_0^{q_j} t_j(w)\,\mathrm{d}w \tag{7-60}$$

平衡分配时，满足交通流量守恒定律：起终点 OD 间每个路径上的流量之和需与交通总量相等。

$$\sum_{y \in Y} f_y^{od} = Q_{od}, \quad \forall o \in O, \forall d \in D \tag{7-61}$$

式中：O、D——路网起、终点集合；

Y——从起点 o 到终点 d 的路径集合；

f_y^{od}——路径 $y(y \in Y)$ 上的流量。

路径交通量f_y^{od}与道路交通量q_j间有如下关系：每个(o,d)对经过某一道路的路径流量之和即为该道路的流量q_j：

$$q_j = \sum_{o \in O}\sum_{d \in D}\sum_{y \in Y} f_y^{od}\delta_{jy}^{od}, \quad \forall j \in \Omega_2 \tag{7-62}$$

式中：δ_{jy}^{od}——路段—路径相关变量，若路段j位于连接OD对$o-d$的路径y上，δ_{jy}^{od}值为1，否则为0。

路径流量满足非负约束，即：

$$f_y^{od} \geqslant 0, \quad \forall o \in O, \forall d \in D, \forall y \in Y \tag{7-63}$$

(3)考虑能源消耗的城市路网信号优化模型

考虑能源消耗的城市路网信号优化采用双层规划模型方法，以考虑路网总能耗最小为优化目标，进行信号控制参数最优配置，优化模型如下：

$$\min_{c,\lambda} FC = \sum_{h=0}^{H}\sum_{f=1}^{F} F_h \cdot f + \sum_{i=0}^{I}\sum_{n=1}^{N} F_i \cdot n + \sum_{j=1}^{J}\sum_{m=1}^{M} F_j \cdot m \tag{7-64}$$

s. t.

$$c_{\min} \leqslant c_i \leqslant c_{\max}, \quad \forall i \in \Omega_1$$

$$\lambda_{\min} \leqslant \lambda_j \leqslant \lambda_{\max}, \quad j \in A_r$$

$$\sum_{b=1}^{B_i} \lambda_{bi} = 1, \quad \forall i \in \Omega_1$$

其中$q_j = q_j(c_i, \lambda_j)$由下层问题求得：

$$\min_q \sum_{j \in A_r, i \in \Omega_1} \int_0^{q_j} t_j(w)\,\mathrm{d}w \tag{7-65}$$

s. t.

$$\sum_{y \in Y} f_y^{od} = Q_{od}, \quad \forall o \in O, \forall d \in D$$

$$q_j = \sum_{o \in O}\sum_{d \in D}\sum_{y \in Y} f_y^{od}\delta_{jy}^{od}, \quad \forall j \in \Omega_2$$

$$f_y^{od} \geqslant 0, \quad \forall o \in O, \forall d \in D, \forall y \in Y$$

7.4.4　模型的求解算法

求解该双层规划模型非常复杂，采用遗传算法对模型进行求解具有很大的优越性，因为此算法不要求函数可微，能够求解得到最优解或者近似最优解。

第1步：对模型参数进行初始化。设置种群规模M、交叉概率g_1、变异间隔N、变异概率g_2、最大允许迭代次数$k_{\max}$、罚因子φ；随机生成初始种群，每个个体包含上层决策变量绿信比和信号周期时长λ^k，c^k，令$k=0$。

第2步：采用赋值的λ^k和c^k，运用遗传算法求解下层平衡配流问题，得出路网平衡路段交通量q_j^k。

求解目标函数时，运用惩罚函数法，把原函数转换成新的增广目标函数如下：

$$T(q,\varphi)=t_j(w)+\varphi\sum_{\theta=1}^{J}|g[\theta]|^2+\varphi\sum_{\theta=J+1}^{L}|\min(0,h[\theta])|^2 \tag{7-66}$$

式中：$T(q,\varphi)$——增广目标函数；

$g[\theta]=0$——下层问题中的等式约束；

$h[\theta]\geqslant 0$——下层问题中的不等式约束；

φ——惩罚因子，当 $\varphi\to\infty$ 时，目标函数趋近于最优解。

第3步：把得到的 q_j^k 代入上层目标函数，求解种群各个体相应的适应度，并按适应度对各个体进行排序。

第4步：若 $k>k_{\max}$，转第6步；否则，$k=k+1$，转第5步。

第5步：对种群进行混合杂交，运用遗传算法计算出杂交出的各个体的路段平衡流量 q_j^k，按个体适应度开展选择；若求 k/N 模的余数为0，那么使用变异概率 g_2 进行均匀变异，求得新的信号灯绿信比和周期时长 λ^k，c^k，得到中间种群后，转第2步。

第6步：结束算法，求得最终最大适应度个体相应的信号灯绿信比和周期时长 λ^k，c^k 即为所求方案。

7.4.5 算例分析

采用路网结构如图7-8所示，该路网由14条路段组成，4个O-D对(A-D、D-A、E-F、F-E)，有4个交叉口，其中2个相互独立的交叉口B、C为信号交叉口，其相位都是两相位，其余交叉口为无信号控制；路段1、2、5、6通行能力为1000pcu/h，燃油消耗模型参数 $k_1=8.72$、$k_2=-7.16$、$k_3=8.11$；路段3、4通行能力为800pcu/h，燃油消耗模型参数 $k_1=7.15$、$k_2=-6.57$、$k_3=8.08$；其余路段通行能力为600pcu/h，燃油消耗模型参数 $k_1=5.20$、$k_2=-2.89$、$k_3=7.97$；等速行驶通过交叉口的车辆燃油消耗率为0.56mL/s·pcu，交叉口车辆加速过程的燃油消耗率为1.98mL/s·pcu，交叉口车辆减速过程的燃油消耗率为0.85mL/s·pcu，交叉口车辆怠速燃油消耗率为0.85mL/s·pcu；$c_{\min}=30\text{s}$、$c_{max}=200\text{s}$，$\lambda_{\min}=0.05$、$\lambda_{\max}=0.95$；OD(A，D)及(E，F)之间的双向流量均为1000pcu/h。1、2、3、4、5、6各路段自由形式时间为30s，其他路段为20s；$g_1=0.95$，$g_2=0.05$，$M=20$，$k_{\max}=200$；初始值 $c_B=c_C=120s$，$\lambda_1=\lambda_3=0.5$。同时采用能耗最优平衡网络、时间最优平衡网络以及定时控制对算例路网信号交叉口进行信号优化设置，得出结果比较如表7-6所示。

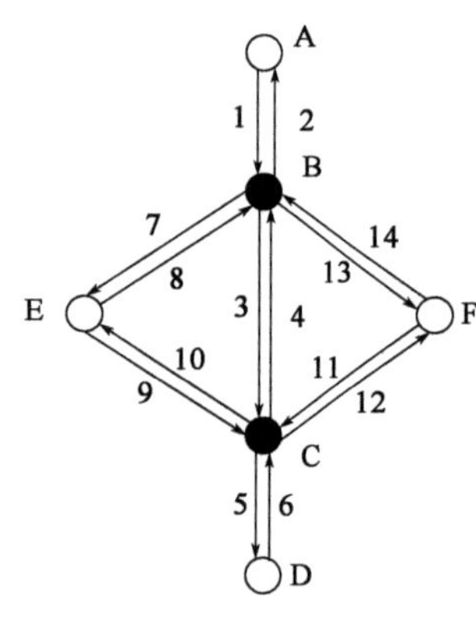

图7-8 路网结构

不同优化目标下路网各指标的计算结果　　表7-6

信号优化原则	能耗最优平衡网络	时间最优平衡网络	定时控制
信号交叉口B　信号周期时长(s)	105	114	120
信息配时参数　南北相位绿信比 λ_1	0.58	0.52	0.55
信号交叉口E　信号周期时长(s)	112	129	120
信号配时口参数　南北相位绿信比 λ_3	0.56	0.57	0.64
信号交叉口平均饱和度	0.68	0.59	0.74

续上表

信号优化原则	能耗最优平衡网络	时间最优平衡网络	定时控制
信号交叉口平均延误(s)	132.46	112.15	140.09
路段平均燃油消耗(mL/km)	89.42	108.25	97.33
路网总燃油消耗 *EC*(L)	846.59	948.16	1105.76

分别采用以上三种优化方法进行计算,以信号控制交叉口的饱和度以及延误的平均值、平均路段油耗以及路网的总油耗量为指标进行评价,评价对比结果见表6-11,结果显示,能耗最优平衡网络方法的饱和度和延误比定时控制有较大减少,总的路网油耗降低了23.44%;能耗最优平衡网络方法在交叉口的饱和度和延误上比时间最优平衡网络方法有所增大,总的路网油耗降低了10.71%。因此,构建的能耗最优平衡网络方法能够在降低路网总油耗的同时保证整体路网的有效运行。

第8章 城市交通拥堵区能耗优化边界协调控制

8.1 交通网络宏观基本特性

8.1.1 交通网络宏观基本图概念

随着城市化和机动化的发展,城市交通问题覆盖面越来越广,交通流三参数(平均流量、密度和速度)之间关系是宏观网络交通流重要特性之一。利用宏观基本图(MFD),可以进行道路服务水平划分、交通管理策略制定以及路网能耗的预测等。交通拥堵在时间上呈现常态化、空间上呈现网络化的特征,交通问题也从点到线再到面呈现为宏观网络交通拥堵问题。对于 MFD 的深入研究与应用是在最近十余年内才逐渐兴起的,目前的研究成果主要集中在宏观基本图基本性质、影响因素以及基于 MFD 的交通网络管理与控制三个主要方向。

当前的研究主要是在路网层面对交通流进行控制与能耗计算,首先要弄清路网层面的交通流宏观特性,MFD 作为一种描述路网三个变量之间关系的理论逐渐被国内外专家学者所认可。其理论核心在于描述了特定路网空间上三个变量之间稳定的可再现的函数关系,同时也反映出网络内车辆数与流出网络车辆数之间的关系。

8.1.2 宏观基本图的提出

Smeed(1966)等人最早对路网层面的交通流进行研究,定义路网通行能力为单位时间内路网的流入量 Q 。认为 Q 与路网结构、信号控制形式、路网中的密度分布以及车辆组成有关。描述路网宏观特性即 MFD 的概念由 Godfrey 在 1969 年第一次提出。Godfrey 对平均速度和路网通行效率(定义为单位时间内路网车辆运行的总距离)进行了研究,发现在某个特定的密度条件下,路网通行效率会达到最大值。这项研究首次利用城市道路路网拥堵区域的实测数据,证明了路网的宏观基本参数之间存在着一定关系。Thomson(1967)等人利用伦敦中心城区的数据,提出了在低密度情况下路网平均速度和密度的线性模型。Godfrey 的研究结果,奠定了路网层面的交通参数关系模型的基础;但受限于数据获取手段,所获取的路网数据存在着精度不高且时间跨度过大的问题,得到的流量、密度、速度关系模型虽然能够表述路网宏观参数之间的基本关系,但却有着一定的局限性。

随着科技的不断发展,线圈检测器、红外检测器、声波检测器、视频检测器等在交通领域广泛应用,如今对于整个城市道路路网数据的采集更为准确、便捷。这些先进的科学技术为学者们对路网宏观交通流进行更深入的研究奠定了基础。2007 年 Gerolinimis 和 Daganzo 分析发现单个检测器数据的流量占有率关系具有很大的离散型(图 8-1),然而,通过日本横滨的数据将整个网络的所有检测器数据集聚后，其流量占有率关系则变成一个离散度很小的曲线（图8-2），并基于此证明了反映网络交通流状态的宏观基本图（MFD）的存在性。

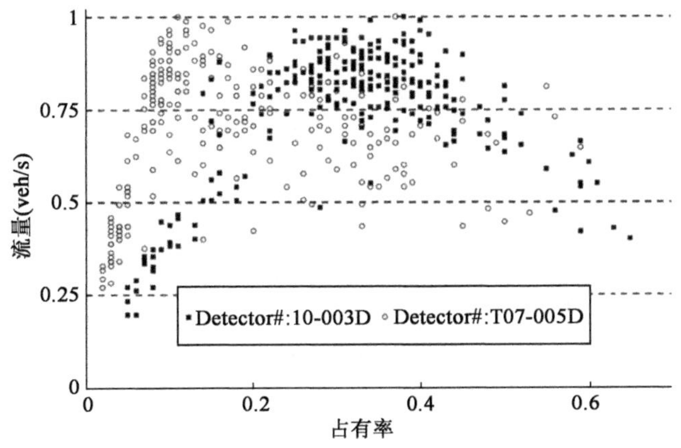

图8-1　单个检测器检测流量与占有率关系

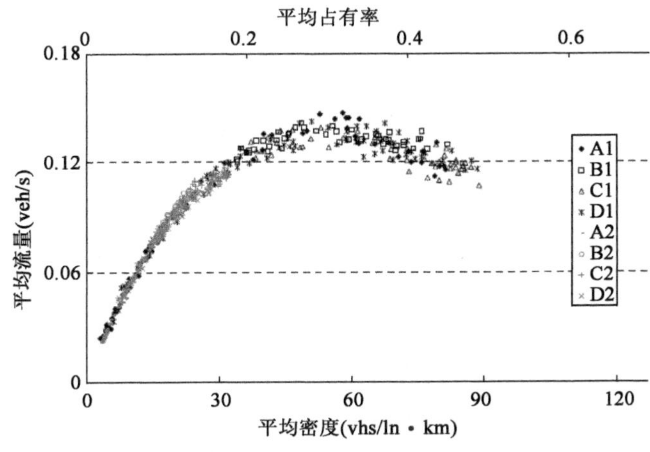

图8-2　路网平均流量与平均占有率关系

宏观基本图（MFD）描述了城市总体交通变量的关系，它可以描述网络中移动的车辆数和网络运行水平之间的普遍关系。随后部分学者进一步研究，对MFD的特性分析更加完善。MFD反映了整个网络交通量与网络运行水平的普遍关系，其不仅仅描述了网络流量与占有率的关系，也反映出网络内车辆数和流出网络车辆数之间的关系，以及车辆运行里程与运营时间之间的关系等。在此之后，围绕MFD的研究也在不断地展开。相关研究主要集中在对MFD的存在性、形状、模型、适用条件、影响因素以及运用方向进行验证与研究。

8.1.3　MFD存在性与适用条件

随着MFD提出，部分学者也对其特性进行了总结与分析。Daganzo（2007）在研究MFD时指出，一个网络只有在其内部交通状态处于同质的情况下（即整个小区要么全部处于拥挤状态要么全部不处于拥挤状态），才存在离散度低的 MFD，并分析了 MFD 在拥挤城市网络动态中的特性。部分学者使用实验、模拟数据或者调查分析了在城市交通网络中 MFD 的特性，发现 MFD 具有客观存在性的普遍规律，得出了道路网中交通密度在空间和时间上的分布情况是影响 MFD 离散性与分布形状的一个关键因素。它可描述城市路网中交通运行状态和移动的车辆总数之间的关系、路网中的加权交通量与总交通量的普遍关系，为交通网络中交通流的运行状态判别、拥堵区等级划分及交通控制提供了理论依据。

MFD 存在的充分条件是 MFD 适用于大城市交通繁忙且交通拥挤状况、在时间上是同质的地区，并称这种区域为小区。在这种小区中，即使是外部的条件比如交通需求随着时间不断变化，MFD 也不会有实质性的变化；之后对这一条件进行了更加深入的研究，发现这一条件可以推广到整个网络中，并且对于之前的充分条件进行了修改并形成了新的条件，即整个网络中的所有线路的所有道路都要么全处于交通拥挤状态要么全都没有处于交通拥挤状态。即使车辆在时空上的速度变化很大，这种情况也适用。与原条件比起来，这个新条件的不同之处在于：

①将范围扩大了，不再局限于小区，而是整个道路网络；

②将条件放宽，不再要求小区内的交通状况的同质性，只要求所有道路都处于拥堵或都没有处于拥堵状态，而不管其拥堵的情况以及原因是否一致。

国内学者姬杨蓓蓓在《基于仿真实验验证宏观基本图的存在性》一文中，采用仿真实验的方法，验证了 MFD 模型的存在。通过对实测数据的标定，建立了阿姆斯特丹高速公路交通网络模型。采用实验对比的方法确定了道路网络交通需求的大小，得到了宏观基本图（MFD），再现了交通拥堵产生的全过程。通过采集关键参数验证了宏观基本图在仿真路网中的存在，研究不同车道数的临界密度和定义不同严重程度的路网拥堵，基于仿真数据，用模型反映了路网拥堵的动态变化过程。

MFD 还存在磁滞现象（hysteresis phenomena）。国内学者对此翻译尚不统一，通常为滞回现象、磁滞现象、滞后现象等。如图 8-3 所示，当路网累计交通量达到或接近临界交通量时，路网旅行车辆完成率开始表现出不稳定，随着路网累计交通量的持续增加，路网完成旅行交通流率开始下降；即使短时间内路网累计交通量降低到临界交通量以下，路网完成旅行交通流率也很难快速恢复到原来水平。随着累积交通量的再次增长，路网完成旅行交通流率又会再次增长，这样就会形成一个滞回圈。

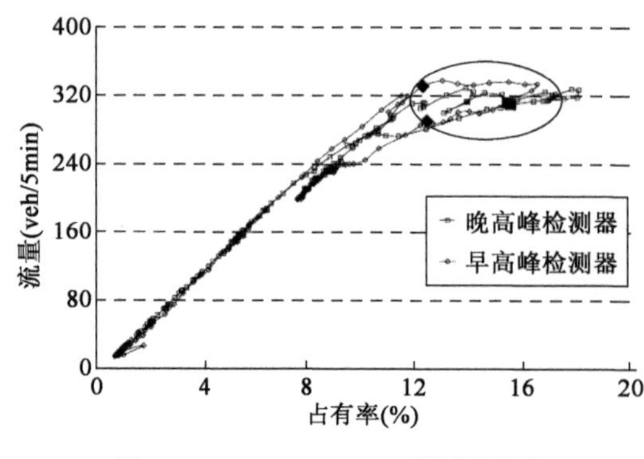

图 8-3　Nikolas Geroliminis 测试的具有磁滞现象的宏观基本图

在均匀异构交通网络中有通常定义的 MFD，然而在异构网络可能没有一个很完美的 MFD。随着时间的推移，车辆积累多时 MFD 会出现一部分滞回现象。解决方案是把这些网络划分成更均匀的、密度差异更小的区域。交通网络的拓扑结构、十字交叉口的信号配时方案、基础设施结构特点都会影响 MFD 的形状。

8.1.4　MFD 基本模型

MFD 反映了路网的客观属性,任意大小的路网均有属于自己的 MFD。MFD 给出了城市区域路网的加权流量和网络总车辆数的模型。根据 MFD 理论,在某一区域或路网内,其相关参数的计算公式如下:

$$\begin{cases} Q = \sum_j k_j l_j \\ q^w = \sum_j q_j l_j / \sum_j l_j \\ k^w = \sum_j k_j l_j / \sum_j l_j \\ o^w = k^w \cdot s = \sum_j o_j l_j / \sum_j l_j \end{cases} \tag{8-1}$$

式中:Q——路网内累计交通量(pcu);

q^w、k^w、o^w——加权流量(pcu/h)、加权密度(pcu/km)以及加权时间占有率;

j、l_j——路段 j 和该路段的长度(km);

q_j、k_j、o_j——路段 j 的流量(pcu/h)、密度(pcu/km)和时间占有率;

s——机动车的平均车长。

Daganzo 等相关学者持续完善该理论模型,并为该模型在自适应交通控制的应用奠定理论基础,其他国家的学者针对 MFD 模型的理论和应用也展开了一系列的研究。

8.1.5　MFD 影响因素

针对宏观基本图变化规律的影响因素,国内外学者的研究主要工作集中在以下六个方向:道路条件、交通需求、路径选择、交通组成、管控措施和突发事件。Buisson(2009)等探讨了城市网络、穿越城市的高速网络与环城高速网络对 MFD 的影响,研究发现 MFD 的形状与道路网络的形状有很大关系,单独的高速网络不存在 MFD,因此不同类型路网的混合最终会导致无法得到网络的 MFD。Ji(2010)使用交通仿真软件对阿姆斯特丹的路网进行仿真,指出突然变化的交通需求会对 MFD 的形状产生巨大的影响。而 Geroliminis 和 Daganzo(2007)却论述了 MFD 独立于交通需求而存在;Mazloumain(2010)等用计算机仿真研究了车辆在路网中空间分布的不均匀情况对宏观基本图的影响,认为路网宏观流量应该是路网宏观密度和密度在空间分布的不均匀度的函数,指出密度分布的不均匀度是衡量路网运行状态的重要指标。朱琳(2012)研究发现,不同路径选择方式影响了路网 MFD 的形状,改变了路网阻塞密度。Zhao(2011)等同样通过仿真研究了实时的交通出行信息以及驾驶员路径选择行为对 MFD 的影响。研究发现,不同路径选择通过对网络密度的影响,进而对 MFD 最大值产生影响。Zhang(2013)等通过元胞自动机仿真模型,研究了在不同自适应式信号控制系统下会产生不同形状的 MFD。许菲菲(2013)发现道路禁行不仅会降低路网服务水平,还会影响 MFD 的形状。

总体而言,正如 Geroliminis 和 Sun(2011)在其文章中所提到的,不同因素最终都是通过对网络密度分布的影响,进而对 MFD 的形状以及离散度产生影响的。但具体各种因素的影响机理和影响程度,目前还没有一致的研究结果,其研究尚处在探索阶段。

8.2 宏观网络交通运行参数分析

8.2.1 网络通行能力分析

图 8-4 所示为反映路网的累计交通量与路网旅行车辆完成率关系的 MFD 曲线及其参数分布。早期 Daganzo 描述 MFD 曲线的形状为三角形,之后研究认为其近似于梯形。对于一定的交通范围,假设其能运用 $G(Q(t)) = a_1 Q(t)^3 + a_2 Q(t)^2 + a_3 Q(t) + a_4$ 方程近似表达,依据路网运行数据拟合得到方程参数。

根据基本图的分布规律,在路网累计交通量 $Q(t)$ 较小即路网交通不拥堵时,路网内运行机动车完成率 $G(Q(t))$ 随累计交通量的增大而增大,且 $G(Q(t))$ 与 $Q(t)$ 的变化几乎成线性关系。在 $Q(t)$ 到达或临近临界交通量 Q_{cr} 时,路网内运行机动车完成率 $G(Q(t))$ 随之呈现不稳定状态,当 $Q(t)$ 进一步增大 $G(Q(t))$ 出现下降直到路网表现为全面锁死时,区域累计交通量达到 $Q_{\max}$,路网运行机动车完成率 $G(Q(t))$ 趋近于 0。为保障路网交通运行在通畅状态,当进行边界控制时,路网累计交通量 $Q(t)$ 需维持于临界交通量 Q_{cr} 以下。

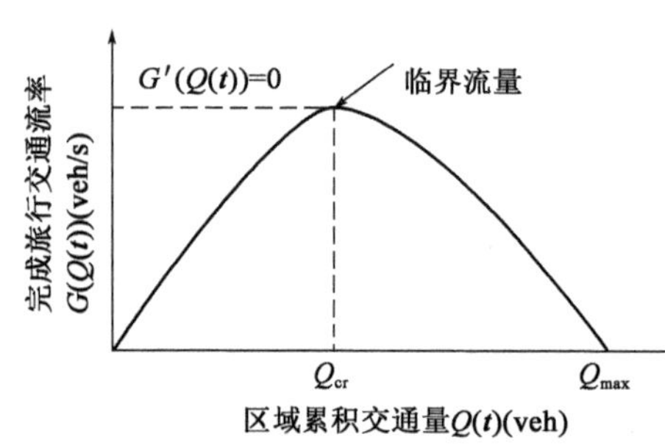

图 8-4 宏观基本图特征参数

8.2.2 网络交通延误分析

多年来,许多学者对欠饱和与过饱和延误模型进行了综合分析研究,在韦伯斯特延误模型的基础上,给出综合延误模型。此模型描述两部分车辆延误:相位均匀延误 D_1 和随机延误与过饱和延误 D_2。如图 8-5 所示,综合延误模型可表示为 $D = D_1 + D_2$,即:

$$D = \frac{qC(1-\lambda)^2}{2(1-\lambda x)} + N_0 x \tag{8-2}$$

其中,第一项为正常相位延误 D_1,与韦伯斯特延误模型的相同。第二项考虑了随机与过饱和交通延误 D_2,用平均过剩滞留车辆数(或过饱和时溢出车辆数)N_0 与饱和度 x 的乘积表达式描述,即:

$$D_2 = N_0 x \tag{8-3}$$

N_0 按下式计算:

$$N_0 = \begin{cases} \dfrac{1.5(x - x_0)}{1 - x} & \text{当 } x > x_0 \text{ 时} \\ 0 & \text{当 } x \leqslant x_0 \text{ 时} \end{cases} \tag{8-4}$$

式中,$x_0 = 0.67 + \dfrac{S \cdot G_e}{600}$,$S$ 为饱和流量,G_e 为有效绿灯时间。

由综合延误模型可绘制延误曲线,即图 8-5。与韦伯斯特模型相比较,可见:

①此模型既适用于欠饱和,又适用于过饱和状况;

②当饱和度较低时,计算结果与韦伯斯特延误模型相近;

③该模型能描述在饱和度 $x=1$ 及其附近时的交通状况;

④当 $x>>1$ 时,随机与过饱和延误 D_2 趋近于过饱和延误 D_s。

某网络的综合延误拟合曲线如图8-6所示。由图可知,网络总延误随着网络车辆数的增加而增加,且网络总延误是网络车辆数的指数函数。这是因为在过饱和流状态下,总延误由正常相位延误、随机相位延误和过饱和延误三部分组成。而此延误拟合曲线也验证了过饱和流状态下的综合延误曲线模型的合理性。

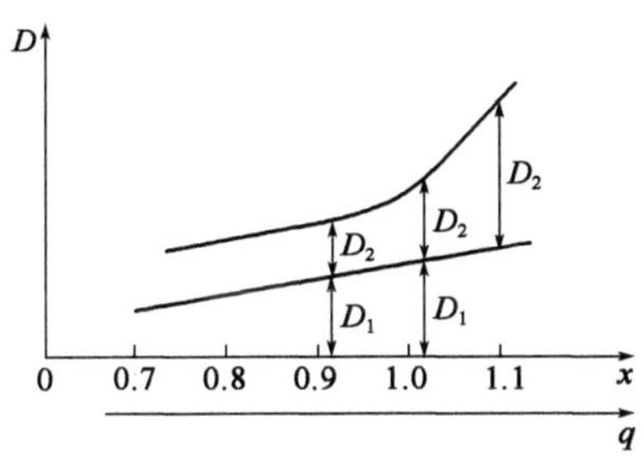

图8-5 综合延误曲线

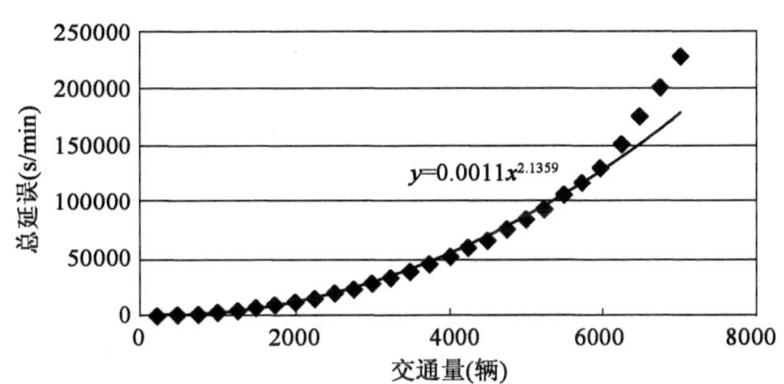

图8-6 宏观网络车流延误分布

8.2.3 网络交通能耗分析

(1)宏观交通网络能耗估计模型

城市道路网由道路路段连接若干个交叉口组成,因此城市交通网络总能耗由机动车经过的路段能耗和交叉口能耗两部分构成。道路网中无信号交叉口较少且流量低,可按路段车辆能耗进行估计。对车辆经路段任意一条车道通过交叉口进行简化,如图8-7所示,信号交叉口能源消耗估计方法如下:当车道到达交通流量处于平衡状态时,k 时段路网的总能耗 $FC(k)$ 为:

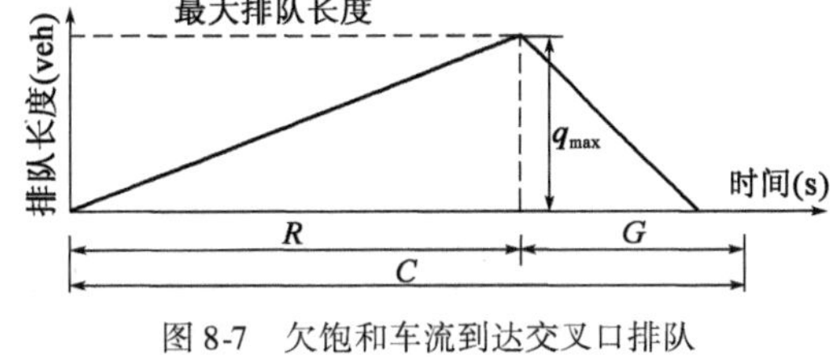

图8-7 欠饱和车流到达交叉口排队

$$FC(k)=\sum_{i=0}^{I}\sum_{n=1}^{N}F(i,k)\cdot n+\sum_{j=1}^{J}\sum_{m=1}^{M}F(j,k)\cdot m \tag{8-5}$$

式中:$FC(k)$——k 时段路网车辆总能耗(L);

Ω_1——信号交叉口集合,$\Omega_1\mid I$;

$F(i,k)$——第 i 个交叉口任意一条进口车道 k 时段通过车辆能耗,$(L)i=0,1,2,\cdots,I$;

n——交叉口进口车道数量,$n=1,2,\cdots,N$;

Ω_2——路段集合,$\Omega_2\mid J$;

$F(j,k)$——第 j 个路段任意一条车道 k 时段通过车辆能耗(L),$j=1,2,\cdots,J$;

m——路段车道数量,$m=1,2,\cdots,M$。

(2)交叉口能耗估计方法

假设信号一个周期中绿灯时长为 g,红灯时长为 r(黄灯时间看作其一部分),周期为 c,则 $c=r+g$。则在 i 交叉口 k 时段一个信号控制周期时长 c 内通过的机动车能耗为:

$$\sum_{n=1}^{N} F(i,k) = \sum_{n=1}^{N} [F_{0in}(i,c) + F_{ain}(i,c) + F_{bin}(i,c) + F_{cin}(i,c)] \tag{8-6}$$

式中：$F_{0in}(i,c)$——交叉口 i 周期 c 内任意一条进口车道机动车通过交叉口时因怠速状态产生的能耗(L)；

$F_{ain}(i,c)$——交叉口 i 周期 c 内任意一条进口车道机动车以车速 u 匀速通过交叉口能耗(L)；

$F_{bin}(i,c)$——交叉口 i 周期 c 内任意一条进口车道机动车通过交叉口时因减速产生的能耗(L)；

$F_{cin}(i,c)$——交叉口 i 周期 c 内任意一条进口车道机动车通过交叉口时因加速产生的能耗(L)。

依据交叉口流量，把交叉口分为欠饱和、过饱和两种状态，进而研究交叉口能耗。

①欠饱和状态信号控制交叉口能耗

欠饱和条件下车流到达交叉口排队如图 8-7 所示。假设通过交叉口时车辆在一定速度范围内匀速行驶能耗为 F'_u(L/100km)，k 时段机动车到达率即交通流量为 $q(k)$(pcu/h)且符合均匀分布，每个周期时长 c(s)内到达车辆数为 $q(k)c/3600$(pcu)，则每周期车辆匀速通过交叉口能耗为：

$$F_{ain}(i,c) = L_i F'_u q(k) c/3600 \times 10^{-5} \tag{8-7}$$

每周期因加速、减速增加的能耗分别为：

$$F_{cin}(i,c) = \frac{Srq(k)}{3600[S-q(k)]} E_a = \frac{c(1-g/c)q(k)}{3600[1-q(k)/S]} E_a \tag{8-8}$$

$$F_{bin}(i,c) = \frac{Srq(k)}{3600[S-q(k)]} E_d = \frac{c(1-g/c)q(k)}{3600[1-q(k)/S]} E_d \tag{8-9}$$

式中：E_a——车辆由完全静止加速至正常行驶速度时的能源消耗量(L/pcu)；

E_d——车辆由正常行驶速度减速至完全停止时的能源消耗量(L/pcu)。

每周期因怠速增加的能耗为：

$$F_{0in}(i,c) = \frac{Sq(k) r^2}{2 \times 3600[S-q(k)]} f_0 \tag{8-10}$$

式中：f_0——车辆怠速时的燃油消耗率[L/(h · pcu)]。

②过饱和状态信号控制交叉口能耗

如图 8-8 所示，当交叉口处于过饱和时，在一个周期内，假设初始排队车辆数为 $N_B(k)$，周期执行结束后排队车辆数为 $N_H(k)$，则 k 时段一个信号控制周期时长 c 内因加速、减速增加的油耗分别为：

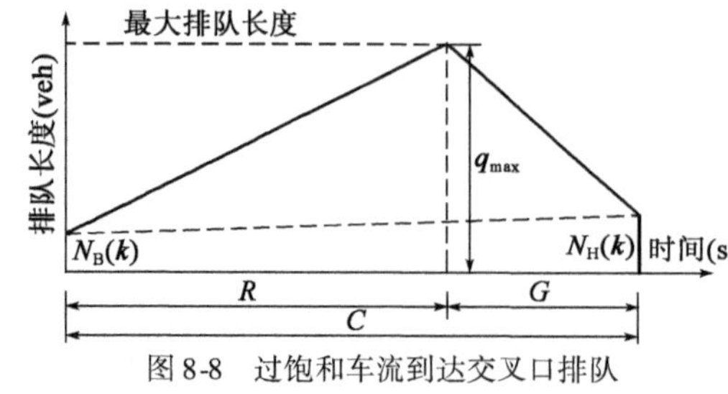

图 8-8　过饱和车流到达交叉口排队

$$F_{cin}(i,c) = [2N_H(k) + q(k)c - N_B(k)] E_a/3600 \tag{8-11}$$

$$F_{bin}(i,c) = [2N_H(k) + q(k)c - N_B(k)] E_d/3600 \tag{8-12}$$

过饱和状态下每周期因怠速增加的油耗为：

$$F_{0in}(i,c)=\frac{1}{2}[N_B(k)(r+c)+q(k)rc+N_H(k)g]f_0/3600 \tag{8-13}$$

(3)道路路段能耗估计方法

道路路段的能耗主要受到通过交通量的影响。冯雨芹(2011)提出道路路段中任意一条车道 k 时段内通过车辆总的能耗：

$$F(j,k)=L_j\left\{k_1\left[\frac{q(k)}{C_j}\right]^2+k_2\left[\frac{q(k)}{C_j}\right]+k_3\right\}\times 10^{-5} \tag{8-14}$$

式中：$F(j,k)$——路段 j 在时间段 k 内任意一条车道机动车以车速 u 匀速通过路段的能耗(L)；

L_j——车辆通过的路段长度（m）；

C_j——路段 j 上一条车道的通行能力(pcu/h)；

k_1、k_2、k_3——拟合参数。

(4)宏观路网能耗分析

若在路网中设置有足够多的检测器并获得路网各个节点、路段的车流参数，则宏观路网能耗可直接根据式(8-5)进行计算。为了快速估计新的控制方案网络能耗状况，可考虑采用宏观路网基本图数据对路网能耗进行宏观粗略估计。

假设在具有 MFD 同质性的交通网络中，累计交通量为 $Q(k)$，路网自由流状态下交通流速度为 v_f，路网最佳密度为 ρ_c，那么 k 时段路网交通流密度 $\rho(k)$ 为：

$$\rho(k)=Q(k)/\left[\sum_{i=0}^{I}\sum_{n=1}^{N}L_c\cdot n+\sum_{j=1}^{J}\sum_{m=1}^{M}L_j\cdot m\right] \tag{8-15}$$

式中：L_c——车辆通过的交叉口长度（m）。

根据 Peng(2013)的研究成果，采用 Underwood 模型计算的路网车流平均速度为：

$$v(k)=v_f\exp[-\rho(k)/\rho_c] \tag{8-16}$$

由交通流三参数关系，单车道分布平均交通流率估计值 $\hat{q}(k)$ 为：

$$\hat{q}(k)=\rho(k)v(k) \tag{8-17}$$

根据单车道分布平均交通流率估计值，结合路网信号配时参数，采用式(8-7)~式(8-13)可获得交叉口能耗状况，采用式(8-14)可获得路网路段能耗，从而根据式(8-5)可估计路网宏观能耗。

在不同累计交通量条件下，某宏观网络总能耗如图 8-9 所示。由图 8-9 可知，网络车辆总能耗随着交通量的增加而增加，且符合指数函数分布形式。在车辆数为 0 时，网络总能耗为 0，随着交通量的增加，网络总能耗缓慢增加，当网络累计交通量到达 4000 辆时，随着交通量的增加，网络总能耗开始“快速”增加。

宏观网络车均能耗如图 8-10 所示。由图 8-10 可知，宏观网络车均能耗随着交通量的增加，先缓慢减少，车均能耗达到最小值。这时，车辆对应的平均速度称为“经济车速”，随着交通量的继续增加，车均能耗开始增加。宏观网络车均能耗与交通量呈现二次函数关系，并不是指数分布形式。这是因为网络总能耗受到车均能耗和交通量两个因素的影响，反映到模型中就是它们随着交通量的拟合曲线不同。

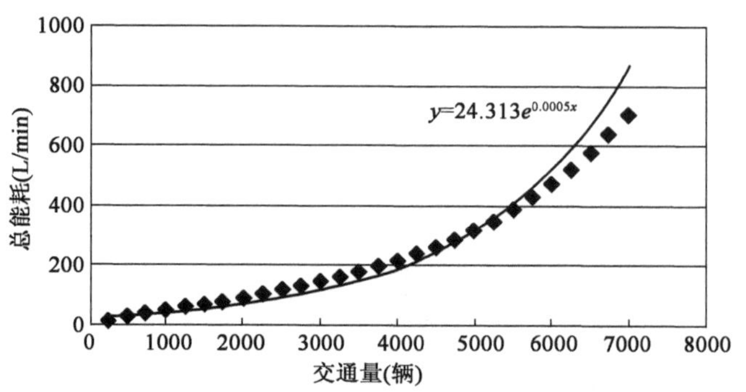

图 8-9　宏观网络机动车辆总能耗分布

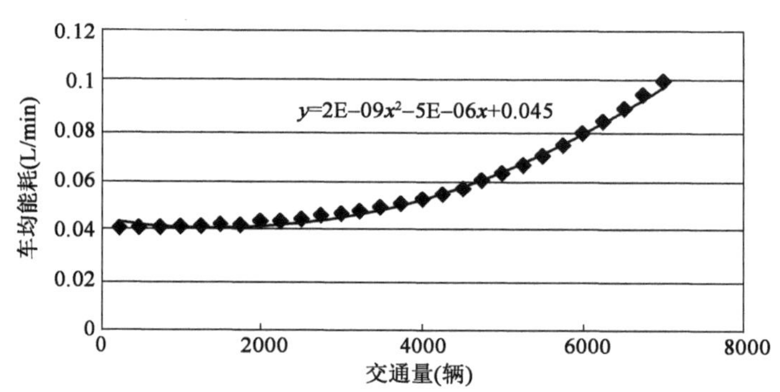

图 8-10　宏观网络机动车辆平均能耗分布

8.3　宏观网络能耗优化控制方法

8.3.1　车流平衡方程

以一个城市中心区路网为例，假设其可分为 1、2 两个子区如图 8-11 所示，且其交通可以用宏观基本图 MFD1 和 MFD2 模拟，其中 1 区为交通饱和度较大且容易产生交通拥堵的一个区域。$q_{11}(t)$为 1 区流至 1 区的交通流率，$q_{12}(t)$为受交通信号控制的 1 区流至 2 区的交通流率，$q_{u12}(t)$为未受交通信号控制的 1 区流至 2 区的交通流率，$q_{22}(t)$为 2 区流至 2 区的交通流率，$q_{21}(t)$为受交通信号控制的 2 区流至 1 区的交通流率，$q_{u21}(t)$为未受交通信号控制的 2 区流至 1 区的交通流率。t 时刻，在 1 区内目标流至该区域内的机动车数为 $Q_{11}(t)$，目标流至其他区域的机动车数为 $Q_{12}(t)$；2 区内目标流至该区域内的机动车数为 $Q_{22}(t)$，目标流至其他区域的机动车数为 $Q_{21}(t)$。假设 t 时刻 1 区、2 区内交通总量分别为 $Q_1(t)$、$Q_2(t)$，则有：

$$Q_1(t) = Q_{11}(t) + Q_{12}(t) \tag{8-18}$$

$$Q_2(t) = Q_{21}(t) + Q_{22}(t) \tag{8-19}$$

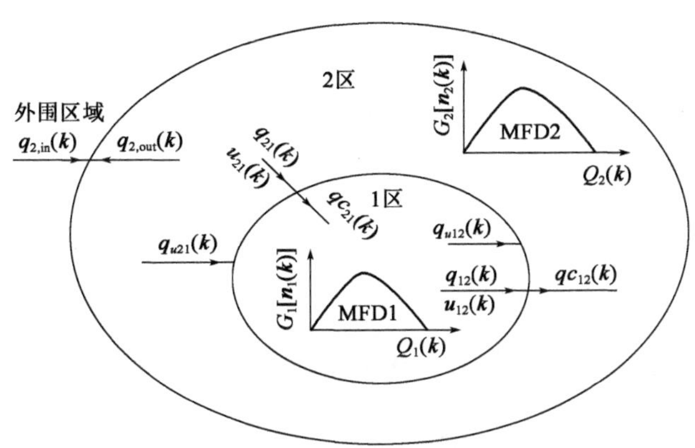

图 8-11　存在宏观基本图的两城市区域网络

1 区至 2 区交通流以及 2 区至 1 区部分交通流受区域边界信号控制，2 区与其外围区域交通流不受边界信号控制。假设 1 区内流向区域内的车辆数 $Q_{11}(t)$ 占 1 区总的车辆数 $Q_1(t)$ 的比例呈稳定分布，且其比值为 $\beta_1 = Q_{11}(t)/Q_1(t)$；并且 1 区内新增交通流率 $q_{1,new}(t)$ 也按照 β_1 的比例流向 1 区内部。根据宏观基本图，若 1 区出行车辆理论完成流率为 $G_1[Q_1(t)]$，并且其在 1 区内部完成率和向外完成率与 t 时刻区域内目标流向的车辆数成正比，则区域 1 流入流出车辆守恒方程为：

$$\frac{dQ_{11}(t)}{dt} = q_{11}(t) + u_{21}(t)q_{21}(t) + q_{u21}(t) - \beta_1 G_1[Q_1(t)] + \beta_1 q_{1,new}(t) \tag{8-20}$$

式中：$u_{21}(t)$——2 区流至 1 区控制率，且 $u_{21}(t) \in [0,1]$；

$q_{1,new}(t)$——1 区内的新增交通流率。

$$\frac{dQ_{12}(t)}{dt} = q_{12}(t) - u_{12}(t)q_{12}(t) - q_{u12}(t) + (1-\beta_1)q_{1,new}(t) \tag{8-21}$$

式中：$u_{12}(t)$——1 区流至 2 区控制率，且 $u_{12}(t) \in [0,1]$。

由式(8-20)和式(8-21)可知 1 区的机动车守恒方程：

$$\frac{dQ_1(t)}{dt} = q_{11}(t) + q_{12}(t) + u_{21}(t)q_{21}(t) - u_{12}(t)q_{12}(t) + q_{1,new}(t) + q_{u21}(t) - q_{u12}(t) - \beta_1 \cdot G_1[Q_1(t)] \tag{8-22}$$

区域 2 与区域 1 主要区别在于区域 2 与外围区域存在一定的交通交换。假设 2 区内流向区域内的车辆数 $Q_{22}(t)$ 占 2 区总的车辆数 $Q_2(t)$ 的比例也呈稳定分布，且其比值为 $\beta_2 = Q_{22}(t)/Q_2(t)$；同样 2 区内新增交通流率 $q_{2,new}(t)$ 按照 β_2 的比例流向 2 区内部。参照区域 1 车辆守恒方程，区域 2 交通目标流入流出守恒方程分别为：

$$\frac{dQ_{22}(t)}{dt} = q_{22}(t) + q_{2,in}(t) - q_{2,out}(t) + u_{12}(t)q_{12}(t) + q_{u12}(t) - \beta_2 G_2[Q_2(t)] + \beta_2 q_{2,new}(t) \tag{8-23}$$

$$\frac{dQ_{21}(t)}{dt} = q_{21}(t) - u_{21}(t)q_{21}(t) - q_{u21}(t) + (1-\beta_2)q_{2,new}(t) \tag{8-24}$$

式中：$q_{2,new}(t)$——2 区内的新增交通流率；

$G_2[Q_2(t)]$——2 区出行车辆理论完成流率。

假设无论在高峰或平峰期间区域 2 与外围交通流入流出量接近，即 $q_{2,\mathrm{in}}(t) \approx q_{2,\mathrm{out}}(t)$，由式(8-23)和式(8-24)便可得出 2 区的机动车守恒方程为：

$$\frac{\mathrm{d}Q_2(t)}{\mathrm{d}t} = q_{22}(t) + q_{21}(t) + u_{12}(t)q_{12}(t) - u_{21}(t)q_{21}(t) + q_{u12}(t) + q_{2,new}(t) - q_{u21}(t) - \beta_2 G_2[Q_2(t)] \tag{8-25}$$

8.3.2 宏观路网高能耗区边界优化协调控制

(1)宏观路网高能耗区区域边界优化协调控制模型

在交通高能耗区交通拥堵状况下，网络的交通信号控制目的是为了缓解甚至避免交通拥堵，减少出行时间并降低能源消耗。故而建立的高能耗区边界优化协调控制模型以路网运行机动车完成率最高且网络行驶机动车能耗最低作为优化目标，在进行宏观路网边界控制时假设以下条件成立：

①MFD 为道路网络的固有特性，在对交通高能耗区域进行边界控制时高能耗区交通的分布形式不会受到影响，不会对内部和外部路网的 MFD 分布形式产生影响。

②在疏散交通拥堵期间，交通流在路网中存在一定的时空转移，为简化分析，这里不进行 MFD 子区边界的重新划分。

假设 $k-1$ 时段图 8-11 中两个子区的累计交通量分别为 $Q_1(k-1)$ 和 $Q_2(k-1)$，若 k 时段两个子区边界间控制率分别为 $u_{12}(k)$ 和 $u_{21}(k)$。由式(8-22)、式(8-25)可估计 k 时段两个子区累计交通流量 $\hat{Q}_1(k)$ 和 $\hat{Q}_2(k)$，则根据式(8-14)可估算 k 时段宏观路网能耗 $FC(k)$。令 $J_2 = \sum_k FC(k)$，从全局最优的角度需要 J_2 取最小值，但实际的交通网络与一般的工业控制网络不同，系统受到信号控制、交通诱导等其他众多因素影响，交通流量呈现出随机性强、难以重复等特征，所以分步以运行机动车完成率最高、能耗最低的双目标优化模型为：

$$\begin{cases} \max J_1 = \sum_{a=1}^{2}\sum_{b=1}^{2} G_a\{Q_a(k) - [1 - u_{ab}(k)]q_{ab}(k)\} \\ \min FC(k) = \sum_{i=0}^{I}\sum_{n=1}^{N} F(i,k) \cdot n + \sum_{j=1}^{J}\sum_{m=1}^{M} F(j,k) \cdot m \end{cases} \tag{8-26}$$

$$\text{s.t.}\quad 0 \leqslant u_{ab}(k) \leqslant 1 \;,a,b = 1,2\ \text{且}\ a \neq b \tag{8-27}$$

$$q_{ab,\min} \leqslant u_{ab}(k)q_{ab}(k) \leqslant q_{ab,\max},a,b = 1,2\ \text{且}\ i \neq j \tag{8-28}$$

$$\hat{Q}_1(k) \leqslant Q_{1,\max},\hat{Q}_2(k) \leqslant Q_{2,\max} \tag{8-29}$$

在进行跨边界流向控制的交叉口信号配时，绿灯时间不宜过短，需满足行人过街的最短绿灯时间 $g_{\min}$ 和最小周期时长 $c_{\min}$ 的约束；信号配时也不宜过长，需满足横向道路行人过街最短绿灯时间和最大周期时长 $c_{\max}$ 的约束。所以，控制率 $u_{12}(k)$、$u_{21}(k)$ 需满足式(8-27)、式(8-28)。另外，由于网络过饱和状态下交通流无法进入，故应满足式(8-29)。将双目标转换成单目标模型：

$$\max J = J_1 - \theta \cdot FC(k) \tag{8-30}$$

式中，θ 为加权系数，具有两个含义：一是使机动车完成率与系统总能耗匹配，统一单位；二是其大小表达出在管理者决策期间，对机动车完成率最大和系统总能耗最低这两个目标的重视情况，θ 值越大，说明管理者对系统总能耗最低越重视，θ 值越小，说明管理者对机动车完成率最大越重视。

(2)高能耗区边界交叉口信号协调控制方法

采用宏观路网高能耗区边界优化协调控制模型能有效地得出总的驶进驶离高能耗区交通流量，如果要实施给定边界流量值的动态有效调节，需要有对应的边界交叉口信号控制方法。

以图 8-12 为例，其中交叉口 3、6 为与子区边界相邻的信号控制交叉口，编号 1、2、4 为与 3 相连的交叉口，编号 5、7、8 为与 6 相连的交叉口。进行边界信号控制时，MFD 子区边界只是虚拟的参考点。实际进行调整进出子区道路上与边界相邻的交叉口信号配时，通过优化交叉口 3 信号配时对 a 区驶进 b 区的交通流进行控制，进行交叉口 1、2、4 的信号配时调整是为了保障经这些交叉口流出的交通量不至于引起交叉口 3 出现过饱和状态甚至溢出；同理调整另一侧 5、6、7、8 交叉口的信号配时能调节 b 区驶进 a 区的交通流。为了保障边界交叉口 3、6 交通量不至于溢出，依据检测器检测的机动车排队数据优化 1、2、4 和 5、7、8 的信号配时方法较为常用，仅给出紧邻宏观网络高能耗区边界交叉口 3、6 的信号优化方法。

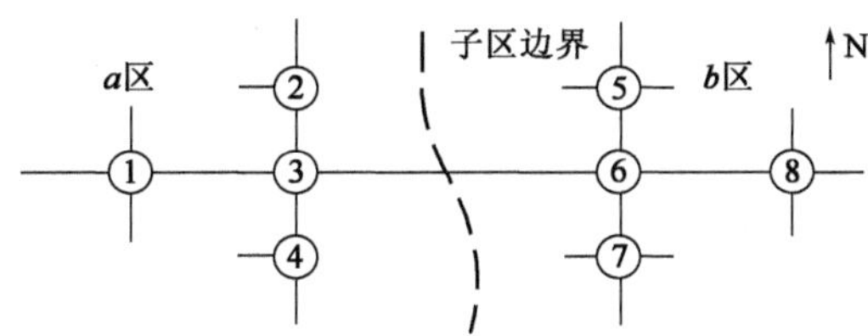

图 8-12 MFD 子区边界控制方案示意图

为控制边界上 a 小区驶进 b 小区的交通量，假定与两小区边界相交的道路有 n 条，其中第 l 条道路在紧邻边界上游 a 小区的交叉口有 m 个。

那么，在 k 时段满足行人过街的最短绿灯时间 $g_{\min}$ 以及最小周期时长 $c_{\min}$ 的约束条件下，需满足 a 小区流进 b 小区的边界最小交通量为：

$$q_{ab,\min}(k) = \sum_{l=1}^{n}\sum_{h=1}^{m} q_{lh,\min}(k) \tag{8-31}$$

式中，$l = 1, \cdots, n, h = 1, \cdots, m, q_{lh,\min}(k)$ 为 k 时段控制边界第 l 条道路第 h 个交叉口从 a 小区流至 b 小区相应相位的最小交通流量。

满足相位最大允许绿灯时间和最大周期时长 $c_{\max}$ 的约束条件下，边界能提供 a 小区流进 b 小区的最大交通量为：

$$q_{ab,\max}(k) = \sum_{l=1}^{n}\sum_{h=1}^{m} q_{lh,\max}(k) \tag{8-32}$$

式中，$l = 1, \cdots, n, h = 1, \cdots, m, q_{lh,\max}(k)$ 为 k 时段控制边界第 l 条道路第 h 个交叉口从 a 小区流至 b 小区相应相位的最大交通流量。

如果采用最优控制模型计算得出 k 时段 a 小区驶进 b 小区边界控制率为 $u_{ab}(k)$，则 a 小区驶进 b 小区实际交通流量 $q_{cab}(k)$ 为：

$$q_{cab}(k)=u_{ab}(k)q_{ab}(k) \tag{8-33}$$

①如果 $q_{cab}(k)\leqslant q_{ab,\min}(k)$,那么从 a 小区驶进 b 小区跨边界流向各个相位实际输入为最小交通量 $q_{\min}(k)$,相应绿信比为 $\lambda_{\min}(k)$。

②如果 $q_{cab}(k)\geqslant q_{ab,\max}(k)$,那么从 a 小区驶进 b 小区跨边界流向各个相位实际输入为最大交通量 $q_{\max}(k)$,相应绿信比为 $\lambda_{\max}(k)$。

③如果 $q_{ab,\min}(k)<q_{cab}(k)<q_{ab,\max}(k)$,考虑到边界交叉口具有不同的饱和度,在调整边界交叉口绿信比时不可进行输入流率平均分配,应当以饱和度高的交叉口其饱和度更加快速降低为优化目标。

假定控制边界第 l 条道路第 h 个交叉口从 a 小区至 b 小区流向的饱和流量为 S_{lh},k 时段最小交通量 $q_{lh,\min}(k)$ 和最大交通量 $q_{lh,\max}(k)$ 对应绿信比为:

$$\lambda_{lh,\min}=q_{lh,\min}(k)/S_{lh} \tag{8-34}$$

$$\lambda_{lh,\max}=q_{lh,\max}(k)/S_{lh} \tag{8-35}$$

假定 $\lambda_{lh,\mathrm{base}}$ 是第 l 条道路第 h 个交叉口跨边界流向已经分配获得的绿信比,即基础绿信比;$q_{\mathrm{sur},ab}(k)$ 是边界还未分配的总的剩余交通量;$x_{\mathrm{sur},lh}(k)$ 是经分配后第 l 条道路第 h 个交叉口跨边界流向的剩余饱和度。为满足 $q_{cab}(k)$ 的流出量,各个交叉口跨边界流向应至少提供最小交通量相应的通行能力。通过最小交通量分配后各个交叉口跨边界流向基础绿信比为最小绿信比,即 $\lambda_{lh,\mathrm{base}}=\lambda_{lh,\min}$,剩余流量 $q_{\mathrm{sur},ab}(k)=q_{cab}(k)-q_{ab,\mathrm{base}}(k)$ 待分配,这时各个交叉口剩余饱和度为:

$$S_{\mathrm{sur},lh}(k)=[q_{lh}(k)-q_{lh,\mathrm{base}}(k)]/S_{lh} \tag{8-36}$$

式中:$q_{lh}(k)$——第 l 条道路第 h 个交叉口跨边界流向通过需求流量;

$q_{lh,\mathrm{base}}(k)$——该方向绿信比为 $\lambda_{lh,\mathrm{base}}$ 配时条件下跨边界通过流量;

S_{lh}——该流向的饱和流量。

如果将剩余流量 $q_{\mathrm{sur},ab}(k)$ 分配到边界的交叉口,应充分考虑各个交叉口的剩余饱和状况,因此以剩余饱和度高的交叉口饱和度快速降低为优化目标分配剩余流量。引入平均饱和度调整率算子 δ_{ab},其满足剩余流量与信号调整时间的平衡方程:

$$\delta_{ab}=q_{\mathrm{sur},ab}(k)/\left\{\sum_{l=1}^{n}\sum_{h=1}^{m}[q_{lh}(k)]-q_{lh,\mathrm{base}}(k)]/\sum_{l=1}^{n}\sum_{h=1}^{m}\frac{q_{lh}(k)-q_{lh,\mathrm{base}}(k)}{S_{lh}}\right\} \tag{8-37}$$

则第 l 条道路第 h 个交叉口从 a 小区流向 b 小区对应流向的绿信比增加调整量为:

$$\Delta\lambda_{lh}=\delta_{ab}\cdot[q_{lh}(k)-q_{lh,\mathrm{base}}(k)]/\left[S_{lh}\sum_{n}\sum_{m}\frac{q_{lh}(k)-q_{lh,\mathrm{base}}(k)}{S_{lh}}\right] \tag{8-38}$$

边界控制的交通流量分配步骤如下:

步骤1:求解各个交叉口饱和度调整量 $\Delta\lambda_{lh}$;

步骤2:求解调整后各个交叉口饱和度 $\lambda_{lh,\mathrm{base}}+\Delta\lambda_{lh}$;

步骤3:判断 $\lambda_{lh,\mathrm{base}}+\Delta\lambda_{lh}$ 是否大于最大饱和度 $\lambda_{lh,\max}$,若无转移至步骤6;

步骤4:若 $\lambda_{lh,\mathrm{base}}+\Delta\lambda_{lh}>x_{lh,\max}$,该交叉口交通量已溢出,饱和度取最大值 $\lambda_{lh,\max}$;

步骤5:更新基础绿信比 $\lambda_{lh,\mathrm{base}}$ 值,将所有溢出交通量作为剩余待分配交通量 $q_{\mathrm{sur},ij}(k)$,去除绿信比已取最大值交叉口,转移至步骤1进行分配;

步骤6:分配结束。

通过上述分配后获得跨边界流向的绿信比即可作为高能耗区边界信号配时参数对边界各个交叉口进行控制。若 a 小区与 b 小区之间双向均采用边界控制,由于流向相反且配时不同,实际实施中可采用非对称相位进行控制。

8.4　实例分析

8.4.1　仿真参数标定

如图8-13所示,为某市区域道路网络,根据交通拥堵状况划分为1区和2区两个MFD子区。除边界交叉口外,MFD子区内交叉口均采用定时控制。1区为合肥市商业较为集中的中央商务区,对外交通主要由9条道路组成,属于易发生交通拥堵区,面积为5.6平方公里。2区为与其紧邻的道路网,对外交通主要由27条道路组成,面积为13.65平方公里。除边界交叉口外,MFD子区内交叉口均采用定时控制。根据路网早高峰交通数据,经仿真测试后1区和2区MFD参数关系如图8-14所示。

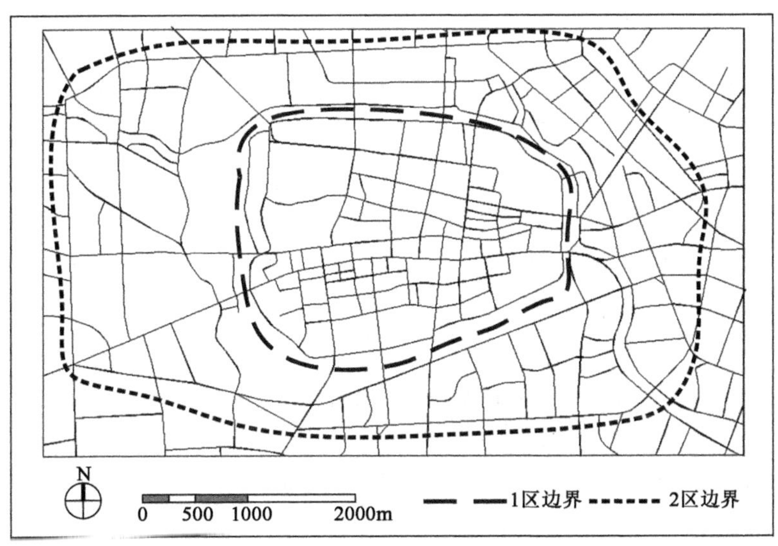

图8-13　仿真路网结构及子区划分图

1区MFD曲线方程为:$G_1(Q)=0.9542Q^3+1.9512Q^2+10.241Q$

2区MFD曲线方程为:$G_2(Q)=0.7861Q^3+2.0432Q^2+13.7815Q$。

能耗及相关参数的标定如下:式(8-6)相关参数中,匀速行驶能耗系数 $F'_u=5.6402$L/100km,车辆由完全静止加速至正常行驶速度时的能源消耗系数 $E_a=3.958\times10^{-3}$(L/pcu),车辆由正常行驶速度减速至完全停止时的能源消耗系数 $E_d=2.135\times10^{-3}$(L/pcu),车辆怠速能源消耗系数 $f_0=1.35\times10^{-3}$(L/h·pcu),单车道饱和流量 $S=1600$(pcu/h),单车道通行能力 $C_a=1600$(pcu/h)。式(8-14)相关参数取值分别为:$k_1=8.72$,$k_2=-7.16$,$k_3=6.61$,$\theta=0.15$。

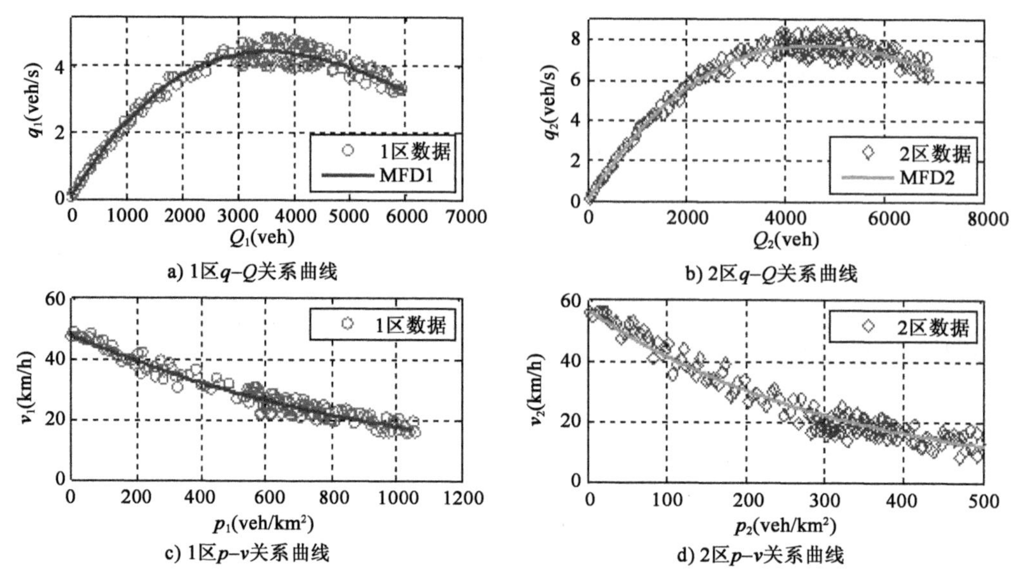

图 8-14　两区域流出率与累计交通量 MFD 关系图

8.4.2　仿真分析

仿真初始时刻,1 区路网初始累计交通量为 2800veh,初始控制率 $u_{12}(0)=0$;2 区路网初始累计交通量为 2000veh,初始控制率 $u_{21}(0)=1$。根据两个 MFD 子区运营数据,每隔 1 分钟调整路网边界控制参数。为便于比较,设定三个不同控制方案:无区域边界控制、Bang-Bang 边界控制和双目标规划能耗节约边界控制方法(简称 EO control)。无区域边界控制是指小区边界交叉口采用信号灯定时控制,但是不根据 MFD 子区状态调整配时时间。Bang-Bang 边界控制是指在满足行人过街及最大绿灯时长约束条件下,根据 MFD 子区状态以入口流率最大值或最小值调整入口边界交叉口配时方案,控制方法如下:

$$u(t)=\begin{cases} q_{ab,\min}/q_{ab}(t) & \text{当 } Q(t)>\tilde{Q}; \\ q_{ab,\max}/q_{ab}(t) & \text{其他} \end{cases} \tag{8-39}$$

式中:$q_{ab}(t)$——受信号控制的 a 子区流向 b 子区的交通流率。

经 4 个小时路网运行时长的仿真,宏观路网交通运营状况数据如图 8-15 ~ 图 8-20 所示。图 8-15为仿真期间两个 MFD 子区新增的交通量。

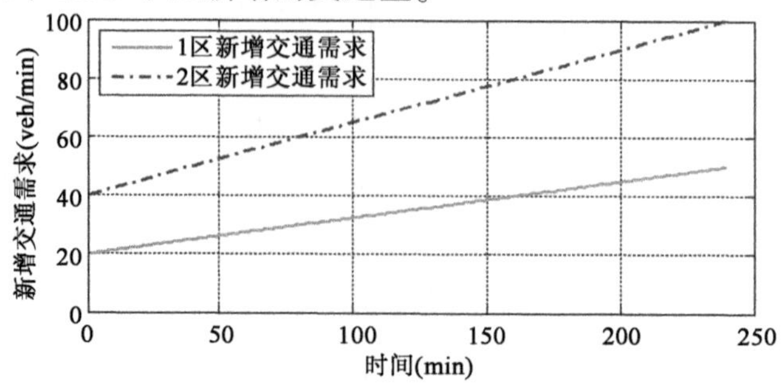

图 8-15　仿真期间两个 MFD 子区新增交通量(veh/min)

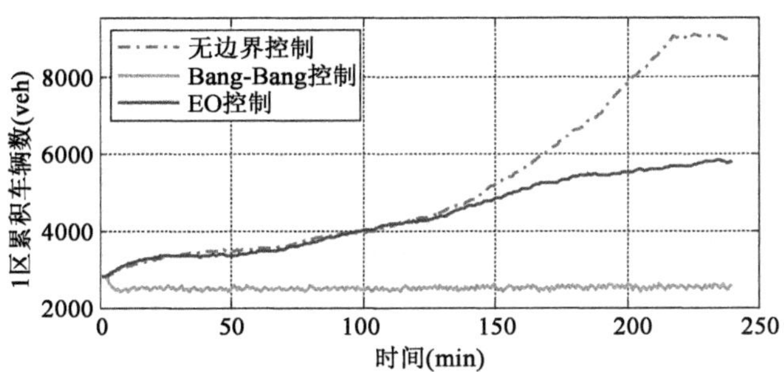

图 8-16　仿真期间 1 区累积交通量(veh)

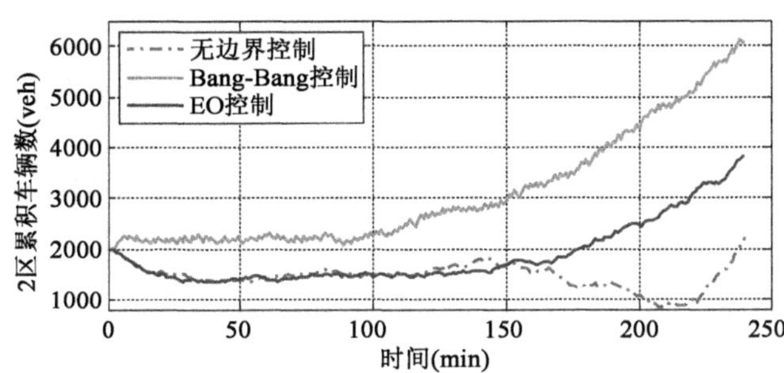

图 8-17　仿真期间 2 区累积交通量(veh)

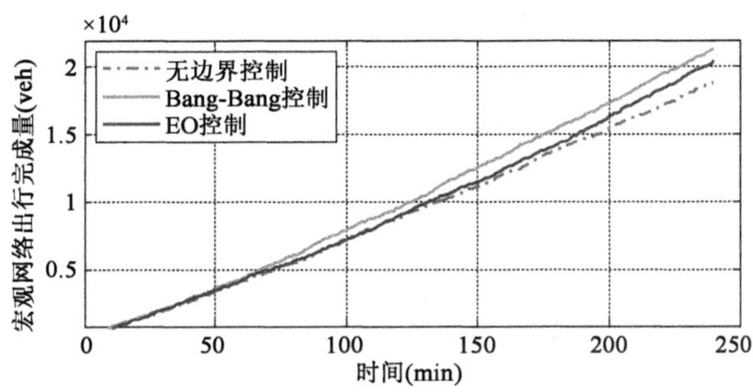

图 8-18　仿真期间宏观路网完成交通量(veh)

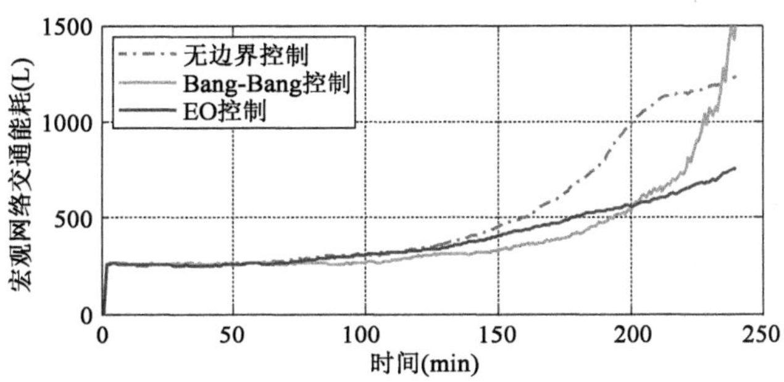

图 8-19　仿真期间宏观网络总交通能耗(L)

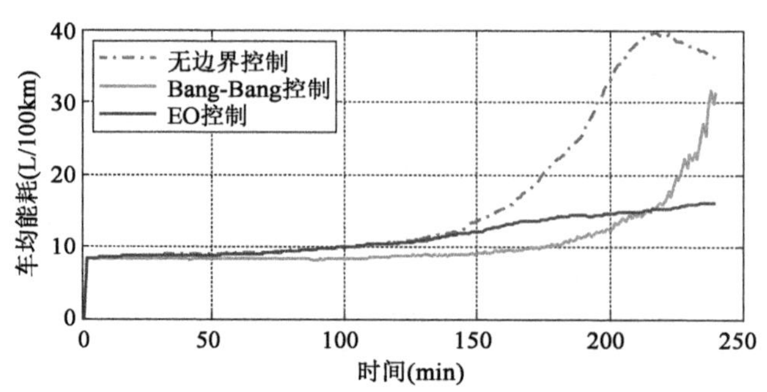

图 8-20　仿真期间宏观网络车均交通能耗(L/100km)

由图 8-16 和图 8-17 可知,当仿真超过 180 分钟时,无边界控制状态下 1 区路网处于拥塞状态,2 区路网运行状态始终良好。采用边界 Bang-Bang 控制可有效保证核心区 1 区处于良好运行状态,但是该种方法将车辆阻止在 1 区之外,导致仿真快结束时,2 区路网累计交通量也已超过 6000veh。与上述两种方案相比,EO control 使得路网交通量更加均衡。由图 8-18 可知,Bang-Bang 控制的总体疏散能力最强,无区域边界控制最弱。随着交通量的增长,当仿真超过 150 分钟后,EO control 的疏散能力会显著增加。

图 8-19 和图 8-20 展示了网络总能耗和车均能耗状况,可见在仿真到 180 分钟后,这时路网交通密度较大,无区域边界控制和 Bang-Bang 边界控制能耗快速增长,车均能耗甚至超过 30L/100km,而 EO control 方法能耗增长并不十分显著。在整个仿真时段,无区域边界控制车辆总能耗为 123699.57L,Bang-Bang 控制车辆总能耗为 96138.73L,而 EO control 能耗为 93964.23L,相比前两种控制方法分别降低 24.04% 和 2.26%。若仅考虑仿真[200min,240min]的高峰时段,三种方案的交通疏散量分别为 3436veh、4043veh、4128veh,能耗分别为 46637.85L、35111.1L、26515.95L,可见在高峰期间 EO control 方案可提高路网通行能力并大幅降低机动车能源消耗。

第9章　出行需求管理与交通能耗的协同控制

研究交通网络平衡条件下出行者的出行行为,特别是选择交通工具和路径对城市交通网络能耗的影响,建立考虑能耗的多模式下随机用户平衡交通配流模型,并采用道路拥挤收费及其他相关优化出行方式,控制交通网络的能耗,从而使得路网的能耗不超过某个给定的阈值,达到一定的节能目标。所以问题的关键在于找到城市道路网络能耗与出行方式和出行路径的关系。

9.1　出行分配与需求管理的理论基础

9.1.1　出行分配与需求管理的交通网络配流基础理论

交通网络配流问题,就是根据各种交通工具的出行分布数据,按照合理可行的原则,分派于某一特定的运输系统网络中,其所得的结果为每一路段的交通量。为有助于掌握考虑能耗的随机用户均衡方法,首先介绍用户平衡(UE)原则、系统最优原则的一般模型。

(1)Wardrop 原理

Wardrop 于20 世纪50 年代初期提出了交通网络平衡的第一原理和第二原理,奠定了交通流分配理论的基础。

Wardrop 第一原理被定义为:在道路的利用者都了解网络的交通运行状态并试图选择最短路时,网络一定会达到平衡状态。在考虑了交通拥挤等因素对行驶时间影响的网络中,当网络达到平衡状态时,每个起终点间各条路段具有相等且最小的出行时间;与此同时没有被使用的路径的出行时间大于或等于最小出行时间。此定义被简称为 Wardrop 平衡,在实际交通网络流分配中也被称为用户均衡(User Equilibrium,UE)。如果当交通网络没有达到平衡状态时,一定会有出行者试图通过变换线路来缩短出行时间直至达到平衡。

Wardrop 第二原理定义是:假定所有人的出行能够使得网络总出行时间最小,即存在一个中央管理者协调所有出行者的路径选择行为,出行者听从管理者的指挥,这样出行导致的流量分布状态被称为系统最优状态。在系统最优条件下,路网上交通流应该按照总出行成本或平均出行成本最小为依据来分配。

(2)用户均衡模型

Wardrop 第一原则可以用以下数学化的模型来表示,它是由 Beckmann 于 1956 年首次提出的。

交通分配就是将 O-D 对 rs 间的交通需求量分配至交通路网中,在 a 路段形成路段流 x_a,

符合用户最优要求的流量分布可以从下列数学规划问题中得到：

$$\min \overline{Z}(x) = \sum_{a \in A} \int_0^{x_a} t_a(x)\mathrm{d}x \tag{9-1}$$

$$\text{s.t} \quad \sum_{k \in P_{rs}} f_k^{rs} = q_{rs}, \forall r, s \tag{9-2}$$

$$f_k^{rs} \geqslant 0, \forall k, r, s \tag{9-3}$$

$$x_a = \sum_{r \in R} \sum_{s \in S} \sum_{k \in K} f_k^{rs} \delta_{ak}^{rs}, \forall a \tag{9-4}$$

式中：A——所有路段的集合；

R——所有出发地的集合；

S——所有目的地的集合；

a——表示一条路段，$a \in A$；

r——表示一个出发点，$r \in R$；

s——表示一个目的地，$s \in S$；

k——表示一条路径，$k \in P$；

q_{rs}——OD 对 rs 间的总交通流量；

x_a——路段 a 上的交通流量；

t_a——行驶路段 a 所需的平均时间；

f_k^{rs}——OD 对 rs 间路径 k 上的交通流量；

δ_{ak}^{rs}——路段路径关联变量，若路段在路径上取 1，反之取 0。

用户均衡模型的目标函数是路段出行时间函数的积分，并没有直观的经济学含义或行为学解释，只是一种用以推导用户均衡条件的数学构造，而目标函数式(9-1)被称为符合用户均衡条件的 Beckmann 变换，路段时间阻抗函数被假定成是路段流量的连续、单增函数，且只与自己路段流量有关。约束式(9-2)中令每个 O-D 对之间所有路径流量与相应的 O-D 出行需求量的转化关系，约束式(9-4)描述了路段流量与路径流量的关系。

如果把路径流量视为决策变量，则目标函数多为严格凸函数，如果约束条件也是严格凸函数，则此规划为凸规划，凸规划最优解具有唯一性。

(3)系统最优模型

假定驾驶员接受统一的调度，大家的共同目的是使系统总运行成本最小，系统最优可以表示成如下的数学规划问题：

$$\min \overline{Z}(x) = \sum_a x_a t_a(x_a) \tag{9-5}$$

$$\text{s.t} \quad \sum_k f_k^{rs} = q_{rs}, \forall r, s \tag{9-6}$$

$$f_k^{rs} \geqslant 0, \forall k, r, s \tag{9-7}$$

$$x_a = \sum_r \sum_s \sum_k f_k^{rs} \delta_{ak}^{rs}, \forall a \tag{9-8}$$

系统最优问题的一阶条件和用户均衡时相似，它们唯一的区别在于系统最优时路段费用中新增加了每个驾驶员出行时给这个路段上所有其他驾驶员造成的外部成本(拥挤效应)，也就是系统最优时需收取的费用。这也将网络均衡问题与拥挤收费问题联系起来了。

9.1.2　多模式下随机用户平衡交通配流理论

上一小节介绍了交通网络配流的相关知识。以此为基础,本节介绍多种交通模式的随机用户平衡理论。首先介绍出行者出行行为选择的一般模式,随后介绍解决多模式下随机用户平衡交通配流问题的一般思路,最后介绍相关模型。

(1)出行行为选择模型

行驶在道路上的私家车、公交车、自行车和行人混合组成城市交通系统的交通流,所以对于城市混合交通配流,不仅要考虑出行者的路径选择,还需要考虑出行者出行方式的选择,即各种交通方式之间的流量分配。多模式交通分配的研究针对路网中交通流按出行使用的交通工具的不同分为多类,不同的交通出行方式的费用——出行成本函数各不相同,同时各种模式交通流只会影响自己的出行成本函数且不影响其他模式出行成本函数。简而言之多模式交通分配的基础是出行者的出行选择,而离散选择模型很适合进行这种出行行为分析。根据“效用理论”,消费者在进行消费选择时追求“效用”的最大化,即获得的各种收益的最大化。基于消费者总是追求自身最大效用的理论,在特定条件下,总是选择他所能认知到的收益最大的方案。

根据效用理论,假设某出行者 n 的选择方案集合为 A_n,选择其中的方案 j 的效用为 U_{jn},则该出行者选择方案 i 的条件为:

$$U_{in} > U_{jn}, i \neq j, j \in A_n \tag{9-9}$$

考虑到实际问题中出行者的效用函数很难精确地被出行者所感知,根据随机效用理论,出行者所感知到的效用是一个随机变量,通常将效用函数分为固定项和随机项,由此效用函数可表示为:

$$U_{in} = V_{in} + \varepsilon_{in} \tag{9-10}$$

上式中效用被分为了固定项 V_{in} 和随机项 ε_{in}。

最常见的离散选择模型为 Logit 模型,Logit 模型假定概率项 $\varepsilon_{in}(j = 1,2,\cdots,I_n)$ 独立同时服从二重指数分布。为了简化推导过程,可以将二重指数分布参数(η,ω)设为$(0,1)$,易得出 $U_{in} = V_{in} + \varepsilon_{in}$ 服从参数为$(V_{in},1)$的二重指数分布。

则选择方案 i 的概率为:

$$P_{in} = \frac{e^{V_{in}}}{\sum\limits_{i \in A_n} e^{V_{in}}} \tag{9-11}$$

上式即为 logit 模型,它将出行效用与出行行为选择有机地结合在一起,成为多模式随机用户均衡的重要理论基础,也是连接出行行为选择与交通分配的桥梁。

(2)多模式下随机用户平衡配流思路

用户最优模型假设出行者完全正确地了解路网交通状况并作出最优模式选择和路径选择。而现实中,出行者对路段阻抗的估计不可能完全正确,该阻抗可被视为随机变量。结合 logit 模型可以很容易地描述出这种模式选择和路径选择的随机性。

该领域的有关研究,Florian 和 Nguyen(1978)首次提出将单一出行模式的交通网络均衡模型扩展为汽车与公交车两种模式选择的问题,且汽车、公交车的出行时间互不相关。其后 Fisk

等(1982)、Florian 等(1982)对此作了进一步分析,并利用雅可比方法进行了改进。Friesz(1981)提出了多模式交通分布、模式选择和分配的优化模型,出行费用依赖于所选择的模式。Fisk 和 Boyce(1983)则利用变分不等式表达这一模型,模型假设不同的交通模式之间的出行费用是无关的,通过一个 logit 函数得到了模式选择函数。林兴强和黄海军提出了混合交通出行分布模式选择模型以及一个等价凸优化问题。Femandez 等(1994)提出了基于多层 Logit 需求函数的随机网络均衡模型,这一模型可以用等价的凸优化问题表达。Abrahamsson(1999)针对多层次混合交通分布、模式选择和分配模型提出了凸优化模型,模型中的路径分配先于模式选择。与此同时,他们认为不同交通模式的交通流会相互干扰,模型中公交车的出行时间取决于汽车的出行时间。Florian 等(1999)探讨了多模式弹性需求下的交通网络均衡配流模型,出行模式的选择采用多层 Logit 结构,公交的出行时间与同一路网的其他车辆出行时间相关,并采用变分不等式将模型的全部元素集合于一个模型中。

Lam 和 Huang(1992)提出了一个混合交通出行分布模式选择模型,得出 5 种不同情况下的模式选择思路:

①每种出行方式对应一个 OD 矩阵,模型的目标是为了达到用户最优的路径和流量。路径费用与流量相关,并且依赖于每种交通方式的流量。

②当整体 OD 矩阵可知,将 OD 矩阵与每种交通出行方式的出行成本联立得到网络中各交通方式的配流。模型的目标是为了达到用户最优的路径和流量。当路径费用与流量相关,并且依赖于每种交通方式的流量时,就能通过模式选择方程去改变出行模式。特殊情况下,模式选择方程能够将所有的流量分配给最小成本的出行模式,从而得出用户最优出行模式以及路径流量。

③当只知道起点和终点的各种交通方式的流量,而不清楚各种交通方式的出行矩阵,目标变成了寻找各出行方式的 OD 矩阵,得出最优路径及流量,以达到用户最优。

④所有模式的起点和终点流量总和已知,但是所有模式的 OD 矩阵未知,这时先找到各模式的 OD 矩阵,再求出用户最优路径和流量。

⑤最后,作为以上 4 种情况的补充和扩展,当不同社会阶层出行者的起点和终点流量已知,问题就变成了决定不同阶层的出行矩阵,以达到用户最优。

9.1.3 交通拥挤收费的经济学原理及模型

道路收费作为城市交通需求管理的重要措施,已在理论和实践中证明其可行性和有效性。通过道路收费改变出行行为,达到控制交通能耗的目的,这是本章研究的重要方面。所以本节将介绍道路收费的基础理论—边际成本定价理论,及道路收费的经典经济学原理,并介绍与本章研究内容联系最紧密的 logit 随机用户均衡模式下的道路收费理论。

(1)边际成本定价理论

经济学家们认为,纯粹的私人产品和公共产品的消费不存在拥挤问题,因为拥挤意味着有限的消费容量和无限的消费需求之间的矛盾。所以造成城市交通拥挤的根本原因在于对城市道路所有权的分配。由于一般来说政府拥有城市道路的所有权,所以道路就变为了纯公共产品,出行者在使用道路时不会有任何外部成本上的考虑,因此无需对道路的使用效率负责。对于每个出行者而言,出行时只需要计算个人边际费用,而不需要考虑到由于他们所导致的道路拥挤施加在其他人身上的成本。只要个人收益大于个人成本,个人车辆就会持续不断的增加。由于外部效应,造成了边际个人成本与边际社会成本不平衡,它们间的差额就造成了拥挤现象,即对道路的过度使用使得行驶在道路上的车流量超过了最佳车流量。边际成本道路收费正是把价格机制引入到交通管理中来,它确定了城市道路的产权,为市场有效的配置城市道路资源提供了保障。为了更直观地理解边际成本收费原理利用图9-1进行解释。

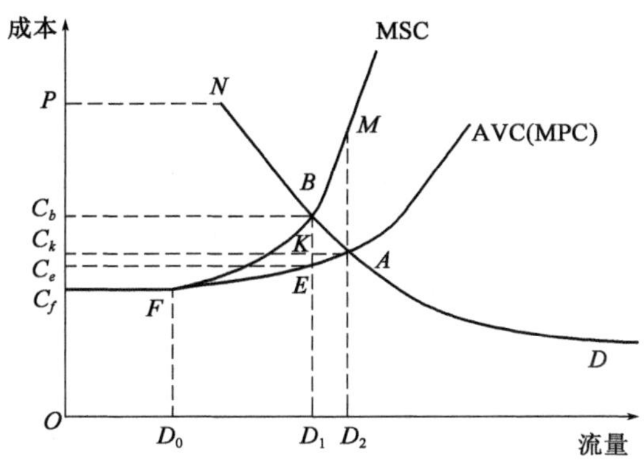

图9-1 边际成本交通拥挤收费的经济学原理图

如图9-1所示,边际社会成本曲线和边际个人成本曲线分别与交通需求曲线相交于A、B两点,相应的实时交通量分别为D_1、D_2,出行成本分别为C_b、C_k。道路使用者一般会认为A点为用户最佳收益点,所有小于D_2的出行量被认为是划得来的,因为出行者认为所有小于D_2的出行收益都大于其出行成本;事实上当道路上的交通流量超过D_0的时候,随着出行需求的上升,道路上交通量越来越多,当道路上的交通量达到D_1时候,个体出行者感受到的出行成本仍然只有C_e,没有考虑到因为自身出行导致其他出行者的平均出行成本的增加,其实他们自己的出行成本也上升至C_b,由于出行者对自身出行成本没有正确的认识,便会导致系统的需求过大,刺激更多车辆驶入该交通网络中,致使交通网络更加拥挤。根据边际成本定价原理,为了更好地分配城市道路交通系统中的交通量,也为了让出行者对自己的实际出行成本有正确的认识和了解,应该对拥堵道路上的使用者收取大小等于$BE = C_b - C_e$的费用,使得用户最优点D_2与系统最优点D_1重合,此时整个城市道路系统才会回到原先正常的拥挤水平。

此外,从图中还可以得出以下结论:

①系统最优点D_1处,路网的总收益:$PNBFC_f = PNBD_1O - BD_1OC_fF$,$PNBD_1O$为系统总收益,$BD_1OC_fF$为系统总成本。

②当城市道路网上的交通量超过D_1达到用户最优点D_2,此时用户总收益的损失表示为:$\Delta ABM = D_2MBD_1 - D_2ABD_1$。

③对支付费用继续选择原有道路出行的用户来说,成本=时间价值-支付道路收费,可以表示为:$BKC_kC_b = BEC_eC_b - KEC_eC_k$。

④政府由于收取大小等于BE的道路收费,得到了BEC_eC_b的收入,收入可以用于新建道路,改善原先的基础设施或者发展公交优先,提高公交的服务水平和服务质量。

⑤从$D_2 \rightarrow D_1$,可理解为交通需求量的减少而导致出行效益的损失,其损失值为D_2ABD_1;

从 $D_2 \to D_1$，也同样可理解为拥挤程度的减少，从而导致收益的上升，其成本节约值为 D_2MBD_1，两者之差即为系统的净收益，用公式表示为：$\Delta BAM = D_2MBD_1 - D_2ABD_1$。

边际成本交通拥挤收费理论有其重要的意义，经济学家们尝试使用经济学知识解决交通问题，然而该理论没有考虑到城市交通拥挤在空间上的不同分布，忽略了不同路径间的可替代性，所以该理论只能应用于瓶颈道路的收费。该理论将各种交通方式单纯地用车辆表示，没有考虑城市交通系统中交通出行方式的多样性和道路交通流组成结构的复杂性，这样边际成本交通拥挤收费理论未能把各种交通方式区分开，忽略了他们之间的可替代性。此外，由于该理论是从纯经济学的角度进行分析的，缺乏与交通工程学的结合，不能够分析出行者关于不同出行方式和出行路径的决策行为。其最终定价是边际社会成本与边际个人成本的差值，然而这两个参数在实际应用过程中是很难得到的，无法用具体的数值量化。

(2) logit 随机用户均衡模式下的道路收费理论

对于 logit 随机用户均衡模式下的拥挤收费问题，Akamatsu 和 Kuwahara(1985)进行过研究，他们考虑的目标函数是最小化路网的总体运行时间，建立了一个两层的数学规划问题。上层问题是确定一组最佳收费模式来使得路网上的总体旅行时间最小化；下层规划问题则是一个随机用户均衡问题。与此同时他们建立了等价条件函数，以支持系统最优解的随机用户均衡问题。收费基于路段，且满足系统最优的一个路径收费解相对应的路段收费模式不唯一。Smith(1994)则用更为严格的数学规划方法证明 logit 随机用户均衡下的最优路段收费是存在的。他首先定义了 Wardrop 系统最优的含义是目标函数中的路网的总出行时间最小，并且满足系统最优的路段流量被设定为目标交通流流量。然后他们证明了随机用户网络均衡条件下支持目标交通流流量的路段收费是存在的，同时证明了对于任何含有一般路段费用函数的交通网络，在固定交通需求情况下，如果满足网络系统最优的所有路径流量均为正，则总能找到一组非负的路段收费向量支持 Logit 随机用户网络均衡解，并满足路网的总出行时间最小。杨海(1999)则进一步把“系统最优”和“最优收费”的概念扩展到经济学和行为科学的范畴内，他验证了经典的边际收费理论在随机用户均衡条件下仍然适用于道路交通网络。

9.2 考虑能耗的交通出行者目标函数

对于城市交通出行者来说，出行前最优出行路径的选择和确定问题是一个多目标综合优化问题，考虑到计算的复杂性，选择以下几个子目标：路径行驶时间和车辆能耗成本建立出行路径选择的双目标规划模型。下面分别建立各子目标函数。

9.2.1 路段行驶时间函数

路径行驶时间最小化是指司机在出行前总是希望更快到达终点，这与最短路径可能相对也可能相同，也与路径所处的交通流状态有关。交通流量越小，道路饱和度越低，行程时间越短；反之，交通流量越大，饱和度越高，则行程时间长。行程时间的确定方法，通常采用应用最为广泛的美国联邦公路局开发的 BPR 函数，该函数最初用于公路行程时间的研究，经过合理的参数标定后也可用于城市道路。为探讨多模式下的城市交通网络，需要私家车和公交车的路阻函数。假设路网中同一条路段上的公交车和私家车车流相互独立，不会互相干扰，导致各自的出行时间发生变化。对私家车和公交车分别建立路阻函数如下：

$$t_{1a}=t_{1f}\left[1+\beta_1\left(\frac{x_{1a}}{CA_{1a}}\right)^p\right]=l_a\left[1+\beta_1\left(\frac{x_{1a}}{CA_{1a}}\right)^p\right]\bigg/v_{1f} \tag{9-12}$$

$$t_{2a}=t_{2f}\left[1+\beta_2\left(\frac{x_{2a}}{CA_{2a}}\right)^p\right]=l_a\left[1+\beta_2\left(\frac{x_{2a}}{CA_{2a}}\right)^p\right]\bigg/v_{2f} \tag{9-13}$$

式中：l_a——路段 a 的长度；

t_{1a}——路段 a 上私家车的行程时间；

t_{2a}——路段 a 上公交车的行程时间；

t_{1f}——路段 a 私家车流量为 0 时，私家车的行程时间；

t_{2f}——路段 a 上公交车流量为 0 时，公交车的行程时间；

v_{1f}——路段 a 私家车流量为 0 时，私家车的平均行程速度；

v_{2f}——路段 a 公交车流量为 0 时，公交车的平均行程速度；

x_{1a}——路段 a 上私家车的交通量；

x_{2a}——路段 a 上公交车的交通量；

CA_{1a}——路段 a 上私家车的通行能力；

CA_{2a}——路段 a 上公交车的通行能力；

β_1、β_2、p——标定的参数。

9.2.2 路段能耗函数

城市道路能耗影响因素众多，如平均速度、工况、饱和度等。通过对多因素的拟合可以得到较为精确的微观能耗模型。由于这里侧重于城市路网整体能耗，因此使用的单车能耗模型不能有太多的变量。又因建立网络平衡模型的需要，所以能耗模型与行程时间存在较为紧密的关系。一般认为在道路、控制等其他条件一定的前提下，饱和度决定行程时间，行程时间又与平均速度成反比，故在其他条件不变的前提下饱和度决定了平均速度，从而可以依赖较少的变量数量来反映路段能耗。Chang 和 Herman(1981)建立了一个时间能耗理论模型，他们认为在车速小于 60km/h 时，汽车在一定行程内的油耗与行程时间成线性关系。由于在城市道路中，车速在绝大多数情况下小于 60km/h，因此可以利用此关系分别建立私家车和公交车在长度为 l_a 的路段 a 上的油耗与行程时间关系的函数：

$$F_{1a}=l_a(h_1t_{1a}+k_1) \tag{9-14}$$

$$F_{2a}=l_a(h_2t_{2a}+k_2) \tag{9-15}$$

式中：　F_{1a}——私家车通过路段 a 燃油消耗；

F_{2a}——公交车通过路段 a 燃油消耗；

t_{1a}——路段 a 上私家车的行程时间；

t_{2a}——路段 a 上私家车的行程时间；

h_1、k_1、h_2、k_2——数值大于 0 的拟合参数。

此函数结构简单并且关于时间单调递增，为以后的推导提供了便利。所以本章节以此作为单车能耗函数去得到路网整体能耗。

9.2.3 出行者广义出行费用函数

出行费用是指出行者在出行过程中所需花费费用的综合与度量，其值的确定是交通分配的核心内容，也往往是出行者出行行为选择的依据，直接影响出行者路径选择及交通方式划分的结果。出行费用的准确度量对于交通规划管理、交通预测等具有重要的理论及现实意义。出行者在进行出行方式或出行路径选择时，通常会综合权衡出行时间、交通成本等多方面因素。出行费用是上述诸多因素相互作用、相互影响的结果。随着人们时间观念的加强及时间价值的增加，时间因素成为最常用与最主要的影响因素之一。一般的交通分配模型，通常仅考虑出行时间相关费用。出行者在决定出行方式和出行路径时，除考虑行程时间外，越来越多地考虑和重视路段能耗问题，至少对于试图使用私家车出行的人来说，路段能耗成本不可忽略。所以假定出行者意识到的私家车出行成本中包括能耗成本，也就是在出行中所消耗的燃油的价格，而出行者意识到的公交车出行成本不包括能耗，这也更加符合实际情况。降低燃油消耗、减少出行时间、增加可靠性等都是出行者的美好愿望与要求，但这些目标又往往难以同时得到满足。简单地说，如果出行者都使用公交车出行，将大大降低能耗成本，但是会增加出行时间，所以出行者只能在以上要求中寻求折中方案。

为此，对以上不同要求均衡考虑，将能耗、行程时间以及可能征收的道路收费进行线性加权综合为广义出行费用，广义出行费用决定出行者的出行行为。由于能耗成本和道路收费成本很容易用价格表示出来，所以可以假设一个出行者的单位时间价值。单位时间价值与出行时间的乘积即是出行的时间成本。在长度为 l_a 的路段 a 上，私家车和公交车的广义出行费用分别为：

$$c_{1a} = \tau_{oil} F_{1a} + \tau_{time} t_{1a} + u_a \tag{9-16}$$

$$c_{2a} = \tau_{time} t_{2a} \tag{9-17}$$

式中：c_{1a}——路段 a 上私家车出行的广义出行费用；

c_{2a}——路段 a 上公交车出行的广义出行费用；

u_a——对路段 a 征收的道路收费；

t_{1a}——路段 a 上私家车的行程时间；

t_{2a}——路段 a 上公交车的行程时间；

F_{1a}——私家车通过路段 a 燃油消耗；

τ_{time}——出行者单位时间的出行成本；

τ_{oil}——单位体积的油价。

9.3 考虑能耗的多模式下随机用户出行选择

9.3.1 出行者路径选择分析

根据最大效用理论，假设私家车出行者 n 的选择路径集合为 K_{1n}，选择其中的路径 j 的广义费用为 C_{1j}^{rs}，假设路径 j 的效用函数 U 为广义费用的相反数，则 $U_{jn} = -C_{1j}^{rs}$，则该出行者选择路径 i 的条件为：

$$U_{in} > U_{jn}, i \neq j, j \in K_{1n} \tag{9-18}$$

将效用函数 U 分为固定项和随机项,效用函数可以表示为:

$$U_{in} = V_{in} + \varepsilon_{in} \tag{9-19}$$

其中 V_{in} 为固定项;ε_{in} 为随机项,数学期望为0。所以有 $V_{in} = E(U_{in}) = -C_{1i}^{rs}$。

假定效用固定项与各类属性特征呈线性关系,则固定效用 V 可表示为:

$$V_{in} = \theta' X_{in} = \sum_{k=1}^{K} \theta_k x_{ink} \tag{9-20}$$

其中 θ 为待定参数,X_{in} 为属性特征变量。

根据效用最大化理论,出行者 n 选择路径 i 的概率 P_{in} 可表示成以下形式:

$$\begin{aligned} P_{in} &= \mathrm{Prob}(U_{in} > U_{jn}; i \neq j, j \in K_{1n}) \\ &= \mathrm{Prob}(V_{in} + \varepsilon_{in} > V_{jn} + \varepsilon_{jn}; i \neq j, j \in K_{1n}) \\ &= \mathrm{Prob}(\varepsilon_{jn} < V_{in} - V_{jn} + \varepsilon_{jn}; i \neq j, j \in K_{1n}) \end{aligned} \tag{9-21}$$

其中,$0 \leqslant P_{in} \leqslant 1$,$\sum\limits_{i \in K} K_{1n} P_{in} = 1$。假设私家车出行者 n 的选择路径集合 K_{1n} 中包含的路径 $j(\in K_{1n})(j = 1,2,\cdots,J_n)$ 数为 J_n,所有概率项 $\varepsilon_{1n},\varepsilon_{2n},\cdots,\varepsilon_{Jn}$ 的联合分布函数为 $F(\varepsilon_{1n},\varepsilon_{2n},\cdots,\varepsilon_{Jn})$,相应的联合概率密度函数为 $f(\varepsilon_{1n},\varepsilon_{2n},\cdots,\varepsilon_{Jn})$,则个体 n 选择路径1的概率为:

$$P_{1n} = \int_{\varepsilon_{1n}=-\infty}^{+\infty} \int_{\varepsilon_{2n}=-\infty}^{V_{1n}-V_{2n}+\varepsilon_{1n}} \cdots \int_{\varepsilon_{Jn}=-\infty}^{V_{1n}-V_{jn}+\varepsilon_{1n}} f(\varepsilon_{1n},\varepsilon_{2n},\cdots,\varepsilon_{Jn}) \mathrm{d}\varepsilon_{Jn} \cdots \mathrm{d}\varepsilon_{2n} \mathrm{d}\varepsilon_{1n} \tag{9-22}$$

用 ε_{jn} 对 $F(\varepsilon_{1n},\varepsilon_{2n},\cdots,\varepsilon_{Jn})$ 求偏导,得到函数 $F_j(\varepsilon_{1n},\varepsilon_{2n},\cdots,\varepsilon_{Jn})$,即:

$$F_j(\varepsilon_{1n},\varepsilon_{2n},\cdots,\varepsilon_{Jn}) = \frac{\partial F(\varepsilon_{1n},\varepsilon_{2n},\cdots,\varepsilon_{Jn})}{\partial \varepsilon_{jn}} \tag{9-23}$$

选择概率可表示为:

$$P_{1n} = \int_{-\infty}^{+\infty} F_1(\varepsilon_{1n}, V_{1n} - V_{2n} + \varepsilon_{1n}, \cdots, V_{1n} - V_{Jn} + \varepsilon_{1n}) \mathrm{d}\varepsilon_{1n} \tag{9-24}$$

若概率项相互独立,则 $F_1(\varepsilon_{1n},\varepsilon_{2n},\cdots,\varepsilon_{Jn})$ 可表示为:

$$\begin{aligned} F_1(\varepsilon_{1n},\varepsilon_{2n},\cdots,\varepsilon_{Jn}) &= \frac{\partial [F(\varepsilon_{1n})F(\varepsilon_{2n})\cdots F(\varepsilon_{Jn})]}{\partial \varepsilon_{1n}} \\ &= F(\varepsilon_{2n})\cdots F(\varepsilon_{Jn}) \cdot \frac{\partial F(\varepsilon_{1n})}{\partial \varepsilon_{1n}} \\ &= F(\varepsilon_{2n})\cdots F(\varepsilon_{Jn}) \cdot f(\varepsilon_{1n}) \end{aligned} \tag{9-25}$$

$f(\varepsilon_{1n})$ 为概率项 ε_{1n} 的概率密度函数。那么选择概率可表示为:

$$P_{1n} = \int_{\varepsilon_{1n}=-\infty}^{+\infty} F(V_{1n} - V_{2n} + \varepsilon_{1n}, \cdots, V_{1n} - V_{Jn} + \varepsilon_{1n}) f(\varepsilon_{1n}) \mathrm{d}\varepsilon_{1n} \tag{9-26}$$

式(9-21)给出了从选择路径集合 K_{1n} 中选择路径 i 的条件,该条件也可表示为:

$$P_{in} = \mathrm{Prob}\,(U_{in} > \max U_{jn}, i \neq j, j \in K_{1n}) \tag{9-27}$$

假定概率项 $\varepsilon_{jn}(j = 1,2,\cdots,J_n)$ 服从同一参数、独立的二重指数分布。为方便起见,将二重指数分布的参数(η,ω)设为(0,1),则 $U_{jn} = V_{jn} + \varepsilon_{jn}$ 服从参数为$(V_{jn},1)$的二重指数分布。

由于选择路径1的概率为:

$$\begin{aligned} P_{1n} &= \text{Prob}(U_{1n} > U_{jn}; j=2,3,\cdots,J_n) \\ &= \text{Prob}(V_{1n} + \varepsilon_{1n} \geqslant V_{jn} + \varepsilon_{jn}; j=2,3,\cdots,J_n) \\ &= \text{Prob}[V_{1n} + \varepsilon_{1n} \geqslant \max_{j=2,3,\cdots,J_n}(V_{jn} + \varepsilon_{jn})] \end{aligned} \tag{9-28}$$

将 U_n^* 定义为路径 1 以外所有路径的最大效用：

$$U_n^* = \max_{j=2,3,\cdots,J_n}(V_{jn} + \varepsilon_{jn}) \tag{9-29}$$

则 U_n^* 服从参数$(\ln\sum_{j=2}^{Jn} e^{V_{jn}},1)$的二重指数分布。若假设

$$U_n^* = V_n^* + \varepsilon_n^* \tag{9-30}$$

$$V_n^* = \ln\sum_{j=2}^{Jn} e^{V_{jn}} \tag{9-31}$$

则根据二重指数分布性质，ε_n^* 服从参数(0,1)的二重指数分布。故有：

$$\begin{aligned} P_{in} &= \text{Prob}(V_{1n} + \varepsilon_{1n} \geqslant V_n^* + \varepsilon_n^*) \\ &= \text{Prob}[(V_n^* + \varepsilon_n^*) - (V_{1n} + \varepsilon_{1n}) \leqslant 0] \end{aligned} \tag{9-32}$$

两个独立的二重指数分布的概率变量差服从 Logistic 分布，因此路径 1 被选择的概率为：

$$P_{1n} = \frac{1}{1 + e^{(V_n^* - V_{1n})}} = \frac{e^{V_{1n}}}{e^{V_{1n}} + e^{V_n^*}} = \frac{e^{V_{1n}}}{e^{V_{1n}} + \exp[\ln\sum_{j=2}^{J_n}(e^{V_{jn}})]} = \frac{e^{V_{1n}}}{\sum_{j=1}^{J_n} e^{V_{jn}}} \tag{9-33}$$

同理，对任意路径 j，被私家车出行者选择的概率为

$$P_{in} = \frac{e^{V_{in}}}{\sum_{j\in K_{1n}} e^{V_{jn}}} = \frac{e^{-C_{1j}^{rs}}}{\sum_{j\in K_{1n}} e^{-C_{1j}^{rs}}} \tag{9-34}$$

故路径 j 上的私家车交通流量 f_{1j}^{rs} 为：

$$f_{1j}^{rs} = \frac{q_{1rs}}{m_1}\frac{e^{V_{in}}}{\sum_{j\in K_{1n}} e^{V_{jn}}} = \frac{q_{1rs}}{m_1}\frac{e^{-C_{1j}^{rs}}}{\sum_{j\in K_{1n}} e^{-C_{1j}^{rs}}} \tag{9-35}$$

同理可得路径 j 上的公交车交通流量 f_{2j}^{rs} 为：

$$f_{2j}^{rs} = \frac{q_{2rs}}{m_2}\frac{e^{V_{in}}}{\sum_{j\in K_{2n}} e^{V_{jn}}} = \frac{q_{2rs}}{m_2}\frac{e^{-C_{2j}^{rs}}}{\sum_{j\in K_{2n}} e^{-C_{2j}^{rs}}} \tag{9-36}$$

式中：m_1、m_2——私家车和公交车的载客数；

q_{1rs}、q_{2rs}——私家车和公交车的出行需求量。

9.3.2 方式划分模型

由前述可得私家车及公交车出行者选择路径的离散选择模型，但方程中仍然有两个未知数，即公交车及私家车的流量。所以可采用方式划分模型将公交车及私家车的流量从总流量中划分出来。出行者的出行方式划分可以看成是出行者出行选择的一部分，较为经典的方式划分模型为：

$$q_{2rs} = q_{rs}\frac{1}{1 + e^{\theta(C_{2\min}^{rs} - C_{1\min}^{rs})}} \tag{9-37}$$

$$q_{1rs}=q_{rs}-q_{2rs} \tag{9-38}$$

这里 q_{rs} 为系统中的总需求量，q_{1rs}、q_{2n} 分别为私家车和公交车的需求量，$C_{1\min}^{rs}$、$C_{2\min}^{rs}$ 分别为私家车和公交车在 O-D 对 r-s 间的最小广义费用。

$$C_{1\min}^{rs}=\ln\sum\nolimits_{j\in K_{1n}}e^{-C_{1j}^{rs}} \tag{9-39}$$

$$C_{2\min}^{rs}=\ln\sum\nolimits_{j\in K_{2n}}e^{-C_{2j}^{rs}} \tag{9-40}$$

代入得：

$$q_{2rs}=q_{rs}\frac{(\sum_{j\in K_{1n}}e^{-C_{1j}^{rs}})^{\theta}}{(\sum_{j\in K_{1n}}e^{-C_{1j}^{rs}})^{\theta}+(\sum_{j\in K_{2n}}e^{-C_{2j}^{rs}})^{\theta}} \tag{9-41}$$

$$q_{1rs}=q_{rs}\frac{(\sum_{j\in K_{2n}}e^{-C_{2j}^{rs}})^{\theta}}{(\sum_{j\in K_{1n}}e^{-C_{1j}^{rs}})^{\theta}+(\sum_{j\in K_{2n}}e^{-C_{1j}^{rs}})^{\theta}} \tag{9-42}$$

9.4　考虑能耗的随机用户均衡模型

(1)模型建立

根据前面的推导，可以建立随机用户均衡模型。首先构造极小值模型如下：

$$\min Z=\sum\nolimits_{a\in A}\int_0^{x_{1a}}c_{1a}\mathrm{d}x+\sum\nolimits_{a\in A}\int_0^{x_{2a}}c_{2a}\mathrm{d}x+\frac{1}{\theta}\sum q_{1rs}(\ln q_{1rs}-1)+\frac{1}{\theta}\sum q_{2rs}(\ln q_{2rs}-1) \tag{9-43}$$

约束条件为：

$$\begin{aligned}
&\sum\nolimits_{j\in K_{1n}}f_{1j}^{rs}=q_{1rs}/m_1\\
&\sum\nolimits_{j\in K_{2n}}f_{2j}^{rs}=q_{2rs}/m_2\\
&q_{1rs}+q_{2rs}=q_{rs}\\
&f_{1j}^{rs}\geqslant 0,f_{2j}^{rs}\geqslant 0\\
&x_{1a}=\sum\sum\nolimits_{j\in K_{1n}}f_{1j}^{rs}\delta_{aj}^{rs}\\
&x_{2a}=\sum\sum\nolimits_{j\in K_{2n}}f_{2j}^{rs}\delta_{aj}^{rs}\\
&c_{1j}^{rs}=\sum_a c_{1a}\delta_{aj}^{rs}\\
&c_{2j}^{rs}=\sum_a c_{2a}\delta_{aj}^{rs}
\end{aligned} \tag{9-44}$$

式中：c_{1a}——路段 a 上私家车的广义出行费用，其中包括道路收费、时间成本和能耗成本；

c_{2a}——路段 a 上公交车的广义出行费用，只包含时间成本；

δ_{aj}^{rs}——路段路径关联变量，若路段在路径上取 1，反之取 0。

由此可得在 OD 网络总需求一定情况下，公交车与私家车的随机平衡配流模型。

(2)等价性分析

该模型是一个极小值问题，在数学规划问题中，任意的局部极小值解满足一阶条件。如果该模型的一阶条件满足路径流量、方式选择等式，则说明用户平衡的要求成立，问题的一阶条件即为拉格朗日函数的极小条件。

$$L(x,q,\mu_1,\mu_2,\lambda)=Z+\sum_{rs}\mu_1^{rs}(q_{1rs}/n-\sum_{j\in K_{1n}}f_{1j}^{rs})+\sum_{rs}\mu_2^{rs}(q_{2rs}/m-\sum_{j\in K_{2n}}f_{2j}^{rs})$$
$$+\sum_{rs}\lambda^{rs}(q_{rs}-q_{1rs}-q_{2rs}) \tag{9-45}$$

在上式中，变量为$\mu_1^{rs},\lambda^{rs},\mu_2^{rs},q_{1rs},f_{1j}^{rs},q_{2rs},f_{2j}^{rs}$；$\mu_1^{rs},\mu_2^{rs},\lambda^{rs}$。

其一阶条件为：

$$\begin{aligned}
&f_{1j}^{rs}\frac{\partial L}{\partial f_{1j}^{rs}}=0,\frac{\partial L}{\partial f_{1j}^{rs}}\geqslant 0,\\
&f_{2j}^{rs}\frac{\partial L}{\partial f_{2j}^{rs}}=0,\frac{\partial L}{\partial f_{2j}^{rs}}\geqslant 0,\\
&\frac{\partial L}{\partial q_{1rs}}=0,\frac{\partial L}{\partial q_{1rs}}=0,\\
&\frac{\partial L}{\partial \mu_1^{rs}}=0,\frac{\partial L}{\partial \mu_2^{rs}}=0,\frac{\partial L}{\partial \lambda^{rs}}=0
\end{aligned} \tag{9-46}$$

可以得出：

$$\frac{\partial\sum_{a\in A}\int_0^{x_{1a}}c_{1a}\mathrm{d}x}{\partial f_{1j}^{rs}}=\frac{\partial\sum_{a\in A}\int_0^{x_{1a}}c_{1a}\mathrm{d}x}{\partial x_{1a}}\ \frac{\partial f_{1j}^{rs}}{\partial x_{1a}}=C_{1j}^{rs} \tag{9-47}$$

同理：

$$\frac{\sum_{a\in A}\int_0^{x_{2a}}c_{2a}\mathrm{d}x}{\partial f_{2j}^{rs}}=C_{2j}^{rs} \tag{9-48}$$

$$\begin{aligned}
&\frac{\partial L}{\partial f_{1j}^{rs}}=\ln f_{1j}^{rs}+C_{1j}^{rs}-\mu_1^{rs}/n=0,\\
&\frac{\partial L}{\partial f_{2j}^{rs}}=\ln f_{2j}^{rs}+C_{2j}^{rs}-\mu_2^{rs}/m=0,\\
&\frac{\partial L}{\partial q_{1rs}}=\frac{1}{\theta}\ln q_{1rs}-\lambda^{rs}+\mu_1^{rs}=0\\
&\frac{\partial L}{\partial q_{2rs}}=\frac{1}{\theta}\ln q_{2rs}-\lambda^{rs}+\mu_2^{rs}=0\\
&\frac{\partial L}{\partial \mu_1^{rs}}=q_{1rs}/n-\sum_{j\in K_{1n}}f_{1j}^{rs}=0\\
&\frac{\partial L}{\partial \mu_2^{rs}}=q_{2rs}/m-\sum_{j\in K_{2n}}f_{2j}^{rs}=0\\
&\frac{\partial L}{\partial \lambda^{rs}}=q_{rs}-q_{1rs}-q_{2rs}=0
\end{aligned} \tag{9-49}$$

联立方程可得：

$$f_{1j}^{rs}=\frac{q_{1rs}}{n}\frac{e^{-C_{1j}^{rs}}}{\sum_{j\in K_{1n}}e^{-C_{1j}^{rs}}} \tag{9-50}$$

$$f_{2j}^{rs}=\frac{q_{2rs}}{m}\frac{e^{-C_{2j}^{rs}}}{\sum\limits_{j\in K_{2n}}e^{-C_{2j}^{rs}}}\tag{9-51}$$

$$q_{1rs}=q_{rs}\frac{(\sum_{j\in K_{2n}}e^{-C_{2j}^{rs}})^{\theta}}{(\sum_{j\in K_{1n}}e^{-C_{1j}^{rs}})^{\theta}+(\sum_{j\in K_{2n}}e^{-C_{1j}^{rs}})^{\theta}}\tag{9-52}$$

$$q_{2rs}=q_{rs}\frac{(\sum_{j\in K_{1n}}e^{-C_{1j}^{rs}})^{\theta}}{(\sum_{j\in K_{1n}}e^{-C_{1j}^{rs}})^{\theta}+(\sum_{j\in K_{2n}}e^{-C_{2j}^{rs}})^{\theta}}\tag{9-53}$$

显然说明极小值问题的解既满足 logit 模型，又满足 Wardrop 均衡原则，因此极小值模型的解就是研究想得到的结果。

(3) 目标函数解的唯一性

凸规划的局部最优解也是全局最优解，并且当目标函数为严格凸函数时，若最优解存在，则最优解唯一。首先需要证明目标函数 Z 为严格凸函数，有：

$$\frac{\partial^2 q_{1rs}(\ln q_{1rs}-1)}{\partial {q_{1rs}}^2}=\frac{1}{q_{1rs}}>0\tag{9-54}$$

故$\frac{1}{\theta}\sum q_{1rs}(\ln q_{1rs}-1)$是严格凸函数，同理可得$\frac{1}{\theta}\sum q_{2rs}(\ln q_{2rs}-1)$为严格凸函数。

$$\frac{\partial\sum_{a\in A}\int_0^{x_{1a}}c_{1a}\mathrm{d}x}{\partial x_b\partial x_c}=\frac{\partial[t_b(x_b)+(x_b)]}{\partial x_c}=\begin{cases}\dfrac{\mathrm{d}[\tau_{oil}e_{1a}+\tau_{time}t_{1a}+u_a]}{\mathrm{d}x_b}, & x_b=x_c\\ 0, & x_b\neq x_c\end{cases}\tag{9-55}$$

由 BPR 函数和能耗函数可得：

$$\frac{\mathrm{d}t_{1a}(x_b)}{\mathrm{d}x_b}>0,\frac{\mathrm{d}e_{1a}(x_b)}{\mathrm{d}x_b}>0\tag{9-56}$$

所以有$\sum_{a\in A}\int_0^{x_{1a}}c_{1a}\mathrm{d}x$为严格凸函数，同理$\sum_{a\in A}\int_0^{x_{2a}}c_{2a}\mathrm{d}x$为严格凸函数，而且目标函数 Z 也为严格凸函数。因为约束条件为线性的，构成凸集，所以下层随机用户平衡模型具有唯一解，可以利用 Frank-Wolfe 算法去求解。

9.5　基于出行行为的总能耗模型

由前一节内容可知，当路网处于平衡状态时，就能获得私家车与公交车在特定 OD 对中不同路径的用户平衡流量值，通过流量值能反推出在此平衡状态下的能耗值。显然这种能耗值与不同交通方式在不同的路径上的流量相关，当私家车和公交车在不同路径上的流量已经确定的情况下，路网的总能耗也是确定的。容易得出以下公式：

$$TTE=\sum_a x_{1a}F_{1a}(x_{1a})+\sum_a x_{2a}F_{2a}(x_{2a})\tag{9-57}$$

此公式的意义在于建立了交通系统能耗与交通系统运行状态间的关系，式中的 x_{1a}，x_{2a} 反映了不同路段不同出行方式的交通量，通过求解式(9-43)、(9-44)可以得到这两个变量的值。

9.6 能耗约束条件下的双层规划收费模型

在考虑能耗的随机用户均衡模型研究的基础上，为控制交通能耗，建立两个不同的双层规划收费模型。下层模型为上一章中的随机用户均衡模型。从上层管理者的角度来看，道路收费的目的是使整个路网系统的性能达到最优。其关键在于对性能函数（目标函数）的确定，管理者对目标的选取将会在较大程度上影响道路收费的有效性。

9.6.1 考虑能耗的最小广义费用的双层收费模型

建立一个双层规划模型：模型的上层代表管理者通过制定政策达到考虑能耗和延误的广义出行费用最小的目标，下层代表出行者对管理者政策的反应。

（1）上层模型

上层模型代表管理者通过政策调整达到广义出行费用最小的目标，即同时考虑出行能耗以及拥挤造成的延误成本，通过设定道路收费值以达到最小的能耗成本与延误成本之和，从而实现社会效益最优化。这个模型的核心在于有部分出行者会意识到城市交通网络中的出行成本与能耗有关，这些出行者会选择能耗较小的出行方式或者路径来替代出行能耗较大的出行方式或路径，通过牺牲他们的出行时间来达到减少出行能耗的目的，以达到减少能耗成本与延误成本之和最小的目标。此上层模型结构较为简单，兼顾考虑了能耗因素和时间因素对管理者做出决策的影响。上层模型可表示为：

$$\min R = \tau_{time}\left\{\sum_a x_{1a}t_{1a}(x_{1a}) + \sum_a x_{2a}t_{2a}(x_{2a})\right\} + \tau_{oil}\left\{\sum_a x_{1a}F_{1a}(x_{1a}) + \sum_a x_{2a}F_{2a}(x_{2a})\right\} \tag{9-58}$$

上层模型中的两个未知数 x_{1a}，x_{2a} 可由下层模型求出。

（2）下层模型

下层模型即为随机用户均衡模型，可以构造极小值模型 P1 如下：

$$\min Z = \sum_{a\in A}\int_0^{x_{1a}} c_{1a}\mathrm{d}x + \sum_{a\in A}\int_0^{x_{2a}} c_{2a}\mathrm{d}x + \frac{1}{\theta}\sum q_{1rs}(\ln q_{1rs} - 1) + \frac{1}{\theta}\sum q_{2rs}(\ln q_{2rs} - 1) \tag{9-59}$$

约束条件为：

$$\begin{aligned}
&\sum_{j\in K_{1n}} f_{1j}^{rs} = q_{1rs}/m_1 \\
&\sum_{j\in K_{2n}} f_{2j}^{rs} = q_{2rs}/m_2 \\
&q_{1rs} + q_{2rs} = q_{rs} \\
&f_{1j}^{rs} \geqslant 0, f_{2j}^{rs} \geqslant 0 \\
&x_{1a} = \sum\sum_{j\in K_{1n}} f_{1j}^{rs}\delta_{aj}^{rs} \\
&x_{2a} = \sum\sum_{j\in K_{2n}} f_{2j}^{rs}\delta_{aj}^{rs}
\end{aligned} \tag{9-60}$$

式中:θ——不同类型的出行者对路径出行费用理解的不确定性,$\theta \geqslant 0$。

(3)算法

双层规划问题的求解非常复杂,它是一个 NP-hard 问题。因此使用精确的数值算法来解决双层规划问题不太现实,一般使用随机搜索技术来求解双层规划,如退火算法及遗传算法。双层规划模型的复杂之处在于需要同时达到管理者目标函数最小化、设定考虑能耗的道路收费值以及出行者对此收费值的反应。上层模型可以使用遗传算法求解,因为遗传算法在解决大规模非线性的最优化目标时更加有效。

算法先从上层规划开始。首先输入包含路网参数、需求矩阵、通行能力、路段阻抗(广义费用)方程、行程时间方程、能耗成本方程等。创立初始的道路收费向量作为种群,将这些初始的道路收费向量加入到广义出行费用矩阵中,作为初始出行费用的一部分。下层模型通过 Frank-wolfe 算法得出,下层模型输出公交车和私家车的路段流量矩阵,将这些流量导入 BPR 函数及能耗函数中去计算路段行程时间以及能耗,因此总时间及总能耗就是各路段上不同交通方式的时间和能耗之和。由此可得上层模型目标函数的值,将其作为当前值,并检验约束情况及适应度函数。如果没有产生最优解则算法一直继续,直到产生最优解为止。最后输出的数值为:目标函数的数值、最优收费向量、路段行程时间以及能耗。算法流程图如图 9-2 所示。

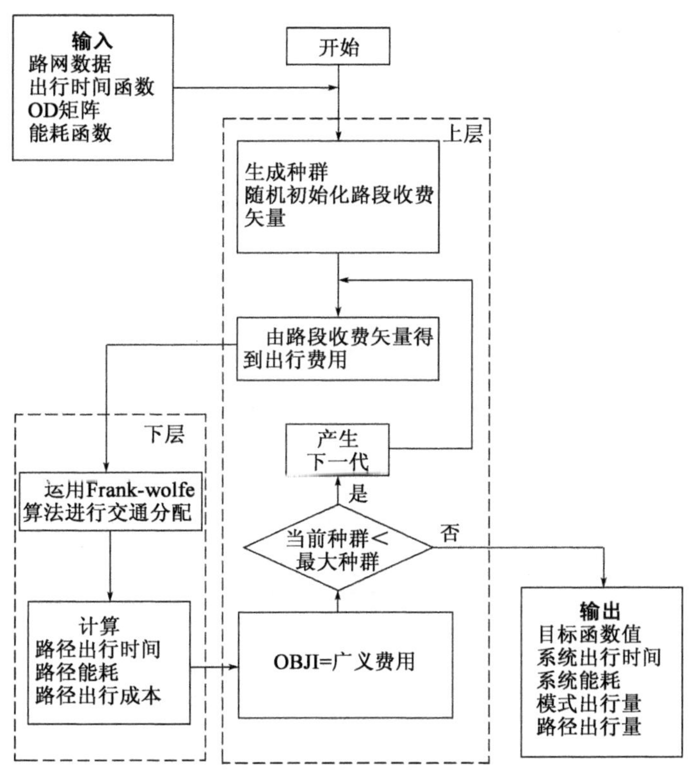

图 9-2 考虑能耗的最小广义费用的双层收费模型算法流程图

9.6.2 以能耗为约束条件的双层优化模型

以能耗为约束条件建立另一个双层优化模型,模型的上层代表管理者通过制定政策将能耗控制在一定水平的同时达到系统延误最小,下层代表出行者对管理者政策的反应。

(1)上层模型

上层模型代表管理者通过政策,在达到一定能耗水平的约束条件下,系统达到出行时间最小的目标,并且给定一个最小的节能率作为上层函数的约束条件,在此约束条件下管理者追求最小系统延误。节能率为实施道路收费前后整个系统能耗的降低率,目标函数只考虑了出行时间。

与前一个模型相比,其优点在于将目标函数中的能耗放入约束条件中,使节能目标更加明晰。缺点在于需要提前确定节能率,且节能率的取值会对整体模型造成一定的影响。上层模型中加入了约束条件,使得计算过程更加复杂。

首先假设未进行道路收费的道路总能耗为 TTE_0,即为当道路收费为 0 时,网络平衡状态下的总能耗可由式(9-57)计算出。道路收费的目标为减少 π 的交通能耗。综上可得上层模型为:

$$\min T = \sum_a x_{1a} t_{1a}(x_{1a}) + \sum_a x_{2a} t_{2a}(x_{2a}) \tag{9-61}$$

$$\sum_a x_{1a} F_{1a}(x_{1a}) + \sum_a x_{2a} F_{2a}(x_{2a}) \leqslant (1-\pi) TTE_0 \tag{9-62}$$

(2)下层模型

下层模型代表出行者对管理者政策的反应,根据最大效用理论和 Wardrop 用户最优原则,进行出行者路径及方式选择分析,可以得出在 OD 网络总需求一定情况下出行者的出行行为选择。构建公交车与私家车两类出行方式下的随机用户均衡模型作为下层模型:

$$\min Z = \sum_{a \in A} \int_0^{x_{1a}} c_{1a} \mathrm{d}x + \sum_{a \in A} \int_0^{x_{2a}} c_{2a} \mathrm{d}x + \frac{1}{\theta} \sum q_{1rs} (\ln q_{1rs} - 1) + \frac{1}{\theta} \sum q_{2rs} (\ln q_{2rs} - 1) \tag{9-63}$$

约束条件为:

$$\begin{aligned}
& \sum_{j \in K_{1n}} f_{1j}^{rs} = q_{1rs} / m_1 \\
& \sum_{j \in K_{2n}} f_{2j}^{rs} = q_{2rs} / m_2 \\
& q_{1rs} + q_{2rs} = q_{rs} \\
& f_{1j}^{rs} \geqslant 0, f_{2j}^{rs} \geqslant 0 \\
& x_{1a} = \sum \sum_{j \in K_{1n}} f_{1j}^{rs} \delta_{aj}^{rs} \\
& x_{2a} = \sum \sum_{j \in K_{2n}} f_{2j}^{rs} \delta_{aj}^{rs}
\end{aligned} \tag{9-64}$$

(3)算法

此双层规划模型算法与前一模型类似,但对目标函数进行了修改,并在上层模型中加入了约束条件。该模型求解时,首先用 Frank-wolfe 算法求出收费为 0 时,系统均衡状态下的能耗 TTE_0,进而得到约束条件。后续算法与上面的模型相同,得出结果后需要加入一步对约束条件的检验,若不满足约束条件,则继续迭代。算法流程图如图 9-3 所示。

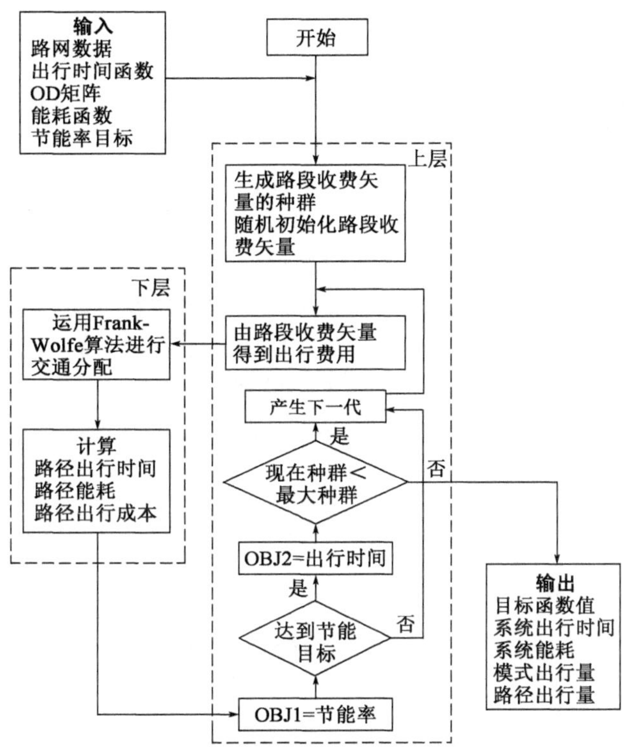

图 9-3　以能耗为约束条件的双层优化模型算法流程图

9.7　基于出行需求管理的交通能耗控制策略

上一节中建立了两种基于能耗的双层收费模型，这些模型将城市交通能耗同出行者的出行行为以及管理者的策略有机地联系起来。以这些模型为工具，可以很方便地分析不同需求管理策略对出行者出行行为的影响，进而对城市交通能耗产生影响。为了达到一定的交通节能目的，管理者需要根据不同的交通情况，制定不同的需求管理政策，如道路收费、公交优先以及燃油税等。不同政策达到的效果也不同，同时交通管理者和出行者的能源意识对交通能耗也有一定的影响。下面提出几个典型案例，定量地分析不同政策手段下减少城市交通能耗的效率。

9.7.1　道路收费对不同出行需求下交通能耗的影响

出行需求是产生道路交通流量的根本原因，也是造成交通拥堵的重要因素，进而影响到交通能耗。当出行需求产生的交通流接近道路通行能力时，交通拥堵就会出现，从而导致交通流平均速度下降，延误及能耗增加；出行需求产生的交通流量较小时，交通流处于自由状态，平均速度较快，速度也较为平稳，延误和能耗都较小。当然这样的定性分析有一定的合理性，但还需从更为理性的角度去理解这些问题。从拥挤收费角度上考虑，不同交通流量的道路网络上的收费标准对节能产生的效果也不尽相同，此时管理者需了解在不同的交通总需求情况下，采取不同的道路收费措施所能达到的节能效果。综上所述可以利用第一个双层规划模型进行分析。

当比较不同交通总需求条件下的能耗时,由于交通需求不同,不能采用总能耗作为指标,可以定义一个平均出行能耗作为评价指标,即总能耗与总需求的比值。选取 4 个不同的总交通需求值,先用随机用户均衡模型算出 4 种不同总交通需求,且不征收任何道路费用情况下的平均能耗;再利用第一个双层规划模型算出,进行道路收费时达到系统最优情况下的平均能耗,并得出这四种情况下的私家车和公交车的分担率以及不同私家车路径的流量比值。

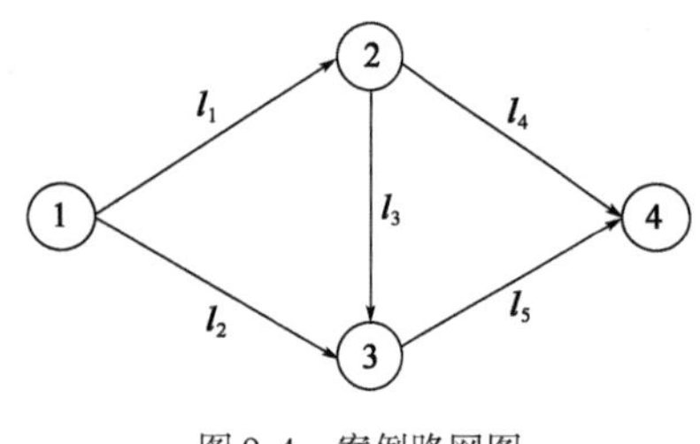

图 9-4　案例路网图

首先建立如图 9-4 所示的简单路网,此路网有 1 个 OD 对 1-4,有 5 条路段,长度分别为$l_1 = l_5 = 2\text{km}$,$l_2 = l_4 = 4\text{km}$,$l_3 = 3\text{km}$。私家车和公交车路线的通行能力分别为 500pcu/h 和 50pcu/h。

令初始化参数如下:$v_{1f} = 60$,$v_{2f} = 30$,$p = 3$,$\beta_1 = 0.6$,$\beta_2 = 0.8$,$\theta = 1$,$h_1 = 0.6$,$h_2 = 3$,$g_1 = 0.1$,$g_2 = 0.5$,$m_1 = 2$,$m_2 = 40$,$\tau_{time} = 100$,$\tau_{oil} = 8$。

经计算可以得到以下数据,如表 9-1 所示。

不同出行需求下道路收费对比表　　表 9-1

不实施道路收费							
总出行量(次)	平均出行能耗(L/次)	节能率(%)	路径 1-2-4 私家车分担率(%)	路径 1-3-4 私家车分担率(%)	路径 1-2-3-4 私家车分担率(%)	私家车出行分担率(%)	公交分担率(%)
500	0.418	—	70.20	71.40	69.30	70.50	29.50
1000	0.431	—	62.10	60.10	61.50	61.60	38.40
1500	0.446	—	58.70	56.20	56.90	58.00	42.00
3000	0.469	—	53.10	51.80	52.80	52.70	47.30
实施道路收费							
总出行量(次)	平均出行能耗(L/次)	节能率(%)	路径 1-2-4 私家车分担率(%)	路径 1-3-4 私家车分担率(%)	路径 1-2-3-4 私家车分担率(%)	私家车出行分担率(%)	公交分担率(%)
500	0.313	25.12	40.20	42.40	41.30	40.70	59.30
1000	0.334	22.51	35.10	37.10	36.50	35.80	64.20
1500	0.345	22.65	31.70	33.20	32.10	32.30	67.70
3000	0.352	24.95	29.10	30.80	30.20	29.70	70.30

分析数据可知,平均出行能耗与需求量呈正相关关系,需求量一定的情况下,公交车的分担率越高则平均能耗越小。实施道路收费后,抑制了部分私家车出行需求,私家车出行分担率下降了 25.70% 到 31% 不等;更多人选择公交出行,系统总能耗有明显下降,实施道路拥挤收费的节能效果显著,平均能耗相应降低了 22.51% 到 25.12% 不等。此外,收费可以均衡路网

中不同道路上的私家车交通量,充分利用道路资源,更好地体现交通公平性原则,这反映了道路拥挤收费能够合理引导出行者的出行行为,让出行者更加理性地去选择出行路径和出行方式。

9.7.2 公交优先对城市交通能耗的影响

众所周知,解决城市拥堵的一个重要方法是建立发达的公共交通系统。公交系统载客率高,相对道路占有率低,人均能耗低,建立合理的公交系统无疑会对城市带来诸多的好处。从缓解城市交通拥挤方面看,公交车的道路利用率是小汽车的10多倍。在交通能耗方面,小汽车平均每运送一名乘客的能耗量相当于公共汽车的4.5倍,每100公里的人均能耗,小汽车是公交车的11倍。如果按照全国所有的私人小汽车计算,若其中有1%的人改乘城市公共交通,仅此一项全国每年就能节约燃油8000万升。欧洲、美国、日本、新加坡、香港等一些先进国家和地区的经验也表明,"公交优先"能更加快速有效地分流人员、方便群众、减轻城市道路系统压力,是缓解当前城市人多地少、车多路少、交通拥挤的有效途径。我国已实施公交优先政策多年,公交系统也得到了迅速的发展。然而相比于私家车的发展速度,公交系统的发展仍然十分缓慢。目前我国多数中小城市公共交通分担率不到10%,特大城市只有20%左右,而欧洲、日本、南美等大城市的公共交通分担率已达40%~60%。过低的公交分担率说明出行者不认为公交车是理想的出行方式,私家车更能满足他们的出行需求。因此为了增加公交车的分担率,仅靠发展公交系统是远远不够的,还需要采取其他措施抑制不合理的私家车出行,从而来增加公交分担率。类似的措施以新加坡为代表,通过严格的私家车需求管理,配合先进的公交系统,合理引导出行者的出行行为,使得公交车分担率达到60%。在本节中,将分析在提升增加公交系统通行能力的前提下,实施道路收费与否对公交分担率的影响,以及对道路交通能耗的影响。

选取第一个双层规划模型作为研究基础,建立如图9-4所示的路网。随后将公交系统的通行能力增加20%,对比路网在不收费情况下与初始公交通行能力不收费情况下的公交分担率以及两种情况下的系统能耗。随后研究道路收费情况下达到上层目标函数最优时的公交分担率和系统能耗。

设私家车和公交车路线的通行能力分别为500pcu/h和60pcu/h,总交通需求量$q=2000$人次,其余初始参数不变。由9.6.1的模型和算法得出表9-2。

公交扩容下道路收费效果对比表 表9-2

采取的政策	平均能耗(L/次)	公交分担率(%)
公交线路扩容前的效果(不实行道路收费)	0.456	43.20
公交线路扩容后的效果(不实行道路收费)	0.438	45.60
公交线路扩容后的效果(实行道路收费)	0.335	69.30

从表中可以看出，在不实施道路拥挤收费情况下，公交通行能力上升后，公交分担率上升了5.56%，系统平均能耗下降3.95%。配合道路拥挤收费和公交扩容的措施后，公交分担率上升显著，增长了60.42%，系统能耗也有明显的下降，平均能耗下降26.54%。这说明，要增加公交车的分担率，仅靠发展公交系统是不够的，还需要有其他措施抑制不必要的私家车出行，合理引导出行者的出行行为。同时，也验证了通过道路拥挤收费能够充分利用公交系统资源，强化公交优先政策的节能效果。

9.7.3 不同节能目标下道路收费效果分析

在小汽车逐渐普及的今天，交通出行能耗在社会总能耗中所占的比例越来越大。同时，在我国快速的经济发展也导致能源消耗与日俱增。社会总能源需求的急剧扩大给管理者带来巨大的压力，为了统筹分配能源，城市的管理者需要在现实生活中给各个行业制定不同的节能目标。节能目标值往往会对城市交通系统造成影响，合理的目标可以通过道路收费达到，与此同时还会减少出行者的出行时间，带来更大的社会效益。如果实施节能目标过高的道路收费，会降低私家车的出行需求，反而有可能会增加出行者的出行时间。因此为了了解不同的节能目标是否合理，需要找到一定节能目标条件下，道路收费对出行者的出行时间造成的影响。显然使用第二个双层规划模型能更容易地达到这个目的。

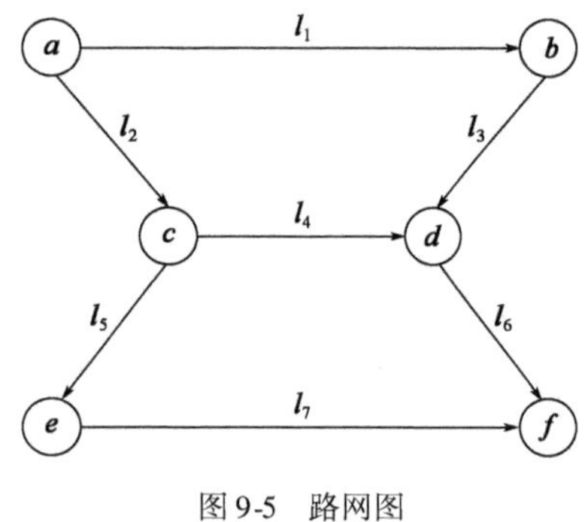

图9-5 路网图

首先建立如图9-5所示的路网，此路网有一个OD对a-f，有7条路段，长度分别为$l_1=l_7=5\text{km}$，$l_4=3\text{km}$，$l_2=l_3=l_5=l_6=4\text{km}$。公交车路线的通行能力均为50pcu/h，私家车在各路段的通行能力分别为$CA_{11}=CA_{17}=400\text{pcu/h}$，$CA_{14}=500\text{pcu/h}$，$CA_{12}=CA_{13}=CA_{15}=CA_{16}=300\text{pcu/h}$。

其他参数初始化值为：$v_{1f}=60$，$v_{2f}=30$，$p=3$，$\beta_1=0.6$，$\beta_2=0.8$，$\theta=1$，$\alpha_1=0.6$，$\alpha_2=3$，$g_1=0.1$，$g_2=0.5$，$m_1=2$，$m_2=40$，$\tau_{time}=15$，$\tau_{oil}=0.8$，$\tau_c=0.5$，$n=2$，$h_{2a}=2$。由9.6.2的模型和算法得到表9-3。

不同节能目标下道路收费效果对比表 表9-3

节能目标(%)	平均出行时间变化率(%)	小汽车出行分担率(%)		公交出行分担率(%)	
		收费前	收费后	收费前	收费后
0	-18.43	60.40	37.70	39.60	62.30
5	-16.16	59.69	36.51	40.31	63.49
10	-12.32	58.87	34.63	41.13	65.37
15	-8.42	56.93	30.78	43.07	69.22
20	-5.09	55.47	29.02	44.53	70.98
25	-2.12	53.68	27.54	46.32	72.46
30	10.68	52.15	20.87	47.85	79.13
35	18.15	51.40	18.71	48.60	81.29
40	28.09	50.66	16.73	49.34	83.27

分析表中数据可知，随着节能目标的不断增加，收费前后出行者平均出行时间不断增加，其中当节能目标低于25%时，收费后出行者平均出行时间相对收费前有所节约，说明在该范围内，收费能够兼顾节约能耗和时间效益；当节能目标大于30%时，收费后出行者平均出行时间不断增加，延误率不断上升，当节能目标达到40%时，收费后平均出行时间延误率达到28.09%。这就说明，过高的节能目标难以达到，即使采取大范围的拥挤收费也很难实现。为了达到不合理的节能目标强制推行道路收费，以此限制私家车出行，减少能耗，结果会增加出行时间给出行者带来困难，还有可能降低城市的经济活跃度。因此管理者在制定交通节能目标时应同时兼顾出行者实际需求。

9.7.4　燃油税与城市交通能耗控制

征收燃油税被认为是一种低成本高效率的增加国家税收的手段，在世界各国广泛应用。相比于道路收费，征收燃油税的难度更小，可操作性更强，应用范围更广。有人认为燃油税将税收的负担转嫁给消费者，对经济的发展未必有利。然而Waches(2003)认为燃油税有着其他的功效。他认为，燃油税对出行者来说是一种信号，让出行者明白其出行对社会造成了外在成本。当出行者意识到了燃油税，为了减少支出，将减少私家车出行，这样就达到了征收燃油税的目的。温室气体的排放与燃油的消耗紧密相关，可以视为燃油税的内在影响，交通拥堵与燃油税有间接的关系，它们被视为燃油税的外在作用。Evans(1999)发现这些外在成本是温室气体排放造成成本的14倍。燃油税的增加能够明显地减少出行需求，通过增加出行者出行的边际成本，燃油税能够减少出行者的出行距离。也有学者认为，燃油税能够淘汰掉大油耗的车辆，潜移默化地改变人们的交通出行方式，如增加公交出行等。从现实出发，道路收费实施的难度较大，此时如果需要达到一定的节能目标，城市的管理者需要其他替代方式来改变出行者的出行行为，减少交通出行能耗，这时燃油税是一个可能的选择。下面将探讨如何通过征收燃油税达到一定的减排目标。

首先对第二个双层规划模型及其算法进行略微的修改，使其符合目标。令上下层规划模型中的道路收费值均取为固定值0，其次在遗传算法中将燃油税作为一个种群并进行遗传运算。

建立如图9-6所示的路网，此路网有一个O-D，有2条路段长度分别为6和9，其中第一条具有公交车路线。私家车和公交车路线的通行能力分别为500和50。

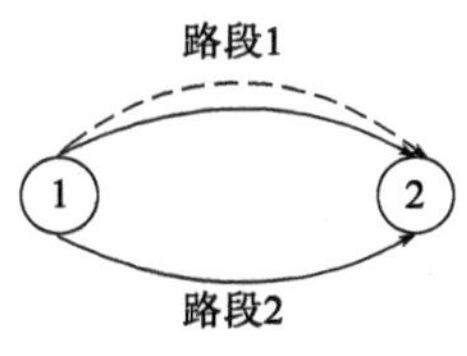

图9-6　案例路网图

令初始化参数如下：$v_{1f}=60$，$v_{2f}=30$，$p=3$，$h_1=0.6$，$h_2=3$，$g_1=0.1$，$g_2=0.5$，$m_1=2$，$m_2=40$，$\beta_1=0.6$，$\beta_2=0.8$，$\theta=1$，$\tau_{time}=100$，$\tau_{oil}=0.8$。

分别取不同的节能目标，其余初始参数不变，由前述模型和算法得到表9-4。

不同节能目标下征收燃油税效果对比表　　表9-4

征收燃油税的效果			征收燃油税前的公交分担率(%)
节能目标值	征收燃油税后的油价	征收燃油税后的公交分担率(%)	
5%	(1+10.2%)×8	36.5	32.2
10%	(1+19.3%)×8	38.2	32.2

续上表

征收燃油税的效果			征收燃油税前的公交分担率(%)
节能目标值	征收燃油税后的油价	征收燃油税后的公交分担率(%)	
15%	(1+31.4%)×8	41.3	32.2
20%	(1+38.9%)×8	44.8	32.2

从表中可以看出,通过征收一定数量的燃油税,确实可以达到一定的节能目标,而且能够增加公交车分担率。需要征收的燃油税所占油价的比例随着节能目标的增加逐级增加。其中当节能目标定为15%和20%时,消费者分别需要多付出31.4%和38.9%额外油价的税赋,其政策的合理性还有待研究。

9.7.5 管理者和出行者对交通能耗的认知对城市能耗的影响

第一个双层规划模型中,上层管理者模型的目标函数为能耗成本与时间成本之和最小,其中能耗成本被定义为燃油价格与油耗量的乘积,而在出行者广义出行费用中,能耗成本也为燃油价格与油耗量的乘积。其实燃油价格只反映了市场上的供需平衡关系,如果考虑到油耗的外部成本,管理者所要达到的社会最优目标函数就不能这样表达了。众所周知,汽车除了消耗能源外,还会排放出大量的温室气体和污染气体,同时汽油的不完全燃烧还是pm2.5的主要来源。这样管理者和出行者在定义能耗造成的成本时,不能完全以价格为指标去衡量能耗成本,还需要考虑对交通能源消耗的环境破坏。这就要求管理者和出行者更加全面地看待交通能耗。需要了解管理者对能耗认知不同时,城市交通的能耗会发生怎样的变化,以及出行者节能意识的增加对城市交通能耗的影响。为此,可以对模型进行适当的修改。当管理者认识到了交通能耗的外部环境成本时,上层目标函数中的能耗成本就会发生变化,燃油的价格不再是衡量能耗成本的唯一标准,这时需要增加能耗在上层模型中的权重;而出行者也意识到节能的环境意义时,在模型中表达出来,就是增加下层模型广义出行费用中能耗成本。

在本节中,设定4种不同的情形,研究这四种情形下道路收费对能耗的影响效果,第一种情形为,管理者认识到了交通能耗的外部成本,并认为交通能耗价格的15%为其外部成本,这样管理者目标函数中的单位能耗成本由8增加到了9.2,此时出行者忽略外部成本。第二种情形为,交通出行者的节能环境意识极高,充分认识了交通能耗可能带来的环境破坏等负面影响,所以在计算广义出行费用时,能耗成本将增加15%。此处的成本增加量可以理解为,出行者觉得他们会为交通出行能耗带来的环境破坏付出代价,如未来可能带来的医药费开支,代价虽然未必迅速兑现,但是出行者必须把它们计算到出行总成本中,管理者的意识较为滞后,并未在目标函数中增加能耗的权重。第三种情形为,管理者和出行者一致认为交通能耗所带来的外部成本必须充分考虑,且均增加15%。第四种情况为对照组,即管理者和出行者均未意识到能耗的外部成本。为了分析这四种不同情形,建立如图9-6所示的相同路网,令总交通需求量为2000人次,其余初始参数不变。

其中单位能耗成本根据所给的不同情形进行计算,如上文所述。通过第一个双层规划模型和算法,得出结果如表9-5所示。

出行者管理者不同节能意识下道路收费效果对比表　　表 9-5

情　　形	平均能耗(L/次)	公交分担率(%)
情形 1	0.369	48.4
情形 2	0.362	48.8
情形 3	0.357	49.8
情形 4	0.384	47.4

从数据中可以看到,当管理者意识到能耗的外部成本时,出行者出行行为改变,公交分担率增加,交通系统能耗降低,实施道路收费的节能效果增加。当出行者意识到能耗的外部成本时,出行者也会主动增加公交出行,使得道路收费的节能效果增加,且优于管理者意识到交通能耗外部成本的情形。当管理者和出行者均意识到能耗的外部成本时,道路收费的效果最佳。因此在现实生活中,通过宣传教育,增强出行者对能耗的认知,有助于优化出行行为,减少交通能耗。同时管理者自身也应该增强对交通能耗的了解,这样才能制定更为合理的控制策略,达到交通节能最优化的目标。

第 10 章　面向能耗优化的出行路径选择

10.1　基于冲突分析的交叉口能源消耗研究

10.1.1　交叉口分类

根据《城市道路交叉口规划规范》(GB 50647—2011)规定,平面交叉口可分为信号控制交叉口(平 A 类)、无信号控制交叉口(平 B 类)和环形交叉口(平 C 类)三种类型,平面交叉口分类应符合下列规定:

①信号控制交叉口应该分为进、出口道展宽交叉口(平 A1 类)和进、出口道不展宽交叉口(平 A2 类);

②无信号控制交叉口应分为支路只准右转通行交叉口(平 B1)、减速让行或停车让行标志交叉口(平 B2 类)和全无管制交叉口(平 B3 类)。

同时,立体交叉应分为枢纽立交(立 A 类)、一般立交(立 B 类)和分离立交(立 C 类)。

根据规范可知,对控制性详细规划阶段交叉口类型应按表 10-1 的规定选择。

控制性详细规划阶段交叉口选型　　表 10-1

交叉口类型	选　型	
	应选类型	可选类型
快—快交叉	立 A 类	—
快—主交叉	立 B 类	立 A 类或立 C 类
快—次交叉	立 C 类	立 B 类
主—主交叉	平 A1 类	立 B 类中的下穿型菱形立交
主—次交叉	平 A1 类	—
主—支交叉	平 B1 类	平 A1 类
次—次交叉	平 A1 类	—
次—支交叉	平 B2 类	平 C 类或平 A1 类
支—支交叉	平 B2 类或立 B3 类	平 C 类或平 A2 类

注:1. 当城市道路与公路相交时,高速公路应按快速路、一级公路应按主干路、二三级公路按次干路、四级公路按支路,确定与公路相交的城市道路交叉路口的类型;

2. 小城市干—干交叉口可按表中的次—次交叉口确定,干—支交叉口可按次—支交叉口确定。

根据道路功能大小对非信号控制交叉口进行分类,共分为以下两个:

①主—次交叉:该类交叉口相交道路等级差别明显,如主—支交叉、次—支交叉;

②主—主交叉或次—次交叉:该类交叉口相交道路等级相同,如支—支交叉。

10.1.2 基于冲突分析的非信号控制交叉口能源消耗

1)非信号控制交叉口不同冲突类型分析

(1)非信控交叉口的驾驶员方向选择行为分析

在交叉路口中,不同方向之间的机动车、非机动车、行人流交织在一起,产生了大量的冲突点。机动车与非机动之间的冲突主要是直行机动车与同向和对向左转的非机动车、右转机动车与直行非机动车、左转机动车与对向直行非机动车等之间的冲突,就上述冲突可归纳为阻碍干扰。驾驶员在交叉口进行方向选择时(即路径选择),会考虑不同路径费用的大小,该费用可以是涵盖行驶时间、油耗、行程时间等多项交通特性指标,在对不同路径进行比对分析后,进行合理的选择。不同的是在信号控制和非信号控制交叉口,驾驶员要面对不同路径上不同的冲突点,这些冲突点会直接或间接影响车辆的安全性、能耗特性等多项交通流及车辆特性,因此,需对各种情况的交叉口冲突进行分析。

本节在驾驶员方向选择行为分析的基础上,考虑到非信号控制交叉口相对于信号控制交叉口交通量较小,存在一定的机动车可穿越间隙的特点,根据道路等级、功能及重要程度对交叉口的冲突点进行分析,并建立相关模型。

(2)不同等级道路交叉口冲突分析

在不同等级道路相交时,对于主要道路上的车流,首先因为次要道路的车流较小,其次次要道路的车流要通过减速或停车让行的方法对主要道路上的车流采取避让措施,因此,主要道路上的车流在过街进行转向时主要考虑对向车流的影响,即考虑主要道路上对向车流的可穿越车头时距或车头间距,具体冲突位置如图10-1和表10-2所示。

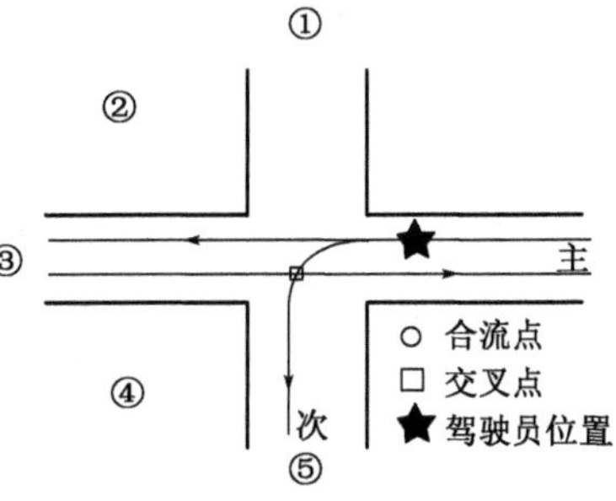

图10-1 主次道路交叉口主要道路流向冲突分析

主次道路交叉口主要道路流向冲突分析 表10-2

方向	冲突类型		
	直行	右转	左转
①	无冲突点	无冲突点	—
②	无冲突点	无冲突点	—
③	无冲突点	无冲突点	交叉
④	无冲突点	—	交叉
⑤	无冲突点	—	交叉

在不同等级道路相交时,对于次要道路上的车流,为了避免对主要道路连续车流的影响,在驶过交叉口时主要考虑主要道路上的横向车流,即考虑主要道路上横向车流的可穿越车头时距或车头间距,具体冲突位置如图10-2和表10-3所示。

主次道路交叉口次要道路流向冲突分析　　表 10-3

方　向	冲突类型		
	直行	右转	左转
①	交叉 + 交叉	—	交叉 + 合流
②	交叉 + 交叉	—	交叉 + 合流
③	交叉 + 交叉	合流	交叉 + 合流
④	交叉 + 交叉	合流	—
⑤	交叉 + 交叉	合流	—

(3)相同等级道路交叉口冲突分析

在相同等级道路相交时,对于直行的车流,主要考虑横向道路的双向车流,即考虑双向横向车流的可穿越车头时距或车头间距;对于右转的车流,主要考虑与横向车流的合流冲突;对于左转的车流,既要考虑横向双向车流,又要同时考虑对向直行车流,具体冲突位置如图 10-3 和表 10-4 所示。

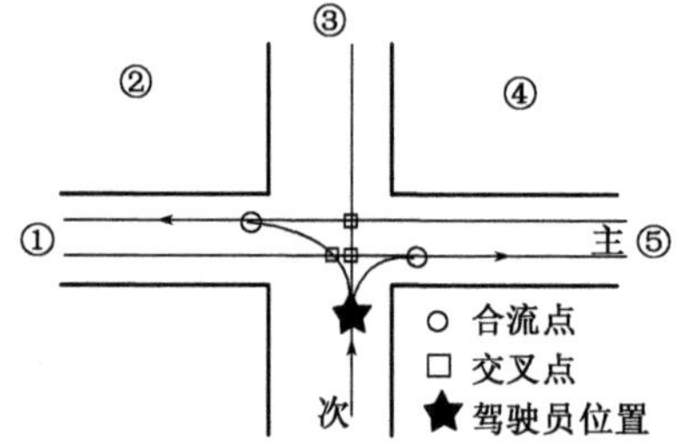

图 10-2　主次道路交叉口次要道路流向冲突分析

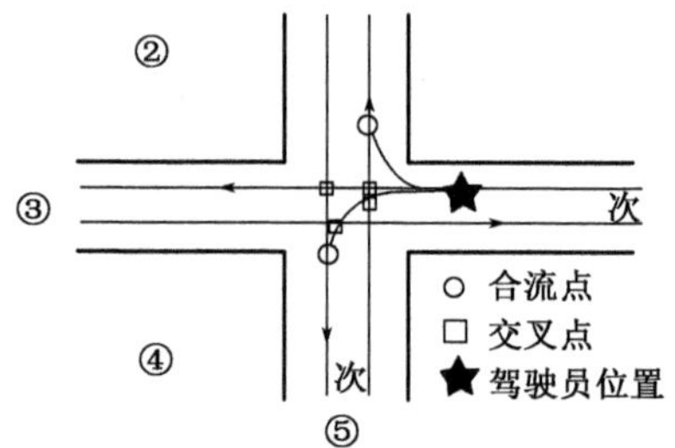

图 10-3　相同等级道路交叉口冲突分析

相同等级道路交叉口冲突分析　　表 10-4

方　向	冲突类型		
	直行	右转	左转
①	交叉 + 交叉	合流	—
②	交叉 + 交叉	合流	
③	交叉 + 交叉	合流	交叉 + 交叉 + 合流
④	交叉 + 交叉	—	交叉 + 交叉 + 合流
⑤	交叉 + 交叉	—	交叉 + 交叉 + 合流

2)非信号控制交叉口饱和流率计算方法

基本假设:进口车道(包括各个方向)最多可容纳 n 辆车排队,驶过冲突点的车头时距为 h,α'为车辆穿越交叉点所需的最小车头时距,α''为车辆穿越合流点所需的最小车头时距,α_0'为车辆连续通过交叉点所需的最小车头时距,α_0''车辆连续通过合流点所需的最小车头时距。由于非信号控制交叉口相对信号控制交叉口交通流量较小,饱和度相对较低,且负指数分布适用于车辆到达是随机的、有充分超车机会的单列车流和密度不大的多列车流。因此假设横向车流到达符合泊松分布,车头时距符合负指数分布(由于这里分析的是本向车流的饱和流率,因此不考虑本向车流的到达,而只考虑横向车流的到达分布和车头时距分布)。根据负指数分布的公式和相关文献中对左转车流饱和流率的求解模型，通过模型的修订和进一步求导可得面对不同交叉口合流冲突点组合时的饱和流率模型。

(1)面对一个交叉点时饱和流率计算方法

当车辆面对一个交叉点时，如表10-2方向③中左转等，记被穿越车流中出现可穿越k辆车的概率为p_k^j，则

$$\begin{aligned}p_k^j &= p(h \geqslant \alpha' + (k-1)\alpha_0') - p(h \geqslant \alpha' + k\alpha_0') \\ &= e^{-\lambda[\alpha' + (k-1)\alpha_0']} - e^{-\lambda[\alpha' + k\alpha_0']} \\ &= e^{-\lambda\alpha'}[e^{-\lambda(k-1)\alpha_0'} - e^{-\lambda k\alpha_0'}]\end{aligned} \tag{10-1}$$

可穿越车流在时间段g_u内出现的车头时距总数为λg_u，其中出现k的次数为$\lambda g_u \cdot p_k^j$，出现大于n的次数为$\lambda g_u \cdot e^{-\lambda[\alpha' + n\alpha_0']}$，所以$g_u$时间段内允许穿越车流交叉点的总数为：

$$\begin{aligned}N^j &= \sum_{K=1}^{n} \lambda g_u p_k^j \cdot k + \lambda g_u e^{-\lambda[\alpha' + n\alpha_0']} \cdot n \\ &= \lambda g_u p_1^j + 2\lambda g_u p_2^j + 3\lambda g_u p_3^j + \cdots + n\lambda g_u p_n^j + n\lambda g_u e^{-\lambda\alpha'} \cdot e^{-\lambda n\alpha_0'} \\ &= \lambda g_u e^{-\lambda\alpha'}[1 - e^{-\lambda\alpha_0'} + 2(e^{-\lambda\alpha_0'} - e^{-2\lambda\alpha_0'}) + \cdots + n(e^{-\lambda(n-1)\alpha_0'} - e^{-\lambda n\alpha_0'})] + n\lambda g_u e^{-\lambda\alpha'} \cdot e^{-\lambda n\alpha_0'} \\ &= g_u \frac{\lambda e^{-\lambda\alpha'}(1 - e^{-\lambda n\alpha_0'})}{1 - e^{-\lambda\alpha_0'}}\end{aligned} \tag{10-2}$$

N^j/g_u可称为车流的饱和流量(理论通行能力)，记为S^j，令$n \to \infty$可得：

$$S^j = \frac{\lambda e^{-\lambda\alpha'}}{1 - e^{-\lambda\alpha_0'}} \tag{10-3}$$

(2)面对一个合流点时饱和流率计算方法

当车辆面对一个合流点时，如表10-3方向①中右转等，记被穿越车流中出现可穿越k辆车的概率为p_k^h，则

$$\begin{aligned}p_k^h &= p(h \geqslant \alpha'' + (k-1)\alpha_0'') - p(h \geqslant \alpha'' + k\alpha_0'') \\ &= e^{-\lambda[\alpha'' + (k-1)\alpha_0'']} - e^{-\lambda[\alpha'' + k\alpha_0'']} \\ &= e^{-\lambda\alpha''}[e^{-\lambda(k-1)\alpha_0''} - e^{-\lambda k\alpha_0''}]\end{aligned} \tag{10-4}$$

可穿越车流在时间段g_u内出现的车头时距总数为λg_u，其中出现k的次数为$\lambda g_u \cdot p_k^h$，出现大于n的次数为$\lambda g_u \cdot e^{-\lambda[\alpha'' + n\alpha_0'']}$，所以$g_u$时间段内允许穿越车流交叉点的总数为：

$$\begin{aligned}N^h &= \sum_{K=1}^{n} \lambda g_u p_k^h \cdot k + \lambda g_u e^{-\lambda[\alpha'' + n\alpha_0'']} \cdot n \\ &= \lambda g_u p_1^h + 2\lambda g_u p_2^h + 3\lambda g_u p_3^h + \cdots + n\lambda g_u p_n^h + n\lambda g_u e^{-\lambda\alpha''} \cdot e^{-\lambda n\alpha_0''} \\ &= \lambda g_u e^{-\lambda\alpha''}[1 - e^{-\lambda\alpha_0''} + 2(e^{-\lambda\alpha_0''} - e^{-2\lambda\alpha_0''}) + \cdots + n(e^{-\lambda(n-1)\alpha_0''} - e^{-\lambda n\alpha_0''})] + n\lambda g_u e^{-\lambda\alpha''} \cdot e^{-\lambda n\alpha_0''} \\ &= g_u \frac{\lambda e^{-\lambda\alpha''}(1 - e^{-\lambda n\alpha_0''})}{1 - e^{-\lambda\alpha_0''}}\end{aligned} \tag{10-5}$$

N^h/g_u 可称为车流的饱和流量(理论通行能力),记为 S^h,令 $n\to\infty$ 可得:

$$S^h=\frac{\lambda e^{-\lambda\alpha''}}{1-e^{-\lambda\alpha''_0}} \tag{10-6}$$

(3)面对两个交叉点时饱和流率计算方法

当车辆面对两个连续的交叉点时,如表 10-3 中的直行等,当只考虑一个车流时,第一个交叉冲突点处车流中出现可穿越 k 辆车的概率为 p_k^j,则

$$\begin{aligned}p_k^j&=p(h\geqslant\alpha'+(k-1)\alpha'_0)-p(h\geqslant\alpha'+k\alpha'_0)\\&=e^{-\lambda[\alpha'+(k-1)\alpha'_0]}-e^{-\lambda[\alpha'+k\alpha'_0]}\\&=e^{-\lambda\alpha'}[e^{-\lambda(k-1)\alpha'_0}-e^{-\lambda k\alpha'_0}]\end{aligned} \tag{10-7}$$

当考虑两个车流时,第一个车流中出现可穿越 k 辆车的概率为 p_k^j,只有第二个交叉处车流中出现可穿越间隙满足 k 或大于 k 辆车通过时,车辆才能够完全通过,否则车辆会停滞在交叉口内,以下均不考虑这种特殊情况,即计算的 p_k^{jj} 为在面对两个车流中的交叉冲突点时,被穿越车流中出现可穿越 k 辆车的概率,则

$$\begin{aligned}p_k^{jj}&=[p(h\geqslant\alpha'+(k-1)\alpha'_0)-p(h\geqslant\alpha'+k\alpha'_0)]\cdot p(h\geqslant\alpha'+(k-1)\alpha'_0)\\&=e^{-\lambda\alpha'}[e^{-\lambda(k-1)\alpha'_0}-e^{-\lambda k\alpha'_0}]\cdot e^{-\lambda[\alpha'+(k-1)\alpha'_0]}\\&=e^{-2\lambda\alpha'-2\lambda(k-1)\alpha'_0}[1-e^{-\lambda\alpha'_0}]\end{aligned} \tag{10-8}$$

可穿越车流在时间段 g_u 内出现的车头时距总数为 λg_u,其中出现 k 的次数为 $\lambda g_u\cdot p_k^{jj}$,出现大于 n 的次数为 $\lambda g_u\cdot e^{-\lambda[\alpha'+n\alpha'_0]}\cdot e^{-\lambda[\alpha'+(n-1)\alpha'_0]}$,所以 g_u 时间段内允许穿越车流交叉点的总数为:

$$\begin{aligned}N^{jj}&=\sum_{K=1}^{n}\lambda g_u p_k^{jj}\cdot k+\lambda g_u e^{-\lambda[\alpha'+n\alpha'_0]}\cdot e^{-\lambda[\alpha'+(n-1)\alpha'_0]}\cdot n\\&=\lambda g_u p_1^{jj}+2\lambda g_u p_2^{jj}+3\lambda g_u p_3^{jj}+\cdots+n\lambda g_u p_n^{jj}+\lambda g_u e^{-\lambda[\alpha'+n\alpha'_0]}\cdot e^{-\lambda[\alpha'+(n-1)\alpha'_0]}\cdot n\\&=\lambda g_u[e^{-2\lambda\alpha'}(1-e^{-\lambda\alpha'_0})+2e^{-2\lambda\alpha'-2\lambda\alpha'_0}(1-e^{-\lambda\alpha'_0})+\cdots+ne^{-2\lambda\alpha'-2\lambda(n-1)\alpha'_0}(1-e^{-\lambda\alpha'_0})]+\\&\quad\lambda g_u e^{-\lambda[\alpha'+n\alpha'_0]}\cdot e^{-\lambda[\alpha'+(n-1)\alpha'_0]}\cdot n\\&=\lambda g_u(1-e^{-\lambda\alpha'_0})e^{-2\lambda\alpha'}(1+2e^{-2\lambda\alpha'_0}+\cdots+ne^{-2\lambda(n-1)\alpha'_0})+\lambda g_u e^{-\lambda[\alpha'+n\alpha'_0]}\cdot e^{-\lambda[\alpha'+(n-1)\alpha'_0]}\cdot n\\&=\lambda g_u(1-e^{-\lambda\alpha'_0})e^{-2\lambda\alpha'}\left[\frac{1-e^{-2\lambda n\alpha'_0}}{(1-e^{-2\lambda\alpha'_0})^2}-\frac{ne^{-2\lambda n\alpha'_0}}{1-e^{-2\lambda\alpha'_0}}\right]+\lambda g_u e^{-\lambda[\alpha'+n\alpha'_0]}\cdot e^{-\lambda[\alpha'+(n-1)\alpha'_0]}\cdot n\end{aligned} \tag{10-9}$$

N^{jj}/g_u 可称为车流的饱和流量(理论通行能力),记为 S^{jj},令 $n\to\infty$ 可得:

$$S^{jj}=\frac{\lambda e^{-2\lambda\alpha'}(1-e^{-\lambda\alpha'_0})}{(1-e^{-2\lambda\alpha'_0})^2} \tag{10-10}$$

(4)面对一个交叉点和一个合流点时饱和流率计算方法

当车辆面对一个交叉点后,紧接着再面对一个合流点时,如表 10-3 中方向①的左转等,当只考虑一个车流时,第一个交叉冲突点处车流中出现可穿越 k 辆车的概率为 p_k^j,则

$$
\begin{aligned}
p_k^j &= p(h \geqslant \alpha' + (k-1)\alpha_0') - p(h \geqslant \alpha' + k\alpha_0') \\
&= e^{-\lambda[\alpha' + (k-1)\alpha_0']} - e^{-\lambda[\alpha' + k\alpha_0']} \\
&= e^{-\lambda\alpha'}[e^{-\lambda(k-1)\alpha_0'} - e^{-\lambda k\alpha_0'}]
\end{aligned}
\tag{10-11}
$$

当考虑两个车流时，第一个车流中出现可穿越 k 辆车的概率为 p_k^j，只有第二个合流处车流中出现可穿越间隙满足 k 或大于 k 辆车通过时，车辆能够完全通过，即计算的 p_k^{jh} 为在面对两个车流中的交叉冲突点时，被穿越车流中出现可穿越 k 辆车的概率，则

$$
\begin{aligned}
p_k^{jh} &= [p(h \geqslant \alpha' + (k-1)\alpha_0') - p(h \geqslant \alpha' + k\alpha_0')] \cdot p(h \geqslant \alpha'' + (k-1)\alpha_0'') \\
&= e^{-\lambda\alpha'}[e^{-\lambda(k-1)\alpha_0'} - e^{-\lambda k\alpha_0'})] \cdot e^{-\lambda[\alpha'' + (k-1)\alpha_0'']} \\
&= e^{-\lambda(\alpha' + \alpha'') - \lambda(k-1)(\alpha' + \alpha'')}[1 - e^{-\lambda\alpha_0'}]
\end{aligned}
\tag{10-12}
$$

可穿越车流在时间段 g_u 内出现的车头时距总数为 λg_u，其中出现 k 的次数为 $\lambda g_u \cdot p_k^{jh}$，出现大于 n 的次数为 $\lambda g_u \cdot e^{-\lambda[\alpha' + n\alpha_0']} \cdot e^{-\lambda[\alpha'' + (n-1)\alpha_0'']}$，所以 g_u 时间段内允许穿越车流交叉点的总数为：

$$
\begin{aligned}
N^{jh} &= \sum_{K=1}^{n} \lambda g_u p_k^{jh} \cdot k + \lambda g_u e^{-\lambda[\alpha' + n\alpha_0']} \cdot e^{-\lambda[\alpha'' + (n-1)\alpha_0'']} \cdot n \\
&= \lambda g_u p_1^{jh} + 2\lambda g_u p_2^{jh} + 3\lambda g_u p_3^{jh} + \cdots + n\lambda g_u P_n^{jh} + \lambda g_u e^{-\lambda[\alpha' + n\alpha_0']} \cdot e^{-\lambda[\alpha'' + (n-1)\alpha_0'']} \cdot n \\
&= \lambda g_u [e^{-\lambda(\alpha' + \alpha'')}(1 - e^{-\lambda\alpha_0'}) + 2e^{-2\lambda\alpha' - 2\lambda\alpha_0'}(1 - e^{-\lambda\alpha_0'}) + \cdots + \\
&\quad ne^{-2\lambda\alpha' - 2\lambda(n-1)\alpha_0'}(1 - e^{-\lambda\alpha_0'})] + \lambda g_u e^{-\lambda[\alpha' + n\alpha_0']} \cdot e^{-\lambda[\alpha'' + (n-1)\alpha_0'']} \cdot n \\
&= \lambda g_u (1 - e^{-\lambda\alpha_0'}) e^{-\lambda(\alpha' + \alpha'')} (1 + 2e^{-\lambda(\alpha' + \alpha'')} + \cdots + ne^{-\lambda(n-1)(\alpha' + \alpha'')}) + \\
&\quad \lambda g_u e^{-\lambda[\alpha' + n\alpha_0']} \cdot e^{-\lambda[\alpha'' + (n-1)\alpha_0'']} \cdot n \\
&= \lambda g_u (1 - e^{-\lambda\alpha_0'}) e^{-\lambda(\alpha' + \alpha'')} \left[\frac{1 - e^{-\lambda n(\alpha' + \alpha'')}}{(1 - e^{-\lambda(\alpha' + \alpha'')})^2} - \frac{ne^{-\lambda n(\alpha' + \alpha'')}}{1 - e^{-\lambda(\alpha' + \alpha'')}}\right] + \\
&\quad \lambda g_u e^{-\lambda[\alpha' + n\alpha_0']} \cdot e^{-\lambda[\alpha'' + (n-1)\alpha_0'']} \cdot n
\end{aligned}
\tag{10-13}
$$

N^{jh}/g_u 可称为车流的饱和流量（理论通行能力），记为 S^{jh}，令 $n \to \infty$ 可得：

$$
S^{jh} = \frac{\lambda e^{-\lambda(\alpha' + \alpha'')}(1 - e^{-\lambda\alpha_0'})}{(1 - e^{-\lambda(\alpha' + \alpha'')})^2}
\tag{10-14}
$$

（5）面对两个交叉点和一个合流点时饱和流率计算方法

当车辆先面对一个交叉点再面对一个合流点时，如表 10-4 中方向③的左转等，当只考虑一个车流时，第一个交叉冲突点处车流中出现可穿越 k 辆车的概率为 p_k^j，则

$$
\begin{aligned}
p_k^j &= p(h \geqslant \alpha' + (k-1)\alpha_0') - p(h \geqslant \alpha' + k\alpha_0') \\
&= e^{-\lambda[\alpha' + (k-1)\alpha_0']} - e^{-\lambda[\alpha' + k\alpha_0']} \\
&= e^{-\lambda\alpha'}[e^{-\lambda(k-1)\alpha_0'} - e^{-\lambda k\alpha_0'}]
\end{aligned}
\tag{10-15}
$$

当考虑两个车流时，第一个车流中出现可穿越 k 辆车的概率为 p_k^j，只有第二个合流处车流中出现可穿越间隙满足 k 或大于 k 辆车通过时，车辆能够完全通过，即计算的 p_k^{jj} 为在面对两个车流中的交叉冲突点时，被穿越车流中出现可穿越 k 辆车的概率，则

$$
\begin{aligned}
p_k^{ij} &= [p(h \geqslant \alpha' + (k-1)\alpha_0') - p(h \geqslant \alpha' + k\alpha_0')] \cdot p(h \geqslant \alpha' + (k-1)\alpha_0') \\
&= e^{-\lambda\alpha'}[e^{-\lambda(k-1)\alpha_0'} - e^{-\lambda k\alpha_0'}] \cdot e^{-\lambda[\alpha' + (k-1)\alpha_0']} \\
&= e^{-2\lambda\alpha' - 2\lambda(k-1)\alpha'}[1 - e^{-\lambda\alpha_0'}]
\end{aligned} \tag{10-16}
$$

同理,在面对两个交叉冲突点和一个合流冲突点时,被穿越车流中出现可穿越 k 辆车的概率为 p_k^{ijh},则

$$
\begin{aligned}
p_k^{ijh} &= [p(h \geqslant \alpha' + (k-1)\alpha_0') - p(h \geqslant \alpha' + k\alpha_0')] \cdot p(h \geqslant \alpha' + (k-1)\alpha_0') \cdot p(h \geqslant \alpha'' + (k-1)\alpha_0'') \\
&= e^{-\lambda\alpha'}[e^{-\lambda(k-1)\alpha_0'} - e^{-\lambda k\alpha_0'}] \cdot e^{-\lambda[\alpha' + (k-1)\alpha_0']} \cdot e^{-\lambda[\alpha'' + (k-1)\alpha_0'']} \\
&= e^{-\lambda(2\alpha' + \alpha'') - \lambda(k-1)(2\alpha_0' + \alpha_0'')}[1 - e^{-\lambda\alpha_0'}]
\end{aligned} \tag{10-17}
$$

可穿越车流在时间段 g_u 内出现的车头时距总数为 λg_u,其中出现 k 的次数为 $\lambda g_u \cdot p_k^{ijh}$,出现大于 n 的次数为 $\lambda g_u e^{-\lambda[\alpha' + n\alpha_0']} \cdot e^{-\lambda[\alpha' + (n-1)\alpha_0']} \cdot e^{-\lambda[\alpha'' + (n-1)\alpha_0'']}$,所以 g_u 时间段内允许穿越车流交叉点的总数为:

$$
\begin{aligned}
N^{ijh} &= \sum_{K=1}^{n} \lambda g_u p_k^{ijh} \cdot k + \lambda g_u e^{-\lambda[\alpha' + n\alpha_0']} \cdot e^{-\lambda[\alpha' + (n-1)\alpha_0']} \cdot e^{-\lambda[\alpha'' + (n-1)\alpha_0'']} \cdot n \\
&= \lambda g_u p_1^{ijh} + 2\lambda g_u p_2^{ijh} + 3\lambda g_u p_3^{ijh} + \cdots + n\lambda g_u p_n^{ijh} + \lambda g_u e^{-\lambda[\alpha' + n\alpha_0']} \cdot \\
&\quad e^{-\lambda[\alpha' + (n-1)\alpha_0']} \cdot e^{-\lambda[\alpha'' + (n-1)\alpha_0'']} \cdot n \\
&= \lambda g_u (1 - e^{-\lambda\alpha_0'}) e^{-\lambda(2\alpha' + \alpha'')} (1 + 2e^{-\lambda(2\alpha_0' + \alpha_0'')} + \cdots + n e^{-\lambda(n-1)(2\alpha_0' + \alpha_0'')}) + \\
&\quad \lambda g_u e^{-\lambda[\alpha' + n\alpha_0']} \cdot e^{-\lambda[\alpha' + (n-1)\alpha_0']} \cdot e^{-\lambda[\alpha'' + (n-1)\alpha_0'']} \cdot n \\
&= \lambda g_u (1 - e^{-\lambda\alpha_0'}) e^{-\lambda(2\alpha' + \alpha'')} \left[\frac{1 - e^{-\lambda n(2\alpha_0' + \alpha_0'')}}{(1 - e^{-\lambda(2\alpha_0' + \alpha_0'')})^2} \frac{n e^{-\lambda n(2\alpha_0' + \alpha_0'')}}{1 - e^{-\lambda(2\alpha_0' + \alpha_0'')}}\right] + \\
&\quad \lambda g_u e^{-\lambda[\alpha' + n\alpha_0']} \cdot e^{-\lambda[\alpha' + (n-1)\alpha_0']} \cdot e^{-\lambda[\alpha'' + (n-1)\alpha_0'']} \cdot n
\end{aligned} \tag{10-18}
$$

N^{ijh}/g_u 可称为车流的饱和流量(理论通行能力),记为 S^{ijh},令 $n \to \infty$ 可得:

$$
S^{ijh} = \frac{\lambda e^{-\lambda(2\alpha' + \alpha'')}(1 - e^{-\lambda\alpha_0'})}{(1 - e^{-\lambda(2\alpha_0' + \alpha_0'')})^2} \tag{10-19}
$$

3)非信号控制交叉口能源消耗量计算方法

非信号控制交叉口的能源消耗量与车辆在交叉口的加减速以及怠速有关,而车辆的加减速以及怠速又与可穿插车流的车头间隙有关,可穿插车流的车头间隙是由车辆到达分布和到达率决定的。

根据相关文献和前文中的模型假设,隐藏的条件是当横向车流出现可穿越车头间距时,本向车流的排队车辆数恰巧能够完全利用该车头间距,没有多余的车头间距空余或多余车辆排队的现象。因此在前述假设及饱和流率模型的基础上,可分析推导出面对多个交叉或合流点时单个车辆通过该非信号控制交叉口的能源消耗量。上述模型求解的是本向车流的饱和流率,而下面模型中求解的是面对多个交叉或合流点时单个车辆通过该非信号控制交叉口的能源消耗量。该值是通过概率加权计算得到,与饱和流率的模型构造思路相似。

在前述假设和饱和流率模型的基础上，假设车辆在面对多个交叉或合流点时，其怠速等待时间由最后通过冲突点的交通流决定。并且当横向车流出现可穿越车头间距时，本向车流的排队车辆之前的到达分布为均匀分布（该假设的设定首先会简化模型，其次得到的单个车辆通过该非信号控制交叉口的能源消耗量为最小值）。

（1）面对一个交叉点时的平均单车能源消耗量计算方法

当车辆面对一个交叉点时，如表 10-2 方向③中左转等，记被穿越车流中出现可穿越 k 辆车的概率为 p_k^j（即 k 辆车需要进行减速—怠速—加速—怠速过程），如公式（10-1）所示，结合式（10-2）和（10-3）可得面对一个交叉点时在饱和流率状态下的总能源消耗量计算模型 F^j，如公式（10-20）所示。

$$\begin{aligned}F^j &= \lambda g_u \sum_{k=1}^{n} p_k^j \cdot \left[k(F_a+F_b+F_c)+\frac{1}{2}k\left(\alpha'+\frac{2k-1}{2}\alpha_0'\right)f_b\right]+\lambda g_u e^{-\lambda[\alpha'+n\alpha_0']}\cdot\\&\quad\left[n(F_a+F_b+F_c)+\frac{1}{2}n(\alpha'+(n-1)\alpha_0')f_b\right]\\&=\frac{\lambda g_u e^{-\lambda\alpha'}(1-e^{-\lambda n\alpha_0'})\cdot\left(F_a+F_b+F_c+\frac{1}{2}\alpha' f_b\right)}{1-e^{-\lambda\alpha_0'}}+\frac{\lambda g_u f_b\alpha_0'}{2}\cdot\\&\quad\left[\sum_{k=1}^{n}p_k^j\cdot k\cdot\frac{2k-1}{2}+e^{-\lambda[\alpha'+n\alpha_0']}n(n-1)\right]\\&=\frac{\lambda g_u e^{-\lambda\alpha'}(1-e^{-\lambda n\alpha_0'})\cdot\left(F_a+F_b+F_c+\frac{1}{2}\alpha' f_b\right)}{1-e^{-\lambda\alpha_0'}}+\frac{\lambda g_u f_b\alpha'_0}{2}\cdot\\&\quad\left[\frac{1}{1-e^{-\lambda\alpha_0'}}+\frac{2e^{-\lambda\alpha_0'}}{1-e^{-\lambda(n-1)\alpha_0'}}-\frac{(n-1)^2e^{-\lambda n\alpha_0'}}{1-e^{-\lambda\alpha_0'}}+\frac{n^2e^{-\lambda(n+1)\alpha_0'}}{1-e^{-\lambda\alpha_0'}}-\frac{e^{-\lambda\alpha'}(1-e^{-\lambda n\alpha_0'})}{2(1-e^{-\lambda\alpha'_0})}+\left(n^2-\frac{n}{2}\right)e^{-\lambda(\alpha'+n\alpha_0')}\right]\end{aligned} \tag{10-20}$$

式中，F_a 为以行驶速度匀速经过交叉口的能源消耗量；F_b 为机动车从行驶速度减速至停止时的能源消耗量；F_c 为机动车从静止加速至行驶速度时的能源消耗量；f_b 为机动车怠速时的燃油消耗率。

令 $n\to\infty$ 可得：

$$F^j=\frac{\lambda g_u e^{-\lambda\alpha'}\left(F_a+F_b+F_c+\frac{1}{2}\alpha' f_b\right)}{1-e^{-\lambda\alpha_0'}}+\frac{\lambda g_u f_b\alpha_0'}{2}\left[\frac{1}{1-e^{-\lambda\alpha_0'}}+2e^{-\lambda\alpha_0'}-\frac{e^{-\lambda\alpha'}}{2(1-e^{-\lambda\alpha_0'})}\right] \tag{10-21}$$

上述两个公式求解的为 g_u 时间段内的，本向车流为饱和状态下的车流总能源消耗量，进而通过以下公式求得面对一个交叉点时的平均单车能源消耗量计算模型 f^j。

$$f^j=\frac{F^j}{g_u s^j} \tag{10-22}$$

（2）面对一个合流点时的平均单车能源消耗量计算方法

当车辆面对一个交叉点时，如表 10-3 方向③中左转等，记被穿越车流中出现可穿越 k 辆

车的概率为 p_k^h，如公式(10-4)所示，结合式(10-5)和(10-6)可得面对一个合流点时在饱和流率状态下的总能源消耗量计算模型 F^h，如公式(10-23)所示。

$$
\begin{aligned}
F^h &= \lambda g_u \sum_{k=1}^{n} p_k^h \cdot \left[k(F_a+F_b+F_c)+\frac{1}{2}k\left(\alpha''+\frac{2k-1}{2}\alpha''_0\right)f_b\right]+\\
&\quad \lambda g_u e^{-\lambda[\alpha''+n\alpha''_0]}\cdot\left[n(F_a+F_b+F_c)+\frac{1}{2}n(\alpha''+(n-1)\alpha''_0)f_b\right]\\
&=\frac{\lambda g_u e^{-\lambda\alpha''}(1-e^{-\lambda n\alpha''_0})}{1-e^{-\lambda\alpha''_0}}\cdot\left(F_a+F_b+F_c+\frac{1}{2}\alpha''f_b\right)+\frac{\lambda g_u f_b\alpha''_0}{2}\cdot\\
&\quad\left[\sum_{k=1}^{n}p_k^j\cdot k\cdot\frac{(2k-1)}{2}+e^{-\lambda[\alpha''+n\alpha''_0]}n(n-1)\right]\\
&=\frac{\lambda g_u e^{-\lambda\alpha''}(1-e^{-\lambda n\alpha''_0})}{1-e^{-\lambda\alpha''_0}}\cdot\left(F_a+F_b+F_c+\frac{1}{2}\alpha''f_b\right)+\frac{\lambda g_u f_b\alpha''_0}{2}\cdot\\
&\quad\left[\frac{1}{1-e^{-\lambda\alpha''_0}}+\frac{2e^{-\lambda\alpha''_0}}{1-e^{-\lambda(n-1)\alpha''_0}}-\frac{(n-1)^2e^{-\lambda n\alpha''_0}}{1-e^{-\lambda\alpha''_0}}+\frac{n^2e^{-\lambda(n+1)\alpha''_0}}{1-e^{-\lambda\alpha''_0}}-\right.\\
&\quad\left.\frac{e^{-\lambda\alpha''}(1-e^{-\lambda n\alpha''_0})}{2(1-e^{-\lambda\alpha''_0})}+\left(n^2-\frac{n}{2}\right)e^{-\lambda(\alpha''+n\alpha''_0)}\right]
\end{aligned}
\tag{10-23}
$$

令 $n\to\infty$ 可得：

$$
F^h=\frac{\lambda g_u e^{-\lambda\alpha''}\left(F_a+F_b+F_c+\frac{1}{2}\alpha''f_b\right)}{1-e^{-\lambda\alpha''_0}}+\frac{\lambda g_u f_b\alpha''_0}{2}\left[\frac{1}{1-e^{-\lambda\alpha''_0}}+2e^{-\lambda\alpha''_0}-\frac{e^{-\lambda\alpha''}}{2(1-e^{-\lambda\alpha''_0})}\right]
\tag{10-24}
$$

上述两个公式求解的为 g_u 时间段内的，本向车流为饱和状态下的车流总能源消耗量，进而通过以下公式求得面对一个交叉点时的平均单车能源消耗量计算模型 f^h。

$$
f^h=\frac{F^h}{g_u s^h}
\tag{10-25}
$$

(3)面对两个交叉点时的平均单车能源消耗量计算方法

当车辆面对两个连续的交叉点时，如表10-3中的直行。当只考虑一个车流时，第一个交叉冲突点处车流中出现可穿越 k 辆车的概率为 p_k^j，如公式(10-7)所示，当考虑两个车流时，第一个车流中出现可穿越 k 辆车的概率为 p_k^j，只有第二个交叉处车流中出现可穿越间隙满足 k 或大于 k 辆车通过时，车辆能够完全通过，即计算的 p_k^{jj} 为在面对两个车流中的交叉冲突点时，被穿越车流中出现可穿越 k 辆车的概率，如公式(10-8)所示。结合式(10-9)和(10-10)可得面对两个交叉点时在饱和流率状态下的总能源消耗量计算模型 F^{jj}，如公式(10-26)所示。

$$
\begin{aligned}
F^{jj}&=\lambda g_u\sum_{k=1}^{n}p_k^{jj}\cdot\left[k(F_a+F_b+F_c)+\frac{1}{2}k\left(\alpha'+\frac{(2k-1)}{2}\alpha'_0\right)f_b\right]+\\
&\quad\lambda g_u e^{-\lambda[\alpha'+n\alpha'_0]}\cdot e^{-\lambda[\alpha'+(n-1)\alpha'_0]}\cdot\left[n(F_a+F_b+F_c)+\frac{1}{2}n(\alpha'+(n-1)\alpha'_0)f_b\right]\\
&=\lambda g_u\left\{e^{-2\lambda\alpha'}(1-e^{-\lambda\alpha'_0})\left[\frac{1-e^{-2\lambda n\alpha'_0}}{(1-e^{-2\lambda\alpha'_0})^2}-\frac{ne^{-2\lambda n\alpha'_0}}{1-e^{-2\lambda\alpha'_0}}\right]+e^{-\lambda[\alpha'+n\alpha'_0]}\cdot e^{-\lambda[\alpha'+(n-1)\alpha'_0]}\cdot n\right\}\cdot
\end{aligned}
$$

$$\left(F_a+F_b+F_c+\frac{1}{2}\alpha' f_b\right)+\frac{\lambda g_u f_b \alpha_0'}{2}\left[\sum_{k=1}^{n}p_k^{jj}\cdot k\cdot\frac{2k-1}{2}+e^{-\lambda[\alpha'+n\alpha_0']}\cdot e^{-\lambda[\alpha'+(n-1)\alpha_0']}n(n-1)\right]$$

$$=\lambda g_u\left\{e^{-2\lambda\alpha'}(1-e^{-\lambda\alpha_0'})\left[\frac{1-e^{-2\lambda n\alpha_0'}}{(1-e^{-2\lambda\alpha_0'})^2}-\frac{ne^{-2\lambda n\alpha_0'}}{1-e^{-2\lambda\alpha_0'}}\right]+e^{-\lambda[\alpha'+n\alpha_0']}\cdot e^{-\lambda[\alpha'+(n-1)\alpha_0']}\cdot n\right\}\cdot$$

$$(F_a+F_b+F_c+\frac{1}{2}\alpha' f_b)+\frac{\lambda g_u f_b\alpha_0'}{2}\cdot$$

$$\left\{e^{-2\lambda\alpha'}(1-e^{-\lambda\alpha_0'})\left[\frac{1}{(1-e^{-2\lambda\alpha_0'})^2}+\frac{2e^{-2\lambda\alpha_0'}(1-e^{-2\lambda(n-1)\alpha_0'})}{(1-e^{-2\lambda\alpha_0'})^3}-\frac{(n-1)^2e^{-2\lambda n\alpha_0'}}{(1-e^{-2\lambda\alpha_0'})^2}+\frac{n^2e^{-2\lambda(n+1)\alpha_0'}}{(1-e^{-2\lambda\alpha_0'})^2}\right]-\right.$$

$$\frac{1}{2}\left[e^{-2\lambda\alpha'}(1-e^{-\lambda\alpha_0'})\cdot\left(\frac{1-e^{-2\lambda n\alpha_0'}}{(1-e^{-2\lambda\alpha_0'})^2}-\frac{ne^{-2\lambda n\alpha_0'}}{1-e^{-2\lambda\alpha_0'}}\right)+e^{-\lambda[\alpha'+n\alpha_0']}\cdot e^{-\lambda[\alpha'+(n-1)\alpha_0']}\cdot n\right]+$$

$$\left.\left(n^2-\frac{n}{2}\right)\cdot e^{-\lambda[\alpha'+n\alpha_0']}\cdot e^{-\lambda[\alpha'+(n-1)\alpha_0']}\right\}\tag{10-26}$$

令 $n\to\infty$ 可得：

$$F^{jj}=\frac{\lambda g_u e^{-\lambda\alpha'}\left(F_a+F_b+F_c+\frac{1}{2}\alpha' f_b\right)}{1-e^{-\lambda\alpha_0'}}+\frac{\lambda g_u f_b\alpha_0'}{2}\cdot\left\{e^{-2\lambda\alpha'}(1-e^{-\lambda\alpha_0'})\left[\frac{1}{(1-e^{-2\lambda\alpha_0'})^2}+\frac{2e^{-2\lambda\alpha_0'}}{(1-e^{-2\lambda\alpha_0'})^3}\right]-\frac{(1-e^{-\lambda\alpha_0'})\cdot e^{-2\lambda\alpha'}}{2(1-e^{-2\lambda\alpha_0'})^2}\right\}\tag{10-27}$$

上述两个公式求解的为 g_u 时间段内的，本向车流为饱和状态下的车流总能源消耗量，进而通过以下公式求得面对一个交叉点时的平均单车能源消耗量计算模型 f^{jj}。

$$f^{jj}=\frac{F^{jj}}{g_u s^{jj}}\tag{10-28}$$

(4)面对一个交叉点和一个合流点时的平均单车能源消耗量计算方法

当车辆面对一个交叉点和一个合流点时，如表 10-2 方向①中左转等，当只考虑一个车流时，第一个交叉冲突点处车流中出现可穿越 k 辆车的概率为 p_k^j，如公式(10-11)所示，当考虑两个车流时，第一个车流中出现可穿越 k 辆车的概率为 p_k^j，只有第二个交叉处车流中出现可穿越间隙满足 k 或大于 k 辆车通过时，车辆能够完全通过，即计算的 p_k^{jh} 为在面对一个交叉点和一个合流点时，被穿越车流中出现可穿越 k 辆车的概率，如公式(10-12)所示。结合公式(10-13)和(10-14)可得面对一个交叉点和一个合流点时在饱和流率状态下的总能源消耗量计算模型 F^{jh}，如公式(10-29)所示。

$$F^{jh}=\lambda g_u\sum_{k=1}^{n}p_k^{jh}\cdot\left[k(F_a+F_b+F_c)+\frac{1}{2}k(\alpha''+\frac{2k-1}{2}\alpha''_0)f_b\right]+$$

$$\lambda g_u e^{-\lambda[\alpha'+n\alpha_0']}\cdot e^{-\lambda[\alpha''+(n-1)\alpha_0'']}\cdot\left[n(F_a+F_b+F_c)+\frac{1}{2}n(\alpha''+(n-1)\alpha_0'')f_b\right]$$

$$=\lambda g_u\left\{e^{-\lambda(\alpha'+\alpha'')}\left[(1-e^{-\lambda\alpha_0'})\frac{1-e^{-\lambda n(\alpha'+\alpha'')}}{(1-e^{-\lambda(\alpha'+\alpha'')})^2}-\frac{ne^{-\lambda n(\alpha'+\alpha'')}}{1-e^{-\lambda(\alpha'+\alpha'')}}\right]+\right.$$

$$\left.e^{-\lambda[\alpha'+n\alpha_0']}\cdot e^{-\lambda[\alpha''+(n-1)\alpha_0'']}\cdot n\right\}\cdot(F_a+F_b+F_c+\frac{1}{2}\alpha'' f_b)+$$

$$
\begin{aligned}
&\frac{\lambda g_u f_b \alpha_0''}{2}\left[\sum_{k=1}^{n} p_k^{jh}\cdot k\cdot\frac{2k-1}{2}+e^{-\lambda[\alpha'+n\alpha_0']}\cdot e^{-\lambda[\alpha''+(n-1)\alpha_0'']}n(n-1)\right]\\
&=\lambda g_u\left\{e^{-\lambda(\alpha'+\alpha'')}(1-e^{-\lambda\alpha_0'})\left[\frac{1-e^{-\lambda n(\alpha'+\alpha'')}}{(1-e^{-\lambda(\alpha'+\alpha'')})^2}-\frac{ne^{-\lambda n(\alpha'+\alpha'')}}{1-e^{-\lambda(\alpha'+\alpha'')}}\right]+\right.\\
&\left.e^{-\lambda[\alpha'+n\alpha_0']}\cdot e^{-\lambda[\alpha''+(n-1)\alpha_0'']}\cdot n\right\}\cdot\left(F_a+F_b+F_c+\frac{1}{2}\alpha''f_b\right)+\\
&\frac{\lambda g_u f_b\alpha_0''}{2}\left[\sum_{k=1}^{n}p_k^{jh}\cdot k^2-\frac{1}{2}\left(\sum_{k=1}^{n}p_k^{jh}\cdot k+e^{-\lambda[\alpha'+n\alpha_0']}\cdot e^{-\lambda[\alpha''+(n-1)\alpha_0'']}\cdot n\right)+\right.\\
&\left.e^{-\lambda[\alpha'+n\alpha_0']}\cdot e^{-\lambda[\alpha''+(n-1)\alpha_0'']}\left(n^2-\frac{1}{2}n\right)\right]\\
&=\lambda g_u\left\{e^{-\lambda(\alpha'+\alpha'')}(1-e^{-\lambda\alpha_0'})\left[\frac{1-e^{-\lambda n(\alpha'+\alpha'')}}{(1-e^{-\lambda(\alpha'+\alpha'')})^2}-\frac{ne^{-\lambda n(\alpha'+\alpha'')}}{1-e^{-\lambda(\alpha'+\alpha'')}}\right]+\right.\\
&\left.e^{-\lambda[\alpha'+n\alpha_0']}\cdot e^{-\lambda[\alpha''+(n-1)\alpha_0'']}\cdot n\right\}\cdot\left(F_a+F_b+F_c+\frac{1}{2}\alpha''f_b\right)+\\
&\frac{\lambda g_u f_b\alpha_0''}{2}\left\{e^{-\lambda(\alpha'+\alpha'')}(1-e^{-\lambda\alpha'_0})\left[\frac{1}{(1-e^{-\lambda(\alpha'+\alpha'')})^2}+\frac{2e^{-\lambda(\alpha'+\alpha'')}(1-e^{-\lambda(n-1)(\alpha'+\alpha'')})}{(1-e^{-\lambda(\alpha'+\alpha'')})^3}-\right.\right.\\
&\left.(n-1)^2e^{-\lambda n(\alpha'+\alpha'')}-n^2e^{-\lambda(n+1)(\alpha'+\alpha'')}\right]-\frac{1}{2}\\
&\left[e^{-\lambda(\alpha'+\alpha'')}(1-e^{-\lambda\alpha_0'})\left(\frac{1-e^{-\lambda n(\alpha'+\alpha'')}}{(1-e^{-\lambda(\alpha'+\alpha'')})^2}-\frac{ne^{-\lambda n(\alpha'+\alpha'')}}{1-e^{-\lambda(\alpha'+\alpha'')}}\right)+e^{-\lambda[\alpha'+n\alpha_0']}\cdot e^{-\lambda[\alpha''+(n-1)\alpha_0'']}\cdot n\right]+\\
&\left.e^{-\lambda[\alpha'+n\alpha_0']}\cdot e^{-\lambda[\alpha''+(n-1)\alpha_0'']}\left(n^2-\frac{1}{2}n\right)\right\}
\end{aligned}
\tag{10-29}
$$

令 $n\to\infty$ 可得：

$$
\begin{aligned}
F^{jh}=&\frac{\lambda g_u e^{-\lambda(\alpha'+\alpha'')}(1-e^{-\lambda\alpha_0'})\left(F_a+F_b+F_c+\frac{1}{2}\alpha''f_b\right)}{(1-e^{-\lambda(\alpha'+\alpha'')})^2}+\frac{\lambda g_u f_b\alpha_0''}{2}\cdot\\
&\left\{e^{-\lambda(\alpha'+\alpha'')}(1-e^{-\lambda\alpha_0'})\left[\frac{1}{(1-e^{-\lambda(\alpha'+\alpha'')})^2}+\frac{2e^{-\lambda(\alpha'+\alpha'')}}{(1-e^{-\lambda(\alpha'+\alpha'')})^3}\right]-\frac{(1-e^{-\lambda\alpha_0'})e^{-\lambda(\alpha'+\alpha'')}}{2(1-e^{-\lambda(\alpha'+\alpha'')})^2}\right\}
\end{aligned}
\tag{10-30}
$$

上述两式求解的为 g_u 时间段内本向车流为饱和状态下的车流总能源消耗量，进而通过公式（10-31）求得一个交叉点时的平均单车能源消耗量计算模型 f^{jh}。

$$f^{jh}=\frac{F^{jh}}{g_u s^{jh}} \tag{10-31}$$

（5）面对两个交叉点和一个合流点时的平均单车能源消耗量计算方法

当车辆先面对一个交叉点再面对一个合流点时，如表 10-3 方向③中左转等，当只考虑一个车流时，第一个交叉冲突点处车流中出现可穿越 k 辆车的概率为 p_k^j，如公式（10-15）所示，当考虑两个车流时，第一个车流中出现可穿越 k 辆车的概率为 p_k^j，只有第二个合流处车流中出现可穿越间隙满足 k 或大于 k 辆车通过时，车辆才能够完全通过，否则车辆会停滞在交叉口内，本文不考虑这种特殊情况，即计算的 p_k^{jj} 为在面对两个车流中的交叉冲突点时，被穿越车流中

出现可穿越 k 辆车的概率为 p_k^{ij}，如公式(10-16)所示，同理，在面对两个交叉冲突点和一个合流冲突点时，被穿越车流中出现可穿越 k 辆车的概率为 p_k^{ijh}，如公式(10-17)所示。结合式(10-18)和式(10-19)可得面对两个交叉点和一个合流点时在饱和流率状态下的总能源消耗量计算模型 F^{ijh}，如式(10-32)所示。

$$
\begin{aligned}
F^{ijh} =& \lambda g_u \sum_{k=1}^{n} p_k^{ijh} \cdot \left[k(F_a+F_b+F_c)+\frac{1}{2}k\left(\alpha''+\frac{2k-1}{2}\alpha_0''\right)f_b\right]+\lambda g_u e^{-\lambda[\alpha'+n\alpha_0']}\cdot \\
& e^{-\lambda[\alpha'+(n-1)\alpha_0']}\cdot e^{-\lambda[\alpha''+(n-1)\alpha_0'']}\cdot\left[n(F_a+F_b+F_c)+\frac{1}{2}n(\alpha''+(n-1)\alpha_0'')f_b\right] \\
=& \lambda g_u\left\{e^{-\lambda(2\alpha'+\alpha'')}(1-e^{-\lambda\alpha_0'})\left[\frac{1-e^{-\lambda n(2\alpha_0'+\alpha_0'')}}{(1-e^{-\lambda(2\alpha_0'+\alpha_0'')})^2}-\frac{ne^{-\lambda n(2\alpha_0'+\alpha_0'')}}{1-e^{-\lambda(2\alpha_0'+\alpha_0'')}}\right]+\right. \\
& \left.e^{-\lambda[\alpha'+n\alpha_0']}\cdot e^{-\lambda[\alpha'+(n-1)\alpha_0']}\cdot e^{-\lambda[\alpha''+(n-1)\alpha_0'']}\cdot n\right\}\cdot\left(F_a+F_b+F_c+\frac{1}{2}\alpha''f_b\right)+ \\
& \frac{\lambda g_u f_b\alpha_0''}{2}\left[\sum_{k=1}^{n}p_k^{ijh}\cdot k\cdot\frac{2k-1}{2}+e^{-\lambda[\alpha'+n\alpha_0']}\cdot e^{-\lambda[\alpha'+(n-1)\alpha_0']}\cdot e^{-\lambda[\alpha''+(n-1)\alpha_0'']}n(n-1)\right] \\
=& \lambda g_u\left\{(1-e^{-\lambda\alpha_0'})e^{-\lambda(2\alpha'+\alpha'')}\left[\frac{1-e^{-\lambda n(2\alpha_0'+\alpha_0'')}}{(1-e^{-\lambda(2\alpha_0'+\alpha_0'')})^2}-\frac{ne^{-\lambda n(2\alpha_0'+\alpha_0'')}}{1-e^{-\lambda(2\alpha_0'+\alpha_0'')}}\right]+\right. \\
& \left.e^{-\lambda[\alpha'+n\alpha_0']}\cdot e^{-\lambda[\alpha'+(n-1)\alpha_0']}\cdot e^{-\lambda[\alpha''+(n-1)\alpha_0'']}\cdot n\right\}\cdot\left(F_a+F_b+F_c+\frac{1}{2}\alpha''f_b\right)+ \\
& \frac{\lambda g_u f_b\alpha_0''}{2}\left[\sum_{k=1}^{n}p_k^{ijh}\cdot k^2-\frac{1}{2}\left(\sum_{k=1}^{n}p_k^{jh}\cdot k+e^{-\lambda[\alpha'+n\alpha_0']}\cdot e^{-\lambda[\alpha'+(n-1)\alpha_0']}\cdot e^{-\lambda[\alpha''+(n-1)\alpha_0'']}n\right)+\right. \\
& \left.e^{-\lambda[\alpha'+n\alpha_0']}\cdot e^{-\lambda[\alpha'+(n-1)\alpha_0']}\cdot e^{-\lambda[\alpha''+(n-1)\alpha_0'']}\left(n^2-\frac{1}{2}n\right)\right] \\
=& \lambda g_u\left\{e^{-\lambda(2\alpha'+\alpha'')}(1-e^{-\lambda\alpha'_0})\left[\frac{1-e^{-\lambda n(2\alpha'_0+\alpha''_0)}}{(1-e^{-\lambda(2\alpha'_0+\alpha''_0)})^2}-\frac{ne^{-\lambda n(2\alpha'_0+\alpha''_0)}}{1-e^{-\lambda(2\alpha'_0+\alpha''_0)}}\right]+\right. \\
& \left.e^{-\lambda[\alpha'+n\alpha_0']}\cdot e^{-\lambda[\alpha'+(n-1)\alpha_0']}\cdot e^{-\lambda[\alpha''+(n-1)\alpha_0'']}\cdot n\right\}\cdot\left(F_a+F_b+F_c+\frac{1}{2}\alpha''f_b\right)+ \\
& \frac{\lambda g_u f_b\alpha''_0}{2}\left\{e^{-\lambda(2\alpha'+\alpha'')}(1-e^{-\lambda\alpha'_0})\left[\frac{1}{(1-e^{-\lambda(2\alpha'+\alpha'')})^2}+\frac{2e^{-\lambda(2\alpha'+\alpha'')}(1-e^{-\lambda(n-1)(2\alpha'+\alpha'')})}{(1-e^{-\lambda(2\alpha'+\alpha'')})^3}-\right.\right. \\
& \left.(n-1)^2e^{-\lambda n(2\alpha'+\alpha'')}-n^2e^{-\lambda(n+1)(2\alpha'+\alpha'')}\right]- \\
& \frac{1}{2}\left[(1-e^{-\lambda\alpha'_0})e^{-\lambda(2\alpha'+\alpha'')}\left(\frac{1-e^{-\lambda n(2\alpha'+\alpha'')}}{(1-e^{-\lambda(2\alpha'+\alpha'')})^2}-\frac{ne^{-\lambda n(2\alpha'+\alpha'')}}{1-e^{-\lambda(2\alpha'+\alpha'')}}\right)+\right. \\
& \left.e^{-\lambda[\alpha'+n\alpha_0']}\cdot e^{-\lambda[\alpha'+(n-1)\alpha_0']}\cdot e^{-\lambda[\alpha''+(n-1)\alpha_0'']}\cdot n\right]+ \\
& \left.e^{-\lambda[\alpha'+n\alpha_0']}\cdot e^{-\lambda[\alpha'+(n-1)\alpha_0']}\cdot e^{-\lambda[\alpha''+(n-1)\alpha_0'']}\left(n^2-\frac{1}{2}n\right)\right\}
\end{aligned}
\tag{10-32}
$$

令 $n\to\infty$ 可得：

$$
\begin{aligned}
F^{ijh} =& \frac{\lambda g_u e^{-\lambda(2\alpha'+\alpha'')}(1-e^{-\lambda\alpha_0'})\left(F_a+F_b+F_c+\frac{1}{2}\alpha''f_b\right)}{(1-e^{-\lambda(2\alpha'+\alpha'')})^2}+ \\
& \frac{\lambda g_u f_b\alpha_0''}{2}\left\{e^{-\lambda(2\alpha'+\alpha'')}(1-e^{-\lambda\alpha_0'})\left[\frac{1}{(1-e^{-\lambda(2\alpha'+\alpha'')})^2}+\frac{2e^{-\lambda(2\alpha'+\alpha'')}}{(1-e^{-\lambda(2\alpha'+\alpha'')})^3}\right]-\frac{(1-e^{-\lambda\alpha_0'})e^{-\lambda(2\alpha'+\alpha'')}}{2(1-e^{-\lambda(2\alpha'+\alpha'')})^2}\right\}
\end{aligned}
\tag{10-33}
$$

上述两个公式求解的为 g_u 时间段内的，本向车流为饱和状态下的车流总能源消耗量，进而通过以下公式求得面对一个交叉点时的平均单车能源消耗量计算模型 f^{ijh}。

$$f^{ijh}=\frac{F^{ijh}}{g_u s^{ijh}} \tag{10-34}$$

10.1.3 基于冲突分析的信号控制交叉口能源消耗

信号控制交叉口的能源消耗量与车辆在交叉口的加减速以及怠速时间有直接关系，而车辆的加减速以及怠速状态又与信号周期时长以及各相位的时长有关。

不同于以往条件，假设信号控制交叉口各进口道的车流是均匀到达的，属于特殊情况，即一个信号周期长度的时间内，只出现了一次车头时距，且时长与绿灯时间一致。对于不同周期长度对结果的影响已经在第六章中进行了研究，为方便模型求解，本节假设周期时长为一定值，绿灯时长为变量，只考虑在周期时长固定的情况下绿灯时长对于结果的影响。

(1)周期内车辆能够完全通过时的平均单车能源消耗量

当一个信号周期内车辆能够完全通过时，c 相位一个信号周期内通过该交叉口车辆总的能源消耗量为 F_{c-1}，其公式如下：

$$\begin{cases} F_{c-1}=\lambda_c F_a\left\{T_{cg}-\dfrac{\lambda_c T_{cr}}{[(T_{cg}-\alpha)/\alpha_0+1]/(T-T_{cr})-\lambda_c}\right\}+\lambda_c(F_a+F_b+F_c)\cdot \\ \qquad \left\{T_{cr}+\dfrac{\lambda_c T_{cr}}{[(T_{cg}-\alpha)/\alpha_0+1]/(T-T_{cr})-\lambda_c}\right\}+\dfrac{1}{2}\lambda_a f_b\cdot \\ \qquad \left\{T_{cr}+\dfrac{\lambda_c T_r}{[(T_{cg}-\alpha)/\alpha_0+1]/(T-T_{cr})-\lambda_c}\right\}^2 \\ T=T_{cg}+T_{cr} \\ \lambda_c(T-T_{cr})\leqslant\dfrac{T_{cg}-\alpha}{\alpha_0}+1 \\ \theta_1 T\leqslant T_{cg}\leqslant\theta_2 T \end{cases} \tag{10-35}$$

进而求得当一个信号周期内车辆能够完全通过时的平均单车能源消耗量 f_1 和 c 相位通过该交叉口车辆的平均能源消耗量 f_{c-1}，公式如下：

$$\begin{cases} f_{c-1}=\dfrac{F_{c-1}}{T\lambda_c} \\ f_1=\dfrac{\sum\limits_{c=1}^{C}F_{c-1}}{T\sum\limits_{c=1}^{C}\lambda_c} \end{cases} \tag{10-36}$$

式中：f_{c-1}——一个信号周期内 c 相位通过该交叉口车辆的平均能源消耗量(L)；

f_1——一个信号周期内通过该交叉口车辆的平均能源消耗量(L)；

λ_c——c 相位的车辆到达率(pcu/h)；F_S 为车辆等速行驶通过交叉口的能源消耗量(L)；

T——信号周期时长(s);

T_{cg}——c 相位的绿灯时长(s);

T_{cr}——c 相位的红灯时长(s);

α——车辆穿越停车线所需的最小车头时距(s);

α_0——车辆连续通过停车线所需的最小车头时距(s);

θ_1、θ_2——绿灯时长修整系数,因为在信号周期时长一定的情况下,每个相位的时长既不能过长,也不能过短,否则会占用其他相位或本相位车流的通行时间;其他符号同上。

(2)周期内车辆不能够完全通过时的平均单车能源消耗量

当一个信号周期内车辆不能够完全通过时,c 相位一个信号周期内通过该交叉口车辆总的能源消耗量为 F_{c-2},其公式如下所示:

$$\begin{cases} F_{c-2} = \lambda_c T F_b + F_c\left(\dfrac{T_{cg}-\alpha}{\alpha_0}+1\right) + \dfrac{1}{2}F_i\left(\dfrac{T_{cg}-\alpha}{\alpha_0}+1\right)\left[T - \dfrac{1}{\lambda_c}\left(\dfrac{T_{cg}-\alpha}{\alpha_0}+1\right)\right] + \\ \qquad \dfrac{1}{2\lambda_c}f_b\left[\lambda_c T - \left(\dfrac{T_{cg}-\alpha}{\alpha_0}+1\right)\right]^2 \\ T = T_{cg} + T_{cr} \\ \lambda_c T \geqslant \dfrac{T_{cg}-\alpha}{\alpha_0}+1 \\ \theta_1 T \leqslant T_{cg} \leqslant \theta_2 T \end{cases} \tag{10-37}$$

进而求得当一个信号周期内车辆能够完全通过时的平均单车能源消耗量 f_2 和 c 相位通过该交叉口车辆的平均能源消耗量 f_{c-2},公式如下:

$$\begin{cases} f_{c-2} = \dfrac{F_{c-2}}{T\lambda_c} \\ f_2 = \dfrac{\sum\limits_{c=1}^{C} F_{c-2}}{T\sum\limits_{c=1}^{C}\lambda_c} \end{cases} \tag{10-38}$$

式中:f_{c-2}——一个信号周期内 c 相位通过该交叉口所有车辆的平均能源消耗量(L);

f_2——一个信号周期内通过该交叉口车辆的平均能源消耗量(L);其他符号同上。

10.2　基于能源消耗的最优路径选择模型

10.2.1　路径能源消耗模型

假设路网中共有 N 个交叉口,从交叉口 i 到终点交叉口 j 共有 O 条路径,当前所选择的路径为 o,其他选择的路径为 k,o、k 是 O 条路径中的一条。

$$f_{ioj} = f_{b-ioj} + f_{c-ioj} \tag{10-39}$$

式中：f_{ioj}——从交叉口 i 到终点交叉口 j 选择路径 o 的总能源消耗量(L)；

f_{b-ioj}——从交叉口 i 到终点交叉口 j 路径 o 的能源消耗量(L)，该值不包括通过交叉口所需的能源消耗量，可以通过调查得到各交叉口间路段的能源消耗量 OD 矩阵；

f_{c-ioj}——基于冲突类型通过式(10-22)、式(10-25)、式(10-28)、式(10-31)、式(10-34)以及基于信号配时通过式(10-37)、式(10-39)得来的车辆选择 o 路径时各交叉口总的能源消耗量。

10.2.2 基于能源消耗的最优路径选择模型

假设：

①驾驶员只考虑比当前路径 o 能源消耗少的路径；

②当前路径 o 的能源消耗小于一定值时，即距离目的地较近时，驾驶员不再进行路径选择；

③只有当其他路径 k 的能耗比当前路径 o 小于一定值时，即如果驾驶员不进行路径变更，能源消耗损失将超过驾驶员所能承受范围，此时驾驶员必须变更路径；

④从交叉口 i 到终点交叉口 j 共有 O 条路径，当前所选择的初始路径为 o，其他选择的路径为 k，o、k 是 O 条路径中的一条；

⑤假设个人的路径选择行为对于不同方向车流的比例不产生影响。

则基于能源消耗的最优路径选择模型为：

$$f_{ij} = \min[\min(f_{ikj}), f_{ioj}]$$

$$\begin{cases} f_{ikj} = f_{b-ikj} + f_{c-ikj} \\ f_{ioj} \geqslant f_{ikj} \\ \dfrac{f_{ioj} - f_{ikj}}{f_{ioj}} \geqslant R_1 \\ f_{ioj} \geqslant R_2 \\ f_{ioj}, f_{ikj}, R_2, R_1 \geqslant 0 \end{cases} \tag{10-40}$$

式中：f_{ij}——从该交叉口 i 到终点交叉口 j 选择的能源消耗最少路径的平均单车总能源消耗(L)；

f_{ioj}——从交叉口 i 到终点交叉口 j 选择路径 o 的总能源消耗(L)，可以通过前述方法计算得到；

f_{ikj}——从交叉口 i 到终点交叉口 j 选择路径 k 的总能源消耗(L)，该值与 f_{ioj} 类似，由公式(10-38)计算得来；

R_1、R_2——控制变量；其他符号同上。

R_1 表示当其他路径与当前路径能源消耗差值的相对值在一定范围内，驾驶员不会选择其他路径，只有相对值较大时驾驶员才会被迫选择其他路径，该值可以看做是驾驶员进行路径选择的容忍值；R_2 表示当前路径能源消耗较小时，即快到目的地时，驾驶员不愿意进行路径调整，该值可以看做是驾驶员进行路径选择的懒惰值。

10.3　最优路径选择模型求解方法

10.3.1　模型求解步骤

通过公式(10-40)可知驾驶员在面对信号和非信号交叉口的基于能源消耗量的最优路径选择行为,即可以得到当前交叉口到终点的最优路径(最优路径包括经过的交叉口和路段),以及该路径的能源消耗量(也即最小行程时间)。

公式(10-40)中各路径的行程时间是通过公式(10-39)计算得到的,所以需进一步对公式(10-39)进行分析。由于出行者的最优路径选择行为是基于能源消耗最优的,所以公式(10-39)中f_{b-ioj}可由调查信息提供得到,但该项不包括路径经过交叉口的能源消耗,属于定值;而f_{c-ioj}是路径 o 经过所有信号和非信号控制交叉口所需的总能源消耗。在非信号控制交叉口,能源消耗只与本向车流的到达率和所面对的冲突类型及可穿插交通流车头间隙有关,在拥有以往路网交通数据的情况下,非信号交叉口各方向的能源消耗可以看做是定值。信号控制交叉口各方向的能源消耗与信号周期和相位时长有关,信号控制策略不仅直接影响信号控制交叉口机动车的能源消耗,而且会影响路网的交通流状态,并改变路径行程时间。

通过上述分析,可将公式(10-39)和公式(10-40)视作非线性规划问题,非线性规划问题的求解方法已经较多,结合适用性较广的可行方向法进行求解。

基于能源消耗的最优路径选择模型具体求解步骤如下:

①结合 10.1.2 分析确定非信号控制交叉口各流向的冲突类型;

②利用公式(10-20)~公式(10-34)确定非信号控制交叉口各流向的能源消耗量;

③在已知各交叉口周期时长的前提下,对公式(10-35)~公式(10-38)利用可行方向法进行求解,得到当前交叉口各相位时长;

④将求得的各相位时长和已知的周期代入公式(10-35)~公式(10-38),得到信号控制交叉口各流向的能源消耗量;

⑤结合已知的各路段能源消耗量,以及信号和非信号控制交叉口各流向的能源消耗量,代入公式(10-39)和公式(10-40),最终得到基于能源消耗的最优路径。

10.3.2　非线性规划问题求解方法

第 10.2.2 小节中的模型可以归类为非线性规划约束极值问题,通常解决和简化该类问题,可采用的方法有将非线性规划问题化为线性规划问题,或将约束问题化为无约束问题等方法,常见的方法有库恩—塔克条件法、二次规划法、可行方向法、制约函数法(分为内点法和外点法)等,采用可行方向法进行求解,可行方向法迭代步骤:

(1)确定允许误差 $\varepsilon_1>0$ 和 $\varepsilon_2>0$,选初始近似点 $X^0\in R$ 并令 $k:=0$。

(2)确定起作用约束指标集:

$J(X^{(k)})=\{j\mid g_j(X^{(k)})=0,1\leqslant j\leqslant l\}$

①若 $J(X^{(k)})=\varnothing$($\varnothing$ 为空集),而且 $\|\Delta f(X^{(k)})\|^2\leqslant\varepsilon_1$,停止迭代,得点 $X^{(k)}$。

②若 $J(X^{(k)})=\varnothing$,但 $\|\Delta f(X^{(k)})\|^2>\varepsilon_1$,则搜索方向 $D^{(k)}=-\Delta f(X^{(k)})$,然后转向第

(5)步。

③若 $J(X^{(k)}) \neq \varnothing$,转下一步。

(3)线性规划求解:

$$\begin{cases} \min\eta \\ \Delta f\left(X^{(k)}\right)^{T}D \leqslant \eta \\ -\Delta g_j\left(X^{(k)}\right)^{T}D \leqslant \eta, j \in J(X^{(k)}) \\ -1 \leqslant d_i \leqslant 1, i = 1,2,\cdots,n \end{cases}$$

设它的最优解是($D^{(k)}$,η_k)。

(4)检验是否满足 $\eta_k \leqslant \varepsilon_2$:

若满足则停止迭代,得到点 $X^{(k)}$;否则,以 $D^{(k)}$ 为搜索方向,并转下一步。

(5)解下述一维极值问题:

$$\min_{0 \leqslant \lambda \leqslant \bar{\lambda}} f(X^{(k)} + \lambda D^{(k)})$$

此处

$$\bar{\lambda} = \max\{\lambda \mid g_j(X^{(k)} + \lambda D^{(k)}) \geqslant 0, j = 1,2,\cdots,l\}$$

(6)令:

$$X^{(k+1)} = X^{(k)} + \lambda_k D^{(k)}$$

$$k = k + 1$$

转回第(2)步。

10.4 基于路径选择的路网总能耗量计算方法

在获得不同驾驶员类型在面对信号和非信号交叉口的最优路径及能源消耗量后,路网中所有车辆完成一次出行所需的总能源消耗量为:

$$F = \sum_{i=1}^{N}\sum_{j=1}^{N} q_{ij} f_{ij} \tag{10-41}$$

式中:N——路网中交叉口的总个数;

F——在路网当前时间状态下,路网中所有车辆完成一次出行所需的总能源消耗量(L);

q_{ij}——为交叉口 i 到目的地交叉口 j 的交通流量(pcu/h);其他符号同上。

路网中车辆完成一次出行时路网平均的总能源消耗量为:

$$\bar{F} = \frac{\sum_{l=1}^{L} P_l \cdot F_l}{L} \tag{10-42}$$

式中:$\bar{F}$——路网中车辆完成一次出行时路网平均的总能源消耗量(L);

P_l——路网 l 时间状态所占比重;

F_l——路网 l 时间状态下,路网中车辆完成一次出行时路网的总能源消耗量(L),由公式(10-41)得来;

L——路网时间状态集($l = 1,2,\cdots,L$)。

路网总的能源消耗量为：

$$FC = P\overline{F} \tag{10-43}$$

式中：FC——路网总的能源消耗量(L)；

P——每辆车平均的出行次数；其他符号同上。

公式(10-42)能够综合不同时间状态下路网交通状态，根据不同时间状态的重要程度计算车辆完成一次出行时路网的平均总能源消耗量。公式(10-43)在已知路网车辆的平均出行次数前提下，结合公式(10-42)得到的路网总能耗值。

参 考 文 献

[1] 张卫华, 王炜,胡刚. 基于低交通能源消耗的城市发展策略[J]. 公路交通科技,2003,20(1):80-84.

[2] 余志生. 汽车理论[M]. 北京:机械工业出版社,2009.

[3] 王炜,陈学武. 交通规划[M]. 北京:人民交通出版社股份有限公司,2017.

[4] 宋国华,于雷,王子千里. 用于道路交通燃油经济性评价的实用模型[J]. 汽车工程,2008,30(6):470-474.

[5] K Post,J H Kent,J Tomlin,et al. Fuel Consumption and Emission Modelling by Power Demand and a Comparison with Other Models[J]. Transportation Research A,1984,18(3):191-213.

[6] R Akcelik. Efficiency and Drag in the Power-Based Model of Fuel Consumption[J]. Transportation Research B,1989,23(5):376-385.

[7] K Ahn,H Rakha,A Trani,et al. Estimating Vehicle Fuel Consumption and Emissions Based on Instantaneous Speed and Acceleration Levels[J]. Journal of Transportation Engineering,2002,128(2):182-190.

[8] A Cappiello,I Chabini,EK Nam,et al. A Statistical Model of Vehicle Emissions and Fuel Consumption[C]. Proceedings of the IEEE 5th International Conference on Intelligent Transportation Systems,2002:801-809.

[9] R Ramanathan. A holistic approach to compare energy efficiencies of different transport modes[J]. Energy Policy,2000,volume 28(11):743-747.

[10] J L Edwards. Relationships between transportation energy consumption and urban spatial structure[D]. Northwestern University,1975.

[11] Robert Lance. The Impacts of Urban Transportation and Land Use Policies on Transportation Energy Consumption[D]. Northwestern University,1997.

[12] James Wilson. The Effect of Urban Form on Travel Demand and Transportation Energy Consumption[D]. University of Washington,1976.

[13] 张健,李小平. 城市道路交叉口处的车辆运行燃油消耗[J]. 北华大学学报(自然科学版),2000(5):456-460.

[14] 任刚,王炜,邓卫. 带转向延误和限制的最短路径问题及其求解方法[J]. 东南大学学报(自然科学版),2004,34(1):104-108.

[15] 谭国真,高文. 时间依赖的网络中最小时间路径算法[J]. 计算机学报,2002,25(2):165-172.

[16] B V Cherkassky, A V Goldberg, T Radzik. Shortest Paths Algorithms: Theory And Experimental Evaluation[J]. Mathematical Programming, 1996, 73(2): 129-174.

[17] 樊月珍,江发潮,毛恩荣. 车辆行驶最优路径优化算法设计[J]. 计算机工程与设计, 2007, 28(23): 5758-5761.

[18] 耿勤,佘湘耘,等. 我国交通运输能源消费的初步分析与探讨[J]. 中国能源, 2009, 31(10): 28-29.

[19] 陈荔,马荣国. 基于生态交通效率的城市道路网络优化模型[J]. 中国公路学报, 2009, 22(5): 100-104.

[20] 丁恒. 基于车辆延误理论的多态交通流信号控制研究[D]. 合肥:合肥工业大学, 2011.

[21] 毛亮. 城市道路交通系统自组织现象研究[D]. 成都:西南交通大学, 2004.

[22] H Y Tong. Vehicular emissions and fuel consumption at urban traffic signal controlled junctions[D]. Hong Kong: Faculty of Applied Science and Textiles in The Hong Kong Polytechnic University, 2001: 10-15.

[23] T Y Liao, R Machemehl. Development of an aggregate fuel consumption model for signalized intersections[J]. Transportation Research Record Journal of the Transportation Research Board, 1998, 1641(1): 9-18.

[24] M Ergeneman, C Sorusbay, A Goktan. Development of a driving cycle for the prediction of pollutant emissions and fuel consumption[J]. International Journal of Vehicle Design, 1997, 18(3-4): 391-399.

[25] R Smit, J Mcbroom. Development of a New High Resolution Traffic Emissions and Fuel Consumption Model for Australia and New Zealand—Why is it needed? [J]. Air Quality and Climate Change, 2009, 43(3): 367-381.

[26] H R Kirby, B Hutton, R W McQuaid, et al. Modelling the Effects of Transport Policy Levers on Fuel Efficiency and National Fuel Consumption[J]. Transportation Research Part D: Transport and Environment, 2000, 5(4): 265-282.

[27] 张卫华,王炜,尹红亮,等. 信号交叉口汽车燃油消耗的研究[J]. 东南大学学报(自然科学版), 2002, 32(2): 249-251.

[28] 黄海军. 城市交通网络平衡分析与实践[M]. 北京:人民交通出版社, 1994.

[29] 王薇. 基于网络平衡的大范围交通协调控制系统理论及技术研究[D]. 长春:吉林大学, 2008.

[30] 王殿海. 交通流理论[M]. 北京:人民交通出版社, 2002.

[31] 过秀成. 道路交通运行分析基础[M]. 南京:东南大学出版社, 2010.

[32] Y Wang, M Papageorgiou. Real-time freeway traffic state estimation based on extended Karman filter: a general approach[J]. Transportation Research Part B Methodological, 2005, 39(2): 141-167.

[33] 杨超,杨佩昆. 均衡网络下交通控制策略的研究[J]. 中国公路学报, 1999, 12(3): 90-94.

[34] 江龙晖. 城市道路交通状态判别及拥挤扩散范围估计方法研究[D]. 长春:吉林大学, 2007.

[35] 冯雨芹. 基于交通流状态的城市道路燃油经济性模型研究[D]. 哈尔滨:哈尔滨工业大学,2011.

[36] 任其亮. 时空路网交通拥堵预测与疏导决策方法研究[D]. 成都:西南交通大学,2007.

[37] 魏玉晓. 城市道路交通控制与交通诱导协调优化研究[D]. 成都:西南交通大学,2010.

[38] M F Chang, R Herman. Trip time versus stop time and fuel consumption characteristics in cities[J]. Transportation Science, 1981, 15(3): 183-209.

[39] 李岩,过秀成. 过饱和状态下交叉口群交通运行分析与信号控制[M]. 南京:东南大学出版社,2012:77-79.

[40] L Evans, R Herman. Automobile Fuel Economy on Fixed Urban Driving Schedules[J]. Transportation Science, 1978, 12(2): 137-152.

[41] R Michalski, P Szczyglak. Controlling Vehicle Fuel Consumption in Urban Traffic[C]. Proceedings of the 12th International Conference Transport Means, 2008: 13-15.

[42] 於毅. 城市道路交通状态判别方法研究[D]. 北京:北京交通大学,2006.

[43] 隗海林,王劲松,等. 基于城市道路工况的汽车燃油消耗模型[J]. 吉林大学学报(工学版),2009,39(5),1146-1150.

[44] 高磊. 基于城市道路工况的汽车燃油消耗模型研究[D]. 长春:吉林大学,2007.

[45] 田丰,敖进滔. 车头时距分布模型研究[C]. 全国交通运输领域青年学术会议,2003:457-462.

[46] 郭彩香. 城市无信号环形交叉口通行能力及延误研究[D]. 南京:东南大学,2008.

[47] B P Hughes. So You Think You Understand Gap Acceptance[J]. Australian Road Research, 1989, 19(3): 195- 204.

[48] 邵长桥. 平面信号交叉口延误分析[D]. 北京:北京工业大学,2002.

[49] 刘波. 粒子群优化算法及其工程应用[M]. 北京:电子工业出版社,2010.

[50] 王炜,过秀成. 交通工程学[M]. 南京:东南大学出版社,2011.

[51] W Wu, P Kachroo. Dynamic Traffic Origin-destination Estimation Using Kalman Filter: An Application to Beltway Network with VMS Control[C]. Pittsburgh, Pennsylvania: Proceedings of SPIE- Photonics East, 1997, 3207: 242-249.

[52] 梁家源,滕维中,薛郁. 宏观交通流模型的能耗研究[J]. 物理学报,2013,62(2):414-421.

[53] R J Cowan. Useful headway models[J]. Transportation Research, 1975, 9(6): 371-375.

[54] 韩萍. 环形交叉口交通流运行特性[D]. 长春:吉林大学,2011.

[55] P S Babcock, D M Auslander, M Tomizuka, et al. Role of Adaptive Discretization in a Freeway Simulation Model[J]. Transportation Research Record, 1984: 80-92.

[56] National Research Council. Highway Capacity Manual[S]. Washington D C, Transportation Research Board, 2010.

[57] 吴建军,高自友,孙会君,等. 城市交通系统复杂性:复杂网络方法及其应用[M]. 北京:科学出版社,2010.

[58] B Jiang. A topological pattern of urban street networks: universality and peculiarity[J]. Physi-

ca A Statistical Mechanics and Its Applications,2007,384(2):647-655.

[59] 蔡锦德.城市道路交叉口的信号配时优化研究[D].北京:北京交通大学,2012.

[60] 杨文国,高自友.考虑环境因素的广义用户平衡和广义系统最优配流模型[J].中国公路学报,2003,16(4):72-76.

[61] M Wachs. A Dozen Reasons for Raising Gasoline Taxes[J]. Institute of Transportation Studies Research Reports Working Papers Proceedings,2003,7(4):235-242.

[62] C W Evans. Putting policy in drive:coordinating measures to reduce fuel use and greenhouse gas emissions from U. S. light-duty vehicles[J]. Massachusetts Institute of Technology,2008,42(3),63-83.

[63] N Geroliminis, C F Daganzo. Existence of urban-scale macroscopic fundamental diagrams: Some experimental findings[J]. Transportation Research Part B Methodological,2008,42(9):759-770.

[64] C Buisson,C Ladier. Exploring the impact of homogeneity of traffic measurements on the existence of macroscopic fundamental diagrams[J]. Transportation Research Record Journal of the Transportation Research Board,2009,137(2124):127-136.

[65] Y Ji,W Daamen,S Hoogendoorn,et al. Investigating the shape of the macroscopic fundamental diagram using simulation data[J]. Transportation Research Record:Journal of the Transportation Research Board,2010,2161(1):40-48.

[66] A Mazloumian,N Geroliminis,D Helbing. The spatial variability of vehicle densities as determinant of urban network capacity[J]. Philosophical Transactions,2010,368(1928):4627-4647.

[67] 朱琳,于雷,宋国华.基于 MFD 的路网宏观交通状态及影响因素研究[J].华南理工大学学报(自然科学版),2012,40(11):138-146.

[68] L Zhang,TM Garoni,JD Gier. A comparative study of Macroscopic Fundamental Diagrams of arterial road networks governed by adaptive traffic signal systems[J]. Transportation Research Part B Methodological,2013,49(2):1-23.

[69] 许菲菲,何兆成,沙志仁.交通管理措施对路网宏观基本图的影响分析[J].交通运输系统工程与信息,2013,13(2):185-190.

[70] N Geroliminis,J Sun. Properties of a well-defined macroscopic fundamental diagram[J]. Transportation Research Part B,2011,45(3):605-617.

[71] 丁恒,陈无畏,郑小燕,等.多态交通条件下交叉口定时控制延误模型[J].系统工程理论与实践,2012,32(5):1091-1097.

[72] J Peng. Macroscopic characteristics of dense road networks[D]. The University of Hong Kong. 2013.

[73] 丁恒,张卫华,郑小燕,等.基于交通预测的多态交通流信号控制[J].中国公路学报,2012,25(5):126-133.

[74] MJ Van,G Maggetto,EVD Burgwale,et al. Driving Style and Traffic Measures- Influence on Vehicle Emissions and Fuel Consumption[J]. Proceedings of the Institution of Mechanical

Engineers, Part D: Journal of Automobile Engineering, 2004, 218(1): 43-50.

[75] J Veurman, N Gense, IR Wilmink, et al. Emissions at Different Conditions of Traffic flow[J]. Advances in Transport, Urban Transport VIII: Urban Transport and the Environment in the 21st Century, 2002: 571-580.

[76] MK Ata. Strategies for Sustainable Transportation Development[D]. Canadian International Development Agency, 1996.

[77] CJ Bester. Fuel consumption of Highway Traffic[D]. University of Pretoria, 1981.

[78] WS Saleh, JD Nelson, MGH Bell. Determinants of Energy Consumption: Examination of Alternative Transport Policies Using the Times Program[J]. Transportation Research Part D Transport and Environment, 1998, 3(2): 93-103.

[79] E Ericsson, H Larsson, K Brundell-Freij. Optimizing route choice for lowest fuel consumption-Potential effects of a new driver support tool[J]. Transportation Research Part C Emerging Technologies, 2006, 14(6): 369-383.

[80] F An. Automobile fuel economy and traffic congestion[D]. The university of Michigan, 1992.

[81] Q Su. The effect of population density, road network density, and congestion on household gasoline consumption in U. S. urban areas[J]. Energy Economics, 2011, 33(3): 445-452.

[82] J Han, K Bhandari, Y Hayashi. Assessment of Policies toward an Environmentally Friendly Urban Transport System: Case Study of Delhi, India[J]. Journal of Urban Planning and Development, 2010, 136(1): 86-93.

[83] A Khalili, AJawad, E Hakeem, K Ahmad. Computer Control System for Mimization of Fuel Consumption in Urban Traffic Network[C]. Proceedings Real Time Systems Symposium, IEEE, New York, USA, 1984: 249-254.

[84] PA Koushki. Auto travel fuel elasticity in a rapidly developing urban area[J]. Transportation Research part A: Genera, 1991, 25(6): 399-405.

[85] RK Bose. Energy demand and environmental implications in urban transport case of Delhi [J]. Atmospheric Environment, 1996, 30(95): 403-412.

[86] O Mindali, A Raveh, I Salomon. Urban density and energy consumption: A new look at old statistics[J]. Transportation Research Part A: Policy and Practice, 2004, 38(2): 143-162.

[87] M Frost, B Linneker, N Spence. The energy consumption implications of changing worktravel in London, Birmingham and Manchester: 1981 and 1991[J]. Transportation Research Part A Policy and Practice, 1997, 31(1): 1-19

[88] S Pandian, S Gokhale, AK Ghoshal. Evaluating Effects of Traffic and Vehicle Characteristics on Vehicular Emissions Near Traffic Intersections[J]. Transportation Research Part D Transport and Environment, 2009, 14(3): 180-196.

[89] R Ikeda, H Kawashima, T Oda. Determination of Traffic Signal Settings for Minimizing Fuel ConsumPtion[C]. Proceedings of 1999 IEEE/ IEEJ/ JSAI International Conference on intelligent Transportation Systems, 1999: 272-277

[90] Y F Yin, H P Lu. Traffic equilibrium problems with environmental concerns[J]. Journal of the

Eastern Asia Society for Transportation Studies,1999,3(6):195-206.

[91] S Sugawara,DA Niemeier. How much can vehicle emissions be reduced:Exploratory analysis of an upper boundary using an emissions-optimized trip assignment[J]. Transportation Research Record,2002,1815(1):29-37.

[92] O Johansson-Stenman. Optimal environmental road pricing[J]. Economics Letters,2006,90(2):225-229.

[93] S Sharma,TV Mathew. Multiobjective network design for emission and travel time trade-off for a sustainable large urban transportation network[J]. Environment and Planning B Planning and Design,2011,38(3):520-538.

[94] CM Silva,TL Farias,HC Frey,NM Rouphail. Evaluation of Numerical Models for Simulation of Real-world Hot-stabilized Fuel Consumption and Emissions of Gasoline Light-duty Vehicles[J]. Transportation Research Part D,2006,11(5):377-385.

[95] HC Frey,NM Rouphail,H Zhai,TL Farias,GA Goncalves. Comparing Real-world Fuel Consumption for Diesel and Hydrogen Transit Buses and Implication for Emissions[J]. Transportation Research part D. 2007,12(6):281-291.

[96] AG Simpson. Parametric Modeling of Energy Consumption in Road Vehicles[D]. School of Information and Electrical Engineering,The University of Queensland,Australia,2005:17-32.

[97] 王炜,项乔君,等. 城市交通系统能源消耗与环境影响分析方法[M]. 北京:科学出版社,2002.

[98] 潘公宇. 汽车加速工况燃油消耗量的计算方法[J]. 专用汽车,1996,3(1):15-18.

[99] 凌建群. 载重车油耗计算方法与分析[J]. 柴油机设计与制造,2006,14(1):24-25.

[100] 贺新. 基于机动车比功率(VSP)的油耗模型研究[D]. 北京:北京工商大学,2007.

[101] 刘娟娟. 基于 VSP 分布的油耗和排放的速度修正模型研究[D]. 北京:北京交通大学,2010.

[102] 高磊. 基于城市道路工况的燃油消耗模型研究[D]. 长春:吉林大学,2007.

[103] 刘罗军,黄卓. 城市规划的能源影响探讨——规划视角中的城市交通能耗模型[J]. 2008 中国城市规划年会论文集,2008.

[104] 龙瀛,毛其智,等. 城市形态、交通能耗和环境影响集成的多智能体模型[J]. 地理学报,2011,66(8):1033-1044.

[105] 杨博. 基于城市路网结构的交通能耗机理及信号协调控制方法研究[D]. 合肥:合肥工业大学,2013.

[106] P Naess. Residential Location,Travel,and Energy Use in the Hangzhou Metropolitan Area[J]. Journal of Transport and Land Use,2010,3(3):27-59.

[107] 郭佳星. 不同街区形态居民生活能耗、排放特征与出行行为模型[D]. 北京:清华大学,2013.

[108] 姚胜永,潘海啸. 基于交通能耗的城市空间和交通模式宏观分析及对我国城市发展的启示[J]. 城市规划学刊,2009,3(1):46-52.

[109] 陆化普,王建伟,张鹏. 基于能源消耗的城市交通结构优化[J]. 清华大学学报(自然科

学版),2004,44(3):383-386.

[110] 徐成. 城市交通能耗影响因素分解与控制对策研究[D]. 西安:长安大学,2013.

[111] T Abrahamsson, L Lundqvist. Formulation and estimation of combined network equilibrium models with applications to Stockholm[J]. Transportation Science, 1999, 33(1):80-100.

[112] 任延飞. 基于油耗的城市交通信号分层递阶控制的优化研究[D]. 青岛:山东科技大学,2011.

[113] 向睿. 交通能耗在城市绿色交通规划中的应用[D]. 成都:西南交通大学,2011.

[114] 孙茜. 基于广义出行费用的城市道路交通能耗控制方法研究[D]. 合肥:合肥工业大学,2010.

[115] 张胜凯. 基于累积能耗的道路交叉口交通控制方法研究[D]. 合肥:合肥工业大学,2013.

[116] 陈俊杰. 基于能耗的交通流量控制及信号优化方法研究[D]. 合肥:合肥工业大学,2014.

[117] 黄文娟,陈俊杰,杨博,等. 考虑能源消耗的城市路网信号优化研究[J]. 武汉理工大学学报,2014,36(6):69-73.

[118] 江楠. 基于出行需求管理的交通能耗分析及控制策略[D]. 合肥:合肥工业大学,2013.

[119] 黄文娟,杨博,等. 考虑交叉口影响的城市路网能源消耗优化模型研究[J]. 安全与环境学报,2015,15(2):261-265

[120] WR Morrow, KS Gallagher, G Collantes, H Lee. Analysis of policies to reduce oil consumption and greenhouse-gas emissions from the US transportation sector[J]. Energy Policy, 2010, 38(3):1305-1320.

[121] S Sa'Ad. Improved technical efficiency and exogenous factors in transportation demand for energy: An application of structural time series analysis to South Korean data[J]. Energy, 2010, 35(7):2745-2751.

[122] 宋国华. 道路交通油耗与排放的微观测算模型综述[J]. 汽车节能,2010,5(1):28-31.

[123] X Yan, RJ Crookes. Energy demand and emissions from road transportation vehicles in China[J]. Progress in Energy and Combustion Science, 2010, 36(6):651-676.

[124] 王殿海,祁宏生,徐程,等. 信号交叉口停车次数[J]. 吉林大学学报(工学版),2009,39(S2):140-145.

[125] 王东. 城市交通拥堵状态自动判别方法研究[D]. 贵阳:贵州大学,2008.

[126] M Green, M Fontaine, B Smith. Investigation of dynamic probe sample requirements for traffic condition monitoring[J]. Transportation Research Record Journal of the Transportation Research Board, 2004, 1870(1):55-61.

[127] 姜桂艳. 道路交通状态判别技术与应用[M]. 北京:人民交通出版社,2004.

[128] 陈俊杰,黄文娟,张卫华. 城市交通能耗区的识别及等级划分方法研究[J]. 交通科技,2015,266(5):128-132.

[129] 陈仕骁. 基于浮动车的城市路段平均行程时间估计研究[D]. 杭州:浙江工业大学,2012.

[130] 纪铮翔.道路交通运行状态评价关键指标研究[D].上海:同济大学,2007.

[131] 熊金石,秦洪涛,李建华,等.基于信息熵的安全风险评估指标权重确定方法[J].系统科学学报,2013,21(2):82-84.

[132] 冯雨芹,冷军强,张亚平,等.城市道路路段燃油经济性评价模型[J].华南理工大学学报(自然科学版),2011,39(8):104-108.

[133] 李美娟,陈国宏,陈衍泰.综合评价中指标标准化方法研究[J].中国管理科学,2004(S1):45-48.

[134] 晏承玲.基于模糊理论的城市道路交通状态判别研究[D].重庆:重庆大学,2013.

[135] 龙小强,谭云龙.基于模糊综合评价的城市道路交通拥堵评价研究[J].交通运输研究,2011,246(11):114-117.

[136] 马玄.城市道路交通流预测与状态判别关键技术研究[D].广州:华南理工大学,2014.

[137] 史岩.面向城市交通管理的道路交通状态评估与信息发布[D].北京:北京交通大学,2015.

[138] 田世艳,刘伟铭.基于模糊综合评价的路段实时交通状态判别方法研究[J].科学技术与工程,2010,10(29):7206-7210.

[139] C Meneguzzer. An equilibrium route choice model with explicit treatment of the effect of intersections[J]. Transportation Research Part B Methodological,1995,29(5):329-356.

[140] 张鹏,李文权,常玉林.考虑交叉口延误的信号控制路网容量模型[J].东南大学学报(自然科学版),2009,39(4):863-866.

[141] 楼小明.考虑交叉口影响的城市路网信号优化设计问题研究[J].交通运输工程与信息学报,2013,11(1):108-113.

[142] 李蜜,王霞,李金良.交通拥堵下基于可靠度的出行路径模型及算例分析[J].武汉理工大学学报,2011,33(9):67-71.

[143] 蔡海鸾.惩罚函数法在约束最优化问题中的研究与应用[D].上海:华东师范大学,2015.

[144] E Fernandez,JD Cea,M Florian and E Cabrera. Network equilibrium models with combined modes[J]. Transportation Science,1994,28(3):182-192.

[145] CF Daganzo. Urban gridlock:Macroscopic modeling and mitigation approaches[J]. Transportation Research Part B:Methodological,2007,41(1):49-62.

[146] EJ Gonzales,C Chavis,Y Li,CF Daganzo. Multimodal transport modeling for Nairobi,Kenya:Insights and recommendations with an evidence-based model[R]. UC Berkeley Center for Future Urban Transport,2009.

[147] N Geroliminis,B Boyaci. The effect of variability of urban systems characteristics in the network capacity[J]. Transportation Research Part B Methodological, 2012, 46(10):1607-1623.

[148] N Geroliminis,J Sun. Hysteresis phenomena of a macroscopic fundamental diagram in freeway networks[J]. Transportation Research Part A Policy and Practice, 2011, 45(9):966-979.

[149] Y Ji,N Geroliminis. On the spatial partitioning of urban transportation networks[J]. Transportation Research Part B Methodological,2012,46(10):1639-1656.

[150] D Helbing, A Mazloumian. Operation regimes and slower-is-faster effect in the control of traffic intersections[J]. The European Physical Journal B,2009,70(2):257-274.

[151] J Haddad,N Geroliminis. On the stability of traffic perimeter control in two-region urban cities[J]. Transportation Research Part B Methodological,2012,46(9):1159-1176.

[152] N Geroliminis,J Haddad,M Ramezani. Optimal perimeter control for two urban regions with macroscopic fundamental diagrams:A model predictive approach[J]. IEEE Transactions on Intelligent Transportation Systems,2013,14(1):348-359.

[153] M Keyvan-Ekbatani,A Kouvelas,I Papamichail,M Papageorgiou. Exploiting the fundamental diagram of urban networks for feedback-based gating[J]. Transportation Research Part B: Methodological,2012,46(10):1393-1403.

[154] M Hajiahmadi,J Haddad,B De Schutter,N Geroliminis. Optimal hybrid macroscopic traffic control for urban regions:Perimeter and switching signal plans controllers[C]. 2013 European Control Conference,2013,58(4):3500-3505

[155] J Haddad,A Shraiber. Robust perimeter control design for an urban region[J]. Transportation Research Part B:Methodological,2014,68:315-332.

[156] 杜怡曼,贾宇涵,吴建平,等. 基于交通环境容量的区域交通动态调控模型[J]. 交通运输系统工程与信息,2015,15(2):36-41.

[157] 贾顺平,彭宏勤,刘爽,等. 交通运输与能源消耗相关研究综述[J]. 交通运输系统工程与信息,2009,9(3):6-16.

[158] O Johansson. Optimal road-pricing:simultaneous treatment of time losses,increased fuel consultation and emissions[J]. Transportation Research Part D,1997,2(2):77-87.

[159] 赵蕊. 考虑排放的多模式交通条件下拥挤收费定价策略研究[D]. 北京:北京交通大学,2013.

[160] Y Sheffi. Urban Transportation Networks:Equilibrium Analysis with Mathematical Programming Methods[M]. Englewood:Prentice Hall,1984:262-300.

[161] 陆化普,黄海军. 交通规划理论研究前沿[M]. 北京:清华大学出版社,2007.

[162] P Nelson,A Sopasakis. The Prigogine-Herman Kinetic Model Predicts Widely Scattered Traffic Flow Data at High Concentrations [J]. Transportation Research B, 1998, 32 (8): 589-604.

[163] M Cassidy,B Coifman. Relation among average speed,flow and density and the analogous relation between density and occupancy[J]. Transportation Research Record Journal of the Transportation Research Board,1997,159(1):1-6.

[164] H Rakha,Z Wang. Estimating traffic stream space-mean speed and reliability from dual and single loop detectors[J]. Transportation Research Record Journal of the Transportation Research Board,2005,1925(1):38-47.

[165] SC Rajan. Climate change dilemma:technology, social change or both? An examination of

long-term transport policy choices in the United States[J]. Energy Policy, 2006, 34(6):664-679.

[166] N Lutsey, D Sperling. Energy efficiency, fuel Economy, and policy implications[J]. Transportation Research Record Journal of the Transportation Research Board, 2005, 1941(1):8-17.

[167] N Lutsey, D Sperling. Greenhouse gas mitigation supply curve for the united states for transport versus other sectors[J]. Transportation Research Part D, 2009, 14(3):222-229.

[168] 张小宁. 交通网络拥挤收费原理[M]. 合肥:合肥工业大学出版社, 2009.

[169] E Ericsson. Independent driving pattern factors and their influence on fuel use and exhaust emission factors[J]. Transportation Research Part D, 2001, 6(5):325-345.

[170] R Akçelik, DC Biggs. An energy-related model of instantaneous fuel consumption[J]. Traffic Engineering and Control, 1986, 27(6):320-325.

[171] R Akçelik, M Besley. Operating cost, fuel consumption, and emission models in SIDRA and MOTION[C]. 25th Conference of Australian Institutes of Transport Research (CAITR 2003), 2003.

[172] R Herman, S Ardekani. The influence of stops on vehicle fuel consumption in urban traffic [J]. Transportation Science, 1985, 19(1):1-12.

[173] S Gössling, CB Hansson, O Hörstmeier and S Saggel. Ecological Footprint Analysis as a Tool to Assess Tourism Sustainability[J]. Ecological Economics, 2002, 43(2-3):199-211.

[174] 孙浩. 城市交通能源消耗模型研究[D]. 北京:北京交通大学, 2011.

[175] MD Uncles. Discrete Choice Analysis:Theory and Application to Travel Demand[J]. Journal of the Operational Research Society, 1987, 38(4):370-371

[176] KE Train, DL Mcfadden and M Ben-Akiva. The Demand for Local Telephone Service:A Fully Discrete Model of Residential Calling Patterns and Service Choices[J]. RAND JOURNAL OF ECONOMICS, 1987, 18(1), 109-123.

[177] M Ben-Akiva, T Morikawa. Estimation of Switching Models from Revealed Preferences and Stated Intentions[J]. Transportation Research Part A General, 1990, 24(6):485-495.

[178] M Ben-Akiva, M Bierlaire. Discrete choice methods and their applications in short term travel decisions[J]. Springer US, 1999, 23:5-33.

[179] KA Small. A discrete choice model for ordered alternatives[J]. Econometrica, 1987, 55(2):409-424.

[180] CH Wen, FS Koppelman. The generalized nested logit model[J]. Transportation Research B, 2001, 35(7):627-641.

[181] KE Train. Discrete Choice Methods with simulation(2nd ed.)[M]. Publications of the American Statistical Association, 2009, 100(469):351-352.

[182] 关宏志. 非集计模型:交通行为分析的工具[M]. 北京:人民交通出版社, 2004.

[183] 金安. LOGIT 模型参数估计方法研究[J]. 交通运输系统工程与信息, 2004, 4(1):71-75.

[184] 李华民, 黄海军, 刘剑锋. 混合 Logit 模型的参数估计与应用研究[J]. 交通运输系统工

程与信息,2010,10(5):73-78.

[185] I Mayeres,S Proost. Optimal tax and investment rules for congestion type of externalities[J]. Scandinavian Journal of Economics,1997,99(2):261-279.

[186] R Sherman. Congestion interdependence and urban transit fares[J]. Econometrica,1971,39(3):565-576.

[187] TJ Bertrand. Second-best congestion taxes in transportation systems[J]. Econometrica,1977,45(7):1703-1715.

[188] H Yang,MGH Bell. Transportation bilevel programming problems:recent methodological advances[J]. Transportation Research Part B,2001,35(1):1-4.

[189] J Clegg,M Smith,Y Xiang and R Yarrow. Bilevel programming applied to optimizing urban transportation[J]. Transportation Research Part B,2001,35(1):41-70.

[190] G Giuliano. An assessment of the political acceptability of congestion pricing[J]. Transportation,1992,19(4):335-358.

[191] JL Adler,M Cetin. A direct redistribution model of congestion pricing[J]. Transportation Research Part B,2001,35(5):447-460

[192] A Glazer, E Niskanen. Which consumers benefit from congestion tolls? [J]. Journal of Transport Economics and Policy,2000,34(1):43-53.

[193] RB Dial. Minimal-revenue congestion pricing part I:A fast algorithm for the single-origin case[J]. Transportation Research Part B,1999,33(3):189-202.

[194] RB Dial. Minimal-revenue congestion pricing part II:An efficient algorithm for the general case[J]. Transportation Research Part B,2000,34(8):645-665.

[195] KA Small. Using the revenues from congestion pricing[J]. Transportation,1992,19(4):359-381.

[196] P Ferrari. Road network toll pricing and social welfare[J]. Transportation Research Part B,2002,36(5):471-483.

[197] A Nagurney. Congested urban transportation networks and emission paradoxes[J]. Transportation Research Part D:Transport and Environment,2000,5(2):145-151.

[198] YF Yin,HP Lu. Traffic equilibrium problems with environmental concerns[J]. Journal of the Eastern Asia Society for Transportation Study,1999,3(1):195 206.

[199] H Yan,WHK Lam. Optimal Road Tolls Under Conditions of Queuing And Congestion[J]. Transportation Research Part A,1996,30(5):319-332.

[200] AD May,DS Milne. Effects of Alternative Road Pricing Systems on Network Performance [J]. Transportation Research Part A,2000,34(6):407-436.

[201] M Florian,JH Wu,S He. A multi-class multi-mode variable demand network equilibrium model with hierarchical logit structures[J]. Journal of University of Shanghai Forence and Technology,1999,63:119-133.

[202] ET Verhoef. Second-best congestion pricing in general networks. Heuristics algorithms for finding second-best optimal toll levels and toll points[J]. Transportation Research B,2002,

36(8):707-729.

[203] MZF Li. The role of speed-flow relationship in congestion pricing Implementation with an application to Singapore. [J]. Transportation Research B,2002,36(8):731-754.

[204] TE Smith,EA Eriksson and PO Lindberg. Existence of optimal tolls under conditions of Stochastic user-equilibrium[C]. In Road Pricing Theory. Empirical Assessment and Policy. Kluwer Academic Publishers,1995,65-87.

[205] H Yang,HJ Huang. The multi-class,multi-criteria traffic network equilibrium and system optimal problem[J]. Transportation Research Part B,2004,38(1):1-15.

[206] M Florian,N Sang. A combined trip distribution modal split and trip assignment model[J]. Transportation Research,1978,12(4):241-246.

[207] C Fisk,N Sang. Solution algorithms for network equilibrium models with asymmetric user costs[J]. Transportation Science,1982,16(3):361-381.

[208] M Florian,H Spiess. The convergence of digitalization algorithms for asymmetric network equilibrium problems[J]. Transportation Research B,1982,16(6):477-483.

[209] TL Friesz. An equivalent optimization problem for combined multiclass distribution,assignment and model split which obviates symmetry restrictions[J]. Transportation Research B,1981,15(5):361-369.

[210] WHK Lam,HJ Huang. A combined trip distribution and assignment model for multiple user classes[J]. Transportation Research B,2008,26(4):275-287.

[211] 张彪. 交叉口群拥堵扩散机理及其控制与诱导协同模型研究[D]. 长春:吉林大学,2013.